Ghader Haghwerdi-Poor

GIS-Konzept und Konturen eines IT-Master-Plans

VIEWEG+TEUBNER RESEARCH

Ghader Haghwerdi-Poor

GIS-Konzept und Konturen eines IT-Master-Plans

Planungs- und Systementwicklung für die Informationstechnologie

VIEWEG+TEUBNER RESEARCH

Bibliografische Information der Deutschen Nationalbibliothek
Die Deutsche Nationalbibliothek verzeichnet diese Publikation in der Deutschen Nationalbibliografie; detaillierte bibliografische Daten sind im Internet über <http://dnb.d-nb.de> abrufbar.

Dissertation Universität Kassel, Fachbereich 5, 2007

1. Auflage 2010

Lektorat: Ute Wrasmann | Anita Wilke

Vieweg+Teubner ist Teil der Fachverlagsgruppe Springer Science+Business Media.
www.viewegteubner.de

Umschlaggestaltung: KünkelLopka Medienentwicklung, Heidelberg
Gedruckt auf säurefreiem und chlorfrei gebleichtem Papier.
Printed in Germany

ISBN 978-3-8348-0522-5

Vorwort

Trotz der seit Jahren andauernden kritischen Lage der neuen Ökonomie wird Informationstechnologie (IT) immer wieder seitens der Politik und Wirtschaft als Hoffnungsschema für einen Ausweg aus der herrschenden Wirtschaftskrise der klassischen Industrie entdeckt. Durch den Export der digitalen Revolution in alle Fassetten der Gesellschaft soll dieser Krise begegnet werden.

Der Notwendigkeit, in die IT-Infrastruktur zu investieren, stehen jedoch Aussagen von Analysten gegenüber, nach denen 40% aller IT-Projekte und 75% aller E-Business-Projekte scheitern. Hochgerechnet auf das gesamte Projektvolumen in Deutschland verbirgt sich nach Experten dahinter ein wirtschaftlicher Schaden in Milliardenhöhe.

Was bedeutet dies für die Praxis?

Nach vorliegender Forschung (action research) und Zwischenbilanz der weiteren aktuellen Studien hinsichtlich des Computereinsatzes in der Praxis müssen z. B. über 60% der Manager trotz vorhandener kostspieliger informationstechnischer Infrastruktur kritische geschäftliche Entscheidungen treffen, ohne davon überzeugt zu sein, dafür auch die richtigen Informationen zu besitzen.

Warum nun diese ernüchternde Bilanz für den fast fünfzig Jahre langen Computereinsatz?

Das Buch gibt durch ein konkretes Beispiel aus der IT-Welt (dem „Geographischen Informationssystem") nicht nur Einblicke über die Wirkungsgröße des Einsatzes dieses Informationssystems in der Praxis, sondern enthält quasi neue Überlegungen über gesamtkonzeptionelle Hintergründe der GIS-Planung sowie Probleme und Hindernisse der Informationstechnologie (IT) von der Entwicklung bis zum Einsatz, damit die Leserinnen und Leser die Zusammenhänge von GIS-Planung, dessen Einsatz, Potenziale und Ist-Lage soweit wie möglich überblicken können.

Um eine interoperable IT-Landschaft in den gesamten Fassetten der Gesellschaft aufzubauen, kommt Informationstechnologie (IT) nicht daran vorbei, Informationssysteme (IS) auf einem grundfunktionalen Basismodell zu entwickeln. Mein Anliegen war es, mit dieser Studie dazu beizutragen, dass auf GIS-Plattform ein Orientierungsansatz für die fehlende gesamtkonzeptionelle Planung und Entwicklung des informationstechnischen Einsatzes, die zurzeit in eine Art Wildwuchsrausch zu geraten scheint, gefunden wird und mit dieser Arbeit Grundlage und Anreiz für weitere Forschungen in diesem Umfeld gegeben werden.

Dr. Ghader Haghwerdi-Poor

Inhaltsverzeichnis

Kapitel 4

Kapitel 5

Kapitel 6

Abbildungsverzeichnis

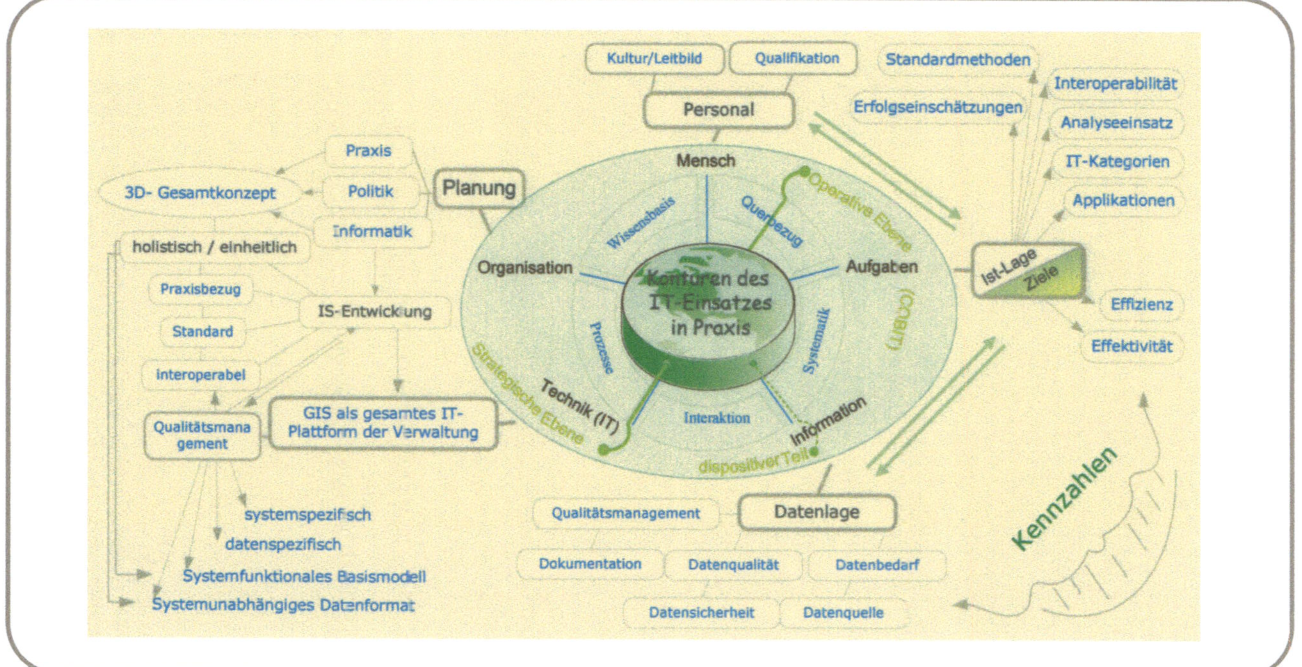

Abb. 1: IT-Master-Plan von Strategie- bis Operative Ebene (IT-Governance/CobIT) in einem Gesamtkonzept?

Geographisches Informationssystem (GIS) als Entscheidungsunterstützendes Informationssystem bildet nach der konzeptionellen Überlegung dieses Buches die methodologisch-systemare Plattform für die gesamte IT-Infrastruktur. Die Komponenten dieses Konzeptes und seine Planungsstufen sind in obiger Abbildung in einem Modell, bestehend aus der strategischen, der operativen und der dispositiven Ebene und ihrer Bestandteile (Objekte) sowie Zuständigkeitskreis (Akteure) in ihrer interdependenten Beziehung dargestellt.

Dieses Modell ist ebenso als graphische Orientierung für die Leserinnen und Leser konzipiert.

Resümee

Obwohl Geographische Informationssysteme (GIS) als informationsverarbeitende Maschinerie generell eine Selbstverständlichkeit darstellen, expliziert das ernüchternde Resultat der letzten zehnjährigen GIS-Praxis nach dieser Studie ausgerechnet diesbezüglich grundlegende Schwächen. So konzentriert sich GIS-Einsatz in Verwaltung, Industrie und Wirtschaft oft nur auf die Erledigung von Routine-Aufgaben mit partiellem Charakter und lassen die ursprünglich formulierten Erwartungen an GIS als Werkzeug des Decision-Support für die effektive Erledigung der ämterübergreifenden Querschnittsaufgaben noch auf sich warten. Dies ist das Fazit der dieser Arbeit zugrunde liegenden empirischen Studie.

Die Ursachen dafür lassen sich organisations-theoretisch in der Schwäche der IuK-technischen Entwicklungskonzepte und ihrer nicht systematischen Realisierung, fehlendem tatkräftigen interdisziplinären Engagement der Forschung und Wissenschaft bei der Entwicklung von GIS-Konzepten sowie in fehlender Wissensbasis und Kreativität der GIS-Anwender beim Umgang mit dieser Technologie in der Praxis identifizieren.

Nach einer kurzen Einführung zu den methodologischen und methodischen Hintergründen der GIS-Idee, Beschreibung der Einsatzfelder und der horizontalen und vertikalen Dimension des GIS-Einsatzes in der Praxis wird die Ist-Lage dieses Einsatzes in Verbindung zu Ziel und Zweck der GIS-Einführung seitens der Anwender untersucht und pointiert über die Errungenschaften und Probleme berichtet.

GIS-Planung als Megaplanung setzt einen multidimensionalen Organisationsplan voraus, so dass ihre Realisierung vor allem für die Politische Führung eine große Herausforderung bedeutet.

Summary

Although the functions of Geographic Information Systems (GIS) as information-processing machinery have generally been taken for granted, the sobering results of the last decade of GIS usage, as shown in this study, expatiate its fundamental weakness in this context. GIS application in administration, industry and business often concentrates on the completion of routine tasks with partial character, whereas the originally formulated aim of GIS as a tool of decision-support for the effective completion of cross section tasks has still not yet been widely reached. This is the result of the empiric study underlying this work.

The causes reach from organization-theoretical weakness of the IK-technical development drafts and their unsystematic realization, to unsatisfactory interdisciplinary commitment of research and science in the development of GIS drafts as well as to the rather fragmentary and inchoate knowledge basis and creativity of the GIS users in touch with this technology in practice-oriented surroundings.

After a short introduction to the methodological and methodic backgrounds of the GIS idea, description of the application fields and the horizontal and vertical dimension of GIS application in practice, the actual dates are examined together with the aims connected with GIS introduction on the part of the users. The study emphasizes about the achievements and current problems in this context.

GIS design as a megaplanning assumes a multidimensional organizational plan, so that its realization means a big challenge, first of all, for political guidance.

Einleitung

Die von der Natur und den Menschen geschaffenen Infrastrukturgebilde wie Landschaft, Vegetation, Gewässer, Siedlungen, Verkehr, Ver- und Entsorgung etc. sind Nutzungsabsichten durch den Menschen unterworfen, die sich teilweise hart konkurrierend gegenüberstehen. Die Intensität ihrer gegenseitigen Wirkungen und Kräftefelder erhöht sich bei der intensiven Bewirtschaftung stärker und vielseitiger. Klassisch planerische Vorgehensweisen, die grundsätzlich heuristisch entschieden und inselartig realisiert werden, ermöglichen keinen bedarfsgerechten und zeitgemäßen Umgang mit den Ressourcen unseres Lebensraums mehr.

Diese immer knapper werdenden Ressourcen und die weiterhin ungebremst steigenden Ansprüche an sie machen es nun unentbehrlich, Informationen über den Raum und die Wirkungen, die politische Entscheidungen auf den Raum[1] ausüben, nicht mehr isoliert, sondern in ihrem Gesamtzusammenhang zu betrachten. Die speziell im politischen Raum zu beobachtende sektorale Betrachtungsweise steht den Lösungen der Zukunft diametral entgegen [vgl. Buschhoff 1995: 55].

Ausgangslage

Eine zeitgemäße und bedarfsgerechte Gestaltung unseres Lebensraums, die sich durch heuristisch gesteuerte Entscheidungsfindung nicht mehr optimal verwalten lässt, benötigt den systematischen Einsatz der neuen Informationstechnologie (IT) in Netzwerkstruktur, die verspricht, kein – wie es bis Anfang der 90er-Jahre die übliche Praxis war – rein technisches Werkzeug im Sinne der Bürosysteme der 80er-Jahre zu sein, die vorzugsweise für die Steigerung der Effizienz durch Erledigung der Routine-Tätigkeiten eingesetzt wurden, sondern eher durch die Zeit-, Orts- und Personenunabhängige Zur-Verfügung-Stellung von Daten und ihrer Verarbeitung in Information und damit der Erstellung von Basiswissen für den Planer einen bisher nicht vorhandenen Decision-Support Dienst zu leisten. Nur so können die natürlichen und anthropogenen Geofaktoren und ihre interdependenten Kräftefelder, die

[1] In der Geographie wird zwischen dem Erdraum als Container (z. B. Naturraum) und dem Erdraum als Ordnungsrelation (z. B. das Christallersche System der Zentralen Orte) unterschieden. Daneben existieren eine Reihe weiterer Raumkonstrukte, und deren Anzahl steigt proportional zur Anzahl der Fachdisziplinen, die unter dem GIS als Geo, Raum, Land etc. zusammengefasst werden [Mevenkamp 1999].
In diesem Buch werden die Begriffe „Raum“ und „Geo“ vor allem im Sinne der georeferenziert lokalisierbaren Anordnung materieller Sachverhalte auf der Erdoberfläche verwendet. Die Applikation der Theorie des Systems zentraler Orte im GIS-Konzept wird allerdings in der GIS-Entwicklung die entscheidende Rolle spielen.

zu immer komplexeren Gebilden werden, überschaut werden, was die Voraussetzung bildet zur Entwicklung von Maßnahmen, sie mit einander in Einklang zu bringen.

Dies wird ermöglicht, wenn eine Menge von vorhandenen, aber autonom tätigen Verwaltungen (ob privat oder öffentlich, z. B. in Form von Public Private Partnership) mit einander vernetzt, koordiniert, informiert und als ein gesamtes System für die interdisziplinäre Aufgabenerledigung zusammen gebracht werden können.

Dieses Leitbild der Neuen Informationstechnologie verortet die Effektivitätsreserve der öffentlichen Verwaltung in der qualifizierten Sachbearbeitung und sieht den eigentlichen Gewinn an Problembewältigungsfähigkeit durch Nutzung von Informationstechnik in der Freisetzung der menschlichen Leistungspotentiale [vgl. Brinckmann und Kuhlmann 1990: 26].

Ein viel versprechendes Instrumentarium für die Unterstützung der Planungspraxis stellt das Konzept Geographisches Informationssystem, kurz: GIS, dar. GIS, das sich als methodisch arbeitendes, datenbankorientiertes Instrument vorstellt, legt auf die informationelle Unterstützung der Aufgabenerledigung in der Praxis den größten Wert.

Seit den frühen fünfziger Jahren bis heute hat es seitens des öffentlichen und des privaten Sektors viele Versuche gegeben, die Lösung der anstehenden Aufgaben durch die Zuhilfenahme der vorhandenen technischen Möglichkeiten zu optimieren, die sich von Mechanisierung bis Informatisierung der Arbeitsprozesse erstrecken.

Ende der sechziger Jahre wurde z. B. das Hessische Planungsinformations- und Analyse-System „HEPAS“ gegründet, das vor allem auf kommunaler Ebene aufgebaut wurde. Es gehörte zu den ersten Trägern der GIS-Idee in Deutschland. Derartige Investitionen hat man oft so begründet, dass für eine erfolgreiche Politik die Planungseinrichtungen und die politischen Entscheidungsträger über detaillierte und aktuelle Informationen zur Entwicklung der Bevölkerung, der Wirtschaft, der Infrastrukturen, der natürlichen Ressourcen verfügen müssen, um durch Blattschnitt- und redundanzfreie Datenhaltung bis auf Landesebene nun Querschnittplanungen durchführen zu können [vgl. Brinckmann und Kuhlmann 1990: 93].

Das bedeutete konkret, dass durch GIS-Einsatz nun nicht nur Sachbearbeiter von Routineaufgaben entlastet und für den Einsatz ihrer eigentlichen Qualifikation frei gemacht werden sollten, sondern auch und vor allem die GIS-gestützte Bereitstellung der Information als Entscheidungsgrundlage im Vordergrund stand. Dies wurde und wird gegenwärtig durchgängig als Ziel und Zweck des GIS-Einsatzes artikuliert. So gehört zu den Aufgaben von GIS als Planungswerkzeug in der Hand der Planer, selektive Informationssuche und interpretierbare Informationsverarbeitung zu leisten.

GIS vermittelt raumbedeutsame Erkenntnisse (Entwicklungsszenarien konstruieren, Entscheidungsnotwendigkeiten herausarbeiten und Handlungsalternativen entwickeln). GIS ist informatives System, sucht und vermittelt die als Einschränkungen für die Praxis wirksamen Gesetzmäßigkeiten [Feick 1975].

Nach dieser Definition geht es also bei dem GIS-Einsatz um nichts weniger als die Praktizierung des lang ersehnten Paradigmenwechsels, dessen Ist-Lage-Untersuchung sich diese Studie zur Aufgabe gemacht hat, um festzustellen, in wie weit es GIS gelungen ist, mit seiner „Informationsgestützten Planungsaufgabe“ kurz „IgPa“ die Lösung anstehender Aufgaben in der Verwaltungspraxis zu unterstützen. Der

Unterschied einer durch GIS gestützten Planung mit der Planung im klassischen Sinne ist kurz darin zu sehen, dass eine GIS-gestützte Planung in der Verwaltungspraxis im Sinne dieses Berichts als planmäßig bezeichnet wird, während die auf klassischen Verfahren beruhenden Planungen grundsätzlich von heuristischer Natur sind und oft darauf verzichten, die überschaubaren Handlungsmöglichkeiten im Voraus auf Effektivität und Effizienz zu prüfen [Fürst 2000].

Probleme des GIS-Einsatzes in der Praxis

GIS hat heute seinen festen Platz innerhalb der klassischen Aufgabenerledigung und ist damit ohne Zweifel ein unverzichtbarer Bestandteil der informationstechnischen Infrastruktur in der Verwaltungspraxis geworden. Während 1990 erst 5% der Dienststellen GIS einsetzten, waren es 1997 schon 33% des öffentlichen Sektors. Im Privatsektor hingegen wurden 1997 bereits 83% der Bebauungspläne, zumindest teilweise, mit dieser Technologie erstellt [Pflüger 1998 nach Engelke 2002: 32].

Die inzwischen berechtigte Frage nach den ursprünglich formulierten Erwartungen an GIS als Decision-Support-Instrument zur Verbesserung der Entscheidungsfindung über den Umgang mit unseren Ressourcen (bei steigenden Nutzungsansprüchen und Vielfalt diesbezüglich konkurrierender Interessen) lautet:

Was ist nun eigentlich aus der quantitativen Revolution der 60er-Jahre und GIS als ihrem Werkzeug zur Operation im praktischen Umfeld nach über 40-jähriger Forschung und rasanter Hard- und Softwareentwicklung der letzten Jahre geworden? GIS sollte uns als Wissensverarbeitungsanlage [Kriebel, et al. nach Engelke 2002: 28] bei der Planung unseres Lebensraums Grenzen der ökologisch-ökonomischen Belastbarkeit aufzeigen und durch seine „Informationsgestützten Planungsaufgaben", kurz „IgPa"eine interdisziplinäre Planung[2] zur Erhaltung unserer Lebensgrundlagen vorschlagen. Tut es das wirklich?

Entsprechend der zu dieser Arbeit hinterlegten Grundhypothese nach organisatorischer Vernachlässigung der GIS-Planung zeigt die Studie grundlegende Schwierigkeiten bei der Erfüllung der ursprünglich formulierten Erwartungen an GIS, welche auf die organisatorische Vernachlässigung der GIS-Planung[3] zurückzuführen sind, ein Problem, dessen Lösung nun in der Praxis immer wieder durch technische Mittel versucht wird.

Für die Vermeidung der oft unerwünschten Überraschungen beim GIS-Einsatz sollten schon in der Planungsphase alle Elemente der GIS-Planung gemeinsam be-

---

[2] Interdisziplinarität heißt, dass z. B. Umweltpolitik ein Schwerpunkt neben Verkehrspolitik, Wirtschaftsförderung, Gesundheitspolitik wird.

[3] „GIS-Planung" bzw. die Planung aller beteiligten Faktoren für erfolgreichen GIS-Einsatz (GIS-Entwicklung, Schaffung von Dateninfrastruktur, Implementation, Einsatz und Fortführung) darf nicht mit dem Begriff „GIS-Einführung" verwechselt werden. Das GIS-Einführungskonzept bleibt auf operative Ebene beschränkt. GIS-Planung beinhaltet GIS-Einführung als ihre letzte Phase. Die zwei ersteren Phasen der GIS-Planung beschäftigen sich mit strategischer und dispositiver Ebene des Plans.

handelt werden, deren strategisch normative Voraussetzungen nur durch die Kooperation der gesamten 3D-Zuständigkeitskreise (siehe unten) beschafft werden kann. Im Vergleich zu der ausgedienten „Bürotechnik“ der bis Ende der 80er-Jahre eingeführten „computergestützten Bürosysteme“, deren Planung und Operationsumfeld oft auf die vier Wände der Büroräume bzw. auf die Bearbeitung hausinterner Fragestellungen beschränkt blieb, setzt GIS-Planung (Konzeption, Entwicklung, Einführung und Einsatz, wie aus einer Executive Order von Präsident Clinton 1994 zur Schaffung einer Nationalen Geodaten-Infrastruktur (NSDI)[4] in USA bekannt ist), eine interdisziplinäre Teamarbeit über die Grenzen der GIS-eingeführten Organisationen voraus.

Dies hieße für Deutschland de facto eine länderübergreifende Zusammenarbeit bis hin zum Bundeskanzleramt, da z. B. Geo-Datenprobleme eines GIS-Anwenders nicht durch Eigenerfassung[5] behoben werden können, wenn dieser Anwender später mit anderen Behörden auf deren Basis an einem gemeinsamen Projekt arbeiten möchte.

Mit GIS-Technologie treten viele bisher individuell verwendete Arbeitsverfahren, Basisdaten oder produzierte Leistungen aus dem Bestimmungskreis der Individuen heraus und sollen einer Standardisierungsmaßnahme unterzogen werden, was rechtzeitig organisatorische, personenbezogene, technische und allgemeine betriebswirtschaftliche Maßnahmen voraussetzt [Höring 1990: 13].

Entsprechend der organisatorisch systemtheoretischen Betrachtungsweise kann sachgerechte Planung von komplexen Informationssystemen wie GIS nur unter der Kooperation der „3D-Akteure“ bestehend aus Politik, Forschung und Wissenschaft sowie unter Einbeziehung der Praxis eine Realisierungschance bekommen. Die fehlende strategisch kooperative Rolle der genannten zuständigen Institutionen bei der Wahrnehmung ihrer Aufgaben hinsichtlich der Bereitstellung der Voraussetzungen für sachgerechten GIS-Einsatz ist mitverantwortlich dafür, dass GIS-Einsatz schon längst an seine Grenzen stößt, da die langjährigen Versäumnisse der GIS-Planung einen informationellen Einsatz von GIS kaum erlauben. **GIS leidet so kurz zusammengefasst an folgender Problematik:**

- Fehlende gesamtkonzeptionelle Planung und Einsatz für die Informationstechnologie (IT) und ihre organisatorische Unterstützung seitens „Ministerialbürokratie“ (Politik).
- Fehlende Koordination bei der gemeinsamen Entwicklung der Informationssysteme in Kooperation von Forschung, Wissenschaft und angewandter Informatik (Forschung).
- Fehlender Ideengehalt, Wissensbasis und kulturtechnische Voraussetzungen für den nicht konventionellen bzw. innovativen Einsatz der neuen Informationstechnik oder Versuche dazu seitens Verwaltung, Wirtschaft und Industrie (Praxis).

---

[4] Dem folgte 1998 die Schaffung eines Data Clearinghouse durch Vizepräsident Gore, mit dem Ziel „The Digital Earth – Understanding our Planet in the 21st Century“ zu verwirklichen [GIS 2000 Nr. 1 S. 3].

[5] Wenn auch über 80% der Umfrageteilnehmer für ihren Geodatenbedarf unter anderem eigene Datenerfassung leisten.

Forschungsmethode

Diese Arbeit behandelt GIS als Kernelement und wichtigsten Bestandteil der gesamten informationstechnischen Infrastruktur der Informationsgesellschaft, das erst in einer integrativen Gestalt mit anderen IS seine informationellen Potenziale zu entfalten beginnt.

Um der oben erwähnten Grundhypothese für diese Arbeit nachzugehen, habe ich mich in dieser Forschung für die Methode der Aktionsforschung[6] bzw. „Participatory Action Research“ (PAR) entschieden, die die Theorie und Praxis für die Beschreibung der GIS-Lage in der Praxis mobilisieren sollte, damit auch gestützt auf konkrete Anwender-Erfahrungen möglichst realisierbare Alternativ-Vorschläge für die Lösung der Probleme gemacht werden können. Die Arbeit gibt nicht nur Einblicke über die Wirkungsgröße des GIS-Einsatzes in der Praxis, sondern enthält quasi in Kurzform einen Überblick über die gesamtorganisatorischen Hintergründe für dic GIS-Planung von ihrer Entwicklung bis zum Einsatz, damit die Leserinnen und Leser die Hintergründe und die Zusammenhänge von GIS-Praxis und GIS-Planung soweit wie möglich überblicken können.

Dem Leser dieser Arbeit wird deshalb abverlangt, stets zwischen der Ebene des praktischen Einsatzes von GIS und der ursprünglich formulierten Erwartungsebene an diese Technologie, unter Einbeziehung der Hintergründe ihrer Planung, von der Entwicklung bis zur Einführung in die Praxis zu wechseln. In der Ausarbeitung werden im Sinne einer Aktionsforschung die Darstellung der Zusammenhänge zwischen den einzelnen Kapiteln des theoretischen Teils der Arbeit und ihres empirischen Teils angestrebt. Einen Orientierungsplan dazu gibt die Abbildung 1 auf der Seite XVI.

Stand der Forschung

Am Anfang der 90er-Jahre existierte weltweit nur eine beschränkte Anzahl von Veröffentlichungen im GIS-Umfeld, und dies betrug im deutschsprachigen Raum kaum eine Handvoll bis 1992. Es existiert heute zwar eine fast unüberschaubare Fülle an Literatur (google gab am März 2005 weltweit unter dem Begriff GIS 67.300.000 Treffer, davon 1.250.000 auf Deutsch), aber wie ich durch meine intensiven Recherchen festgestellt habe, gibt es erstaunlicherweise kaum einen breiten Forschungsansatz über die vertikale Dimension seines Einsatzes bzw. informationsgestützte Planungsaufgaben, kurz „IgPa“, auszumachen, obwohl doch dem GIS-Konzept als methodisch arbeitendem Informationssystem hauptsächlich gerade dies zu Grunde liegt.

[6] Aktionsforschung wird hier als Kombination zweier Forschungsmethodiken wie Grundlagen- und Angewandte Forschung gesehen, da ich in dieser Arbeit sowohl innovative Aspekte des GIS-Einsatzes im Rahmen seiner Info-Aufgabe als Hauptgegenstand habe, als auch die klassischen Theorien und IuK-technischen Erfahrungen heranziehe. Forschung nach den Grundprinzipien der „Participatory Action Research“ verhilft damit den Erkenntnissen zu einer höheren Akzeptanz und Verbreitung in der Praxis, weil die Anwender an der Erstellung der Ergebnisse beteiligt sind.

Man hat über die technischen Detailfragen in GIS-Pressen, Symposien, seitens der Fachwelt und der für die Wahrung der GIS-Interessen öffentlich beauftragten Dachverbände nicht selten tadelnd und bisher allzu oft vergeblich berichtet. Diese Leidaustragungen sind jedoch oft symptomatisch auf sektororientierten GIS-Einsatz ausgerichtet und sprechen nicht eine langfristigere Lösung der vorhandenen Problematik an, die immer wieder andere Gestalt annimmt, wenn man versucht, GIS als informationsverarbeitendes System der gesamten Verwaltung (Politiknetzwerke) zu sehen und dies nicht nur als Werkzeug für die Erledigung der Fachaufgaben einzusetzen, sondern damit auch vorausschauenden (prospektiven) und „voraushandelnden" („proaktiven") Einsatz z. B. im Naturschutz zu betreiben [Vogel, Blaschke 1996: 2].

Betrachtet man den Stand der Forschung über den sachgerechten GIS-Einsatz bzw. seine informationelle Einsatzproblematik in der Praxis, so ist eine deutliche Diskrepanz der Forschungsintensität zu technischen Detailfragen festzustellen, dessen eher temporäre Lösung das tägliche Brot der GIS-Industrie darstellt.

Bisher wurde der ganzheitlich integrative informationelle Ansatz leider nur durch Einzelartikel aus der Praxis kurz angesprochen und nicht systematisch erforscht. Der Grund dafür dürfte nach Leser [1980: 76] in unter anderem forschungspsychologischer Natur zu finden sein, weil der Aufwand solcher Forschungen sehr groß ist, der mit dem zu erwartenden Prestigegewinn derartiger Untersuchungen nicht aufgewogen wird. Dies gilt gleicher Maßen für die GIS-Industrie, die sich kaum den Anforderungen einer zukunftsorientierten GIS-Entwicklung stellen möchte.

Auch den theoriegesteuerten Forschungen fehlt es an Wissensbasis mit Praxisbezug, was GIS-Entwicklung in der Praxiswelt die benötigte Orientierung ermöglicht, indem seine kritischen Erfolgsfaktoren ausgelotet werden und dies auf Basis der bisherigen Erfahrungen und Theorien oder auch neuen Ideen und Methoden für die Rettung der GIS-Technologie aus der heutigen Krise heraushilft. Es fehlen besonders auf Kompetenz und Wissensbasis beruhende, fächerübergreifende Mitteilungsprozesse innerhalb der GIS-Forschung.

Die beschriebene Lage machte nach meiner Auffassung eine Aktionsforschung obsolet, deren Zielsetzung nicht nur eine Bilanzierung des letzten zehnjährigen aktiven GIS-Einsatzes sein soll, sondern auch durch die Schaffung eines Überblicks und der transparenten Darstellung der Lage vor allem den politisch Zuständigen eine Wissensbasis liefern soll, da rein technokratische Alternativvorschläge für die Lösung der herrschenden Problematik ohne Realisierung der strategischen Dimension für die GIS-Planung meiner Ansicht nach nicht möglich sein werden.

Idee, Konzept und Entstehung der Arbeit

Idee der Forschung

Als Beobachter der GIS-Entwicklung seit Anfang der 90er-Jahre wie der GIS-Praxis, Fachmessen, GIS-Veranstaltungen, Symposien und Medien schien mir aufgrund zahlreicher unterschiedlicher GIS-Angebote auf dem Markt und der undefinierbaren Qualität der Daten (hinsichtlich der Integrität, Redundanzfreiheit, Plausibilität, Konsistenz und Widerspruchsfreiheit), die selbst auf Spagetti-Ebene kaum zusammenpassen, die Vorstellung, durch GIS-Einsatz nun eine behördenübergreifende Querschnittsplanung durchführen zu können, immer mehr in den Hintergrund zu treten. Hierüber ergab sich mir als neugierigem Exoten aus dem universitären Umfeld nicht selten Gelegenheit zu Diskussionen mit GIS-Entwicklern, Anwendern oder auch Projektmanagern sowie auch mit Geodatenanbietern. Tatsächlich war seit den frühen 90er-Jahren das Bewusstsein für die grundlegende Problematik der GIS-Technologie bei einigen ausgewählten GIS-Gemeinschaften, z. B. hinsichtlich der Interoperabilitätsprobleme der GIS aus unterschiedlichen Systemhäusern, vorhanden. Aber wer sollte die Entwickler dieser isolierten, auseinander getriebenen Entwicklung zusammen bringen und ihren Werdegang organisieren? Damals hatte GIS, unter Erfolgsdruck stehend, mit noch anderen Problemen aus dem operativen Umfeld, nämlich fehlenden Geobasisdaten selbst für die Erledigung der hausinternen Fachaufgaben, zu kämpfen.[7]

Die GIS-Euphorie dieser Zeit war jedoch stärker, als sich durch schleichende Gefahren den Spaß verderben zu lassen. So wurden bis Anfang der zweiten Hälfte der 90er-Jahre die Probleme im GIS-Umfeld entweder ignoriert oder informell auf die leichte Schulter genommen.

Es war bald festzustellen, dass der ursprünglich formulierte, hohe konzeptionale Anspruch [vgl. Brinckmann und Kuhlmann 1990: 26] bei der GIS-Entwicklung nicht umgesetzt werden konnte. Die Entwicklung orientierte sich stattdessen an den Marktbedürfnissen, die weniger auf die Entstehung von innovativen Arbeitsverfahren und Methoden für die Unterstützung der zeitgemäßen Verwaltungsarbeit ausgerichtet waren, als u. a. auf die einfache Gestaltung der Bedienungselemente, d. h., auf die oberflächliche Nutzung des Systems. Dies bedeutete für die neue Überlegung der GIS-Idee nach systemarem Ansatz ein endgültiges Aus, die seit der zweiten Hälfte der 80er-Jahre im Zuge der Neuorientierung in Gang gekommen war. So wurden einige hoch motivierte GIS-Hersteller durch die Marktentwicklung unerwartet abgestraft, da ihre Produkte zu komplex für einfache Anwenderbedürfnisse waren. Sie erlitten entweder die Konsequenzen, oder sie mussten sich bis Ende der 90er-Jahre entsprechend den Markterfordernissen zurück entwickeln, anstatt ihre ambitionierten Pläne in Richtung des informationellen Einsatzes von GIS umzusetzen.

Allerdings gibt es einige wenige GIS-Enthusiasten, die die beschworene GIS-Ursprungsidee verloren sehen, für die GIS mehr sein sollte als Datenerfassungswerkzeug mit kartographischen Funktionen. So wird die Frage nach Datenaustauschbarkeit, Standard und besonders Interoperabilität sowie die Kritik an fragwürdigen GIS-Applikationen immer lauter.

Konzept

Aufgrund fehlender Transparenz bei der Planung der GIS-Idee, die als Werkzeug in der Hand der Planer unseres Lebensraums die Entscheidungsfindungsprozesse erleichtern und als Richtschnur für sachgerechte Verwaltungsarbeit sorgen soll, wurde in dieser Arbeit der Versuch unternommen, einen Gesamtüberblick hinsichtlich der

[7] Diesen Ereignissen folgte 1997 meine Magisterarbeit mit dem Thema „Anwendungsmöglichkeiten für GIS in Kommunalverwaltungen" an der Universität Kassel.

Erwartung an diese Technologie und ihre Planungshintergründe sowie vorhandenen Probleme an die Hand zu geben.

Da eine Teilbehandlung des Themas aufgrund seines abstrakten Charakters und fehlender konkreter Vergleichmuster aus Forschung und Praxis, womit man dieses hätte verknüpfen können, nicht möglich war, verlangte dieser Umstand nach einer Grundlagenforschung, wodurch zunächst der Sachverhalt konstruiert und in aussagefähiger Form vorgestellt werden sollte.

Diese recht gewagte Aufgabe stellte sich im Nachhinein als wahrhaft herkulische Aufgabe für eine Einzelperson heraus, der ich mich nach bestem Wissen und Möglichkeiten gestellt habe. Diese Arbeit soll einen Denkanstoß über das GIS-Konzept und dessen Planungshintergründe, über die Grundlagenforschung zu dieser Thematik geben, ohne die die GIS-Idee, die dem Gang des werdenden Informationszeitalters zu Grunde liegt, kaum eine Realisierungschance finden wird.

Entstehung

Dass die Forschung neben der väterlichen Betreuung auch trotz des Willens eine wichtige Frage des Geldes ist, musste ich bei der Beschäftigung mit dieser Arbeit erfahren, da dafür finanzielle Unterstützung weder aus meinem Heimatland noch aus einer Stiftung geleistet werden konnte.

Mein finanzielles Handicap bedeutete für die Entstehung dieser Arbeit eine Verzögerung, die noch dadurch intensiviert wurde, dass ich versucht habe, die Arbeit nicht nur auf die zur Verfügung stehende Lektüre der nahe liegenden Bibliotheken zu beschränken, die grundsätzlich mit Denkmustern der industriellen Prägung für das Informationszeitalter hinsichtlich Erfahrungswert und Ratschlägen kaum mehr die heutige und Zukunftsbedürfnisse der informatisierenden Gesellschaft befriedigen. Dazu wurde mein Unterwegssein nötig, um die bestehende GIS-Praxis etwas realistischer überblicken zu können.

Diese Arbeit ist so das Ergebnis zahlreicher Praktika mit persönlichen Einblicken in die Praxis, Diskussionen mit Projektleitern und Systemanbietern. Die GIS-Fachmessen, -Seminare und -Kongresse und die Zusammenarbeit an Projekten in der Praxis haben im Gegensatz zu vielen Forschungen, die rein theoretisch bleiben oder auch sich ausschließlich mit technischen Detailfragen beschäftigen, dieser Arbeit einen hybriden Charakter gegeben, indem die theoretische Grundlage der Informationstechnischen Implementation dem technisch Machbaren in der Praxis gegenüber gestellt wird, um ein reales Bild der Lage wiederzugeben. Weit fortgeschrittenes theoretisches Wissen über den verwaltungsbezogenen IT-Einsatz, das zum größten Teil in den letzten 40 Jahren entstanden ist, wird für die Beschreibung der aktuellen Probleme der Informationstechnologie herangezogen.

Ziele der Arbeit und Vorgehensweise

Die Arbeit versucht durch Heranziehung der bestehenden wissenschaftlichen Theorien und Methoden nun dem GIS-Einsatz aus seiner Krise zu helfen und für deren Lösung sowohl den benötigten Rahmen als auch die Transparenz zu geben. Die Hintergründe der GIS-Problematik, durch die die Erreichung der ursprünglich formulierten Ziele inzwischen in eine aussichtslose Lage gekommen ist und die dafür sorgten, dass der informationelle GIS-Einsatz zur Nebensache wurde, sind insofern klärungsbedürftig, dass nicht länger nur den Symptomen, sondern vielmehr der Ursache der Problematik nachgegangen werden kann. Durch die intransparente Lage im GIS-Umfeld sahen sich öffentlicher wie privater Sektor nämlich immer wieder zu Gegenmaßnahmen gezwungen, die bisher oft aufgrund ihrer symptomatischen Sichtweisen reine Verzweiflungsakte darstellten und faktisch trotz ihrer kostenintensiven Anstrengungen kaum zur Entspannung der Lage beigetragen haben.

Durch diese Arbeit sollen einerseits „Ist- und Soll-spezifische Gegebenheiten" des GIS-Einsatzes empirisch untersucht werden. Andererseits soll die Entwicklung eines durchgängigen Planungskonzepts für die GIS-Technologie angeregt werden, was durch eine kritische Betrachtung des bisherigen GIS-Einsatzes in der Praxis von der Problemdefinition bis zur Entwicklung eines neuen Ansatzes für die Wahrnehmung der Informationsaufgaben seitens GIS erreicht werden soll, indem möglichst ein gesamter Überblick für die Planung von Neuer Informationstechnologie, spezifisch GIS, geschaffen wird, was in bisher geleisteten Forschungen grundsätzlich auf die einseitige Wahrnehmung des Problems aus theoretischer oder operativer Dimension beschränkt bleibt.

Für die Erreichung dieses Ziels stützt sich meine Vorgehensweise auf die Methode der „Participatory Action Research" (PAR), wonach Forscher mit theoretischer Wissensbasis und betroffene Anwender mit ihren praktischen Erfahrungen gemeinsam für die Problemdefinition und anschließend für die Entwicklung ihrer Alternativlösung zusammenwirken können.[8]

Adressaten der Arbeit

Diese Arbeit ist an aktive Forschungseinrichtungen, Verwaltungen des öffentlichen und Privatsektors bzw. Universitäten, Kommunen, Softwareindustrie, GIS- bzw. IT-Projektleitung, CIOs, IT-Beratungs- und -Systemhauser, Systementwickler in ERP, DSS-Umfeld und besonders an die Informatik-Forschung, nicht zuletzt an die Politik adressiert und möchte nicht nur für die GIS-Experten einen vereinfachten Zugang und Verständnis in der problematisierten Thematik GIS als Entscheidungsfindungsinstrument ermöglichen und seine planungsunterstützenden Potenziale in den gesamten Branchen der Gesellschaft verdeutlichen. Dies wird allerdings nur dann möglich, wenn GIS-Technologie technisch, organisatorisch, politisch und kulturell aktiv unterstützt wird, da die Informationsgesellschaft nicht nur durch Masseneinsatz von inzwi-

[8] Dieses Zusammenkommen geschieht durch eine systematische Sammlung empirischer Daten in Bezug auf Ziele und Bedürfnisse der GIS-Anwender. Das Feedback der Befragungsaktion wird in Verbindung zu genutzter Literatur und eigenen Erfahrungen aus der Praxis in Zusammenhang gesetzt, ausgewertet und Aussagen über die herrschenden Zustände getroffen (siehe www.azer.de/gis).

schen weit verbreiteter Hard- und Software, orientierungslos betriebener Informatik-Forschung oder auch durch flickenteppichartig aufgefüllte Terabyte-Datenbanken zu erzielen ist.

Bevor GIS z. B. als Demokratisierungsinstrument des Entscheidungsfindungsprozesses fungieren kann, sollen dafür vorerst im Rahmen eines GIS-Planungskonzepts neue Rahmenbedingungen und Voraussetzungen geschaffen werden. Es geht dabei um das konzeptionelle Inventar in GIS-Struktur, das Modell sowie Methoden und Datenkomponenten.

Aufbau der Arbeit

Die Arbeit gliedert sich in vier Hauptabschnitte und wird mit einem Fazit und Ausblick abgeschlossen.

Kapitel 1 (Informationsaufgabe von GIS)

Die Einsatzfelder der GIS in der Verwaltungspraxis sind zahlreich und die Erwartungen an ihre Wirksamkeit sind in Abhängigkeit von den Fragestellungen sehr unterschiedlich. In diesem Kapitel geht es darum, diesen Einsatz nicht nur als Werkzeug basierend auf reinen fallspezifischen Daten wie z. B. Fachschalen, Kataster, Datensätze (bzw. Fachdaten) für die Erreichung besserer Arbeitseffizienz in Form der Sektorplanung zu evaluieren, sondern eher hinsichtlich der zweiten Dimension dieses Einsatzes, nämlich seiner Funktionstiefe basierend auf multidisziplinären Fach- und Sachdaten (bzw. Informationen) für die Erreichung besserer Effektivität in Form von Querschnittplanung zu betrachten.

Dieses Kapitel gibt zunächst einen Überblick über das Themengebiet GIS und dessen Aufgabe, wozu ich in dieser Arbeit den Begriff „Informationsgestützte Planungsaufgabe", kurz „IgPa" verwende. GIS werden so durch die Wahrnehmung ihrer „IgPa" zum Hauptelement des Leistungserstellungsprozesses der Informationsgesellschaft.

Die Bezeichnung „Informationsaufgabe" für GIS in der Praxis ist klärungsbedürftig. Obwohl nur die informationelle Funktion von GIS aus dieser Technologie etwas Besonderes macht, was GIS als Informationsverarbeitendes System von anderen IS wie ERP, CRM, Datenbanksystemen und weiteren Softwareprogrammen unterscheidet, stellt aber die Vorstellung von etwas Konkretem darunter selbst für viele GIS-Anwender keinesfalls eine Selbstverständlichkeit dar. Dieses Kapitel kann so als eine gezielte Einleitung in die GIS-Thematik gelten, die den Leserinnen und Lesern als Wissensbasis bei der Erzielung eines besseren Verständnisses der behandelten Themen in dieser Arbeit beistehen kann.

Kapitel 2 (Zweck des GIS-Einsatzes und Ist-Lage)

- Zweck des GIS-Einsatzes und Verwaltungsreform (NSM)

Die Komplexität der Problemfelder in der Verwaltungspraxis, gewachsene Bürgeransprüche an die Verwaltung sowie Wettbewerbsdruck für die Leistungserstellung machen den planvollen Einsatz von neuer Informationstechnologie wie GIS sowohl bei der Erledigung der Routine-Arbeit, als auch bei der Erfüllung der Anforderungen an die Planung im Querschnittaufgabenbereich im Rahmen der Verwaltungsreformen wie Neues Steuerungsmodell (NSM) immer notwendiger. Es ist hier von Interesse, den GIS-Beitrag für die optimale Aufgabenerledigung in der Verwaltung zu evaluieren.

Die Betrachtung der IST-Lage im GIS-Umfeld ist so untrennbar von Ziel und Zweck dieser Reformmaßnahmen. Die formulierten Soll-Konzepte für GIS-Einführung weisen theoretisch eine große Parallelität mit dem Ziel der NSM-Bewegung in der Verwaltung auf, wenn auch nach der Studie seitens der Umfrageteilnehmer dieser Zusammenhang kaum als bedeutend angegeben wird.

NSM möchte die Verwaltung nicht als Verwalter, sondern als Mittel zum Zweck der Leistungserstellung für Bürger, als Dienstleister, neu definieren. GIS dient nach dem Verständnis dieser Arbeit als Instrumentarium, dieses Vorhaben in seiner Realisierung zu unterstützen. Dabei geht es nicht wie bisher nur um die Effizienzsteigerung der Verwaltungsarbeit, sondern auch um die Effektivität der komplexen Aufgabenerledigung. Was diese konkret bedeuten, wird erläutert und in Verbindung zu vorhandenen Möglichkeiten von GIS (Ist-Lage) bewertet.

• Ist-Lage

Durch die Analyse und Beschreibung der Ist-Lage soll eingeschätzt werden, ob die angestrebten Reformmaßnahmen bzw. an GIS-Einführung hinterlegten Sollvorstellungen aus technischer Hinsicht die Voraussetzungen für die optimale Verwaltungsarbeit erfüllen:

Welches GIS mit welchen Basis-Daten wird eingesetzt, welche Funktion und Analyseverfahren von GIS werden genutzt und welche Probleme erschweren die Arbeit mit GIS?

Ist-Zustände der Interoperabilität, GIS-Funktionalität, GIS-Problemlösungskompetenz und Niveau der Zielerreichung durch GIS-Einsatz sollen eingeschätzt und begutachtet werden.

Welche Ziele und Absichten des informationstechnischen Einsatzes wie GIS haben zur Nichterfüllung von welchen Erwartungen geführt? Wie weit ist außer in Fachaufgabenfeldern die Entscheidungsunterstützung durch die Inanspruchnahme von IgPa von GIS erzielt worden? Wie weit ist das Hauptziel der Verwaltung hinsichtlich Wirtschaftlichkeit (Effizienz und Effektivität) des GIS-Einsatzes in der Verwaltungsarbeit realisiert worden?

Ob unter bürokratischem Organisationsmodell GIS-Einsatz zur erwarteten Effektivitätssteigerung bei der Aufgabenerledigung geführt hat oder ob die eingesetzte Informationsechnik die Wirtschaftlichkeitsaspekte der Verwaltungsmodernisierung erfüllen kann und wie es nach ca. zehnjährigem aktiven GIS-Einsatz mit Return-on-Investment aussieht, sind die Themen dieses Teils der Arbeit, die weitgehend empirisch belegt werden.

Das Kapitel gibt durch die Bewertung der an optimalem GIS-Einsatz beteiligten Faktoren einen Überblick hinsichtlich dessen momentanen Einsatzstandes und vermittelt die Größe seiner Errungenschaft, Schwäche und Hindernisse sowie den Entwicklungsstand und Perspektiven für die GIS-Praxis.

Das dritte Kapitel (Probleme und ihre strategischen Lösungsalternativen)

Obwohl seit Dekaden die Erwartungen an GIS in der Praxis ein eher ernüchterndes Resultat erbracht haben, sind die Probleme im GIS-Umfeld keinesfalls in allen ihren Fassetten bekannt. Gerade deswegen kann für ihre langfristige Lösung kaum etwas unternommen werden. Diese fehlende Problemdefinition und ein fehlender Gesamtüberblick über Verursacher-Wirkungszusammenhänge der Problematik haben bisher dazu geführt, dass eine partielle technische Lösung der Probleme angestrebt wurde.

In diesem Kapitel wird versucht, die GIS-Planungs- und Einsatzprobleme von ihrem Ansatz her unter die Lupe zu nehmen und zu verdeutlichen:

- Nach der kurzen Beschreibung der bisher mythologisierten und oft erfolglosen Versuche für die Erzielung der neuen Wege der Informationsverarbeitung wie KI[9]-Forschung bis zum atomistisch zweckrationalen Retrieval von Daten und ihre Verbindung mit einander zu Information, werden im ersten Teil dieses Kapitels drei Hauptprobleme der GIS-(Entwicklungs-)Planung unter datenspezifischer, infologischer und methodologischer Art vorgestellt und die Versäumnisse hinsichtlich ihrer Wahrnehmung, Definition und entsprechenden Entwicklung erläutert. Die optimale Entwicklung und Bereitstellung der einzelnen dieser Faktoren stellt für sachgerechten GIS-Einsatz eine Voraussetzung dar, welche nur in einem interdisziplinären Kooperationsumfeld und durch die Beteiligung der unterschiedlichen Kräfte wie Politik, Forschung und Verwaltungspraxis realisiert werden kann.
- Nach langjährigen GIS-Investitionen ist heute viel deutlicher geworden, dass GIS als Informationssystem nur dann effizient und effektiv eingesetzt werden kann, wenn die strategischen Aspekte der GIS-Planung überdacht und die Bedarfsfeststellung für die operative Ebene bzw. den GIS-Einsatz sorgfältig und rechtzeitig geplant und ständig überwacht werden. Für die Entwicklung eines Planungskonzepts für GIS fehlt es oft aber an Wissensbasis und Brainware, die erst eine überdachte GIS-Planung innovativ und praxistauglich ermöglichen können. Im dritten Teil dieses Kapitels geht es um die Vorstellung einer Vorgehensmethode, die für die Auslotung der Brainwarefragestellungen eingesetzt werden kann. Dadurch soll es möglich sein, die Entwicklung eines strategischen Rahmenkonzepts für GIS-Planung anzustreben und ihrer Realisierung, die bisher auf rein operative Ebene beschränkt geblieben ist, eine dispositive und strategische Dimension zu geben und diese zu verfolgen.

So wird die Entwicklung einer allgemeingültigen konzeptionellen Grundlage für GIS-Planung vorgelegt, die als Richtschnur in der Hand der Planer fallspezifisch modifiziert und verwendet werden kann.

---

[9] Künstliche Intelligenz.

Das vierte Kapitel (Implikation)

In dem vorangegangenen Kapitel wurde über die Aufgaben der Verwaltungspraxis gesprochen, die in ihrer optimalen Erledigung durch GIS-Einsatz unterstützt werden können. Es wurde eine Analyse der Ist-Lage in Verbindung zu den Erwartungen an GIS durchgeführt. Es wurde auch über technische, fachliche und organisatorische Planungsprobleme gesprochen, die den GIS-Einsatz problematisieren. Nun wird es gewagt, die Frage nach dem Zuständigkeitskreis der GIS-Planung zu artikulieren. Wenn es darum geht, die vorhandenen Probleme der GIS-Praxis zu beanstanden oder gar ihre Verantwortlichen zurechtzuweisen, wird oft nur einseitige Anschuldigung verbreitet. Nicht selten wird seitens der GIS-Hersteller, Datenanbieter, GIS-Gemeinde und sogar staatlich beauftragten Verbände in der Sache Geoinformation der Föderalismus als Prügelknabe (in der Tat oft wegen eigener Kompetenzschwäche oder Versäumnisse) behandelt. Und so wird der Frage nach den wirklichen Verantwortlichen der GIS-Planung, welche für den GIS-Einsatz auch eine vertikale Dimension mit Querschnittbezug geben müssen, entgangen. Oder wenn es z.B. um die Datenprobleme geht, werden nach wie vor Vermessungsämter mit ihren alten Strukturen und personellen Ressourcen angesprochen, obwohl sich schon längst Datenszenarien geändert haben und damit neue Qualifikationen für die Benennung und Umbenennung der Datenobjekte, Strukturierung, Modellierung und die gesonderte Kompetenz für ihr Management benötigt werden.

In diesem abschließenden Teil der Arbeit soll die bisher erwähnte Problematik der GIS-Praxis den möglichen Verantwortlichen zugewiesen und die Zusammenhänge der Problematik, deren Lösung eine enge Kooperation aller an GIS-Planung beteiligten Akteure voraussetzt, wodurch GIS-Entwicklung und -Einsatz aus der zurzeit herrschenden Blockade gerettet werden können, mit kurzen Einführungen darüber, wie diese verwirklicht werden kann, diskutiert werden.

Dabei geht es nicht nur darum, diese Verantwortlichen ausfindig zu machen, sondern auch im Rahmen einer politischen GIS-Planungsaktion ihre Beziehungen zu einander für die Realisierung einer Megaplanung zu beschreiben. Als Alternatividee für die Versäumnisse der Ministerialbürokratie wird hier für die Entstehung eines rezentralen politischen Planungsapparats im Sinne der 60er-Jahre (Kanzlerdemokratie) plädiert, da die Planungsstrategie von damals das „Kontraktmanagement" von heute weit übertreffend erscheint, wenn es darum geht eine Megaplanung durchzuführen, die für sachgerechten GIS-Einsatz vorausgesetzt ist.

In diesem Kapitel wird versucht, die GIS-Planungs- und Einsatzprobleme von ihrem Ansatz her unter die Lupe zu nehmen und zu verdeutlichen:

Empirischer Teil der Studie (Auswertung)

Um einen intersubjektiven Überblick über die Zustände des GIS-Einsatzes und dessen Planung zu schaffen, habe ich aufgrund fehlender in dieser Thematik brauchbarer Studien eine eigene Erhebung durchgeführt, die zwei Ziele verfolgt. Einerseits werden „Ist- und Soll-spezifische Gegebenheiten" des GIS-Einsatzes empirisch untersucht. Andererseits ist eine kritische Betrachtung der bisherigen GIS-Planung, von der Problemdefinition bis zu einem neuen Entwicklungsansatz für diese Technologie, für die Wahrnehmung ihrer Informationsaufgaben notwendig. Dieser Studienbericht hat die Intention, die Qualität des letzten zehnjährigen aktiven GIS-Einsatzes hinsichtlich seines technischen Stands, der Datenlage, der Ist- und Soll-spezifischen Gegebenheiten unter Einbeziehung der Wunschvorstellungen der Anwender empirisch zu untersuchen und im Kontext eines möglichst objektiven Überblicks über die GIS-Praxis diese induktiv zu beschreiben. Ich führe dabei aufgrund fehlender sekundärer Studien einen Vergleich innerhalb eigener erhobener Daten in Form einer bivariaten Analyse durch und lege die von mir vertretene Sicht als Befunde vor. Bei der Auswahl der Analyseverfahren wurde auf allgemein verständliche, einfache Methoden und Diagramme Wert gelegt, die für Klärung und Begründung des Gesagten ausreichen sollten, ohne dass der Bericht trotz umfassender und gesamtkonzeptioneller Darstellung überladen erscheint und die Transparenz fehlen würde (siehe www.azer.de/gis).

Um die interoperablen Informationssysteme in den gesamten Fassetten der Gesellschaft aufzubauen, kommt Informationstechnologie (IT) nicht daran vorbei, ihre Teilsysteme und Komponenten auf einem Systemaren Basismodell zu entwickeln. Ich würde mich freuen, wenn diese Studie konkret dazu beitragen kann, dass zurzeit in eine Art Wildwuchsrausch geratene IT-Entwicklungen auf Geographie-GIS-Idee einen Orientierungsansatz finden und mit diesem Buch Grundlage und Anreiz für weitere Forschungen in diesem Umfeld gegeben werden.

In diesem Sinne wünsche ich den Leserinnen und Lesern dieser Studie leichten Eingang und verwertbare Information.

Kapitel 1

1 Geographisches Informationssystem (GIS) als Informationsmedium

Vorbemerkung

[10] Die Klärung der Frage nach sachgerechtem GIS-Einsatz in der Praxis, Einschätzung seiner Potenziale und vor allem die „reale" Lage, in der sich GIS-Technologie zurzeit befindet, stellten für meine Forschungsarbeit „Informationsaufgabe von GIS im Verwaltungsmanagement" allmählich eine herausfordernde Voraussetzung dar.
Der Grundgedanke der Schaffung eines Gesamtüberblicks in oben erwähnten Fragestellungen, die bisher weit auseinander entwickelt bzw. unentwickelt geblieben sind, steht sowohl in der Theorie als auch in der Praxis mit dem Gegenstand der vorliegenden Arbeit (Informationsaufgabe von GIS) in enger Verbindung.
Die komplexe und zugleich intransparente Lage in dieser Hinsicht vermittelt oft den Eindruck, dass den hohen Erwartungen an GIS hinsichtlich seines „Decision Support Charakters" die übertriebenen Werbemaßnahmen der Softwareindustrie und überzogenen Vorstellungen der Technikeuphoriker zu Grunde liegen, die sich, wie es scheint, auf den ersten Blick in die neue Technologie verliebt haben.
Dass die elanvoll formulierten Implementations-Sollkonzepte trotz Milliarden-Investitionen bisher kaum in der Praxis umgesetzt werden konnten, oder dass es nach ca. 50-jähriger Forschungsarbeit und genauso langem praktischen Einsatz kaum eine konkrete Definition darüber gibt, was GIS bedeutet, tut oder tun sollte, bestätigt diese Einschätzung.
Bis Anfang der 90er-Jahre war im deutschsprachigen Raum eine sehr beschränkte Auswahl von Literatur bezüglich der GIS-Thematik vorhanden, welche unter dem Begriff „Geo-Informationssysteme" publiziert wurde, obwohl in der angloamerikanischen Literatur der GIS-Begriff im Sinne von „Geographie" und nicht „Geo-" verwendet wird, was über einen zu langen Zeitraum hinweg seine Funktion bzw. Anwendung auf Vermessung und Geodäsie bzw. Fachaktivitäten im Bereich der Ingenieurwissenschaft, z. B. Ver- und Entsorgung, Katasterwesen, Verkehr beschränkt gehalten hat.[11]
Gemeint sind unter GIS je nach Kontext einerseits Softwaresysteme und andererseits die diesen Systemen zugrundeliegende konzeptionelle Grundidee, die geographisch geprägt ist [Mevenkamp 1999]. So wird in vorliegender Arbeit der Sprachgebrauch „Geographisches Informationssystem (GIS)" verwendet.
Die Bedeutung von GIS für die gesamte Geographie ist jedoch in der geographischen Welt ebenso ungeklärt. Während einige die Meinung vertreten, dass die Herkunft von GIS aus der Lebenswelt der Geographie in zunehmendem Maße im Laufe der Disziplingeschichte vergessen wurde und damit als reines Werkzeug behandelt werden sollte, ein Softwareprogramm, mit dem der Geograph seine Arbeit erledigen kann, aber nicht erledigen muss,

---

[10] Dieses Symbol zeigt jeweils zusätzliche Information zur Erleichterung des Verständnisses des diskutierten Themas an.

[11] Die Abkürzung „GIS" wird fast überall im Singular und im Plural sowie in verschiedenen Bedeutungen gebraucht.

gehen andere so weit, zu behaupten, das GIS die einzige originäre Arbeitsmethode eines Geographen ist, obwohl sich GIS bereits außerhalb der Geographie etabliert hat, ohne dass die Geographen dies auch nur erkannt hätten, da seine Entwicklung seit der Gründerzeit (siehe die Einleitung der Onlineversion von Kapitel 3) von anderen Disziplinen determiniert wurde.[12] Aber in dem Maße, in dem die Arbeit mit GIS die innere Einheit des Fachs vorantreibt, wird GIS selbst zum sinnstiftenden Integrationsobjekt, das mehr und mehr den geographisch epistemologischen Platz der Landschaft besetzt [vgl. Mevenkamp 1999: 14ff.]. Nach integrativem und systemanalytischem Ansatz erscheint es durchaus plausibel, dass GIS zwischen den drei Welten von Popper („physical world", „mental world" und „world of intelligibles") zu vermitteln in der Lage wäre, um als Brücke diese auseinander klaffenden Welten der nun popperanischen Sicht der Geographie zusammenzubringen und systemare Gesichtszüge zu geben.

In dieser Konstellation von „Integrativem Geographie-GIS-Konzept" zu sprechen (siehe Abb. 4 S. 32) und dessen Informationsaufgabe innerhalb der Netzwerke hervorzuheben, stellt sich zugegebenermaßen im Nachhinein als eine gewagte Behauptung heraus, deren Grundlage hier erst einmal neu erarbeitet werden soll, wenn auch die Existenz von GIS bereits seit fast einem halben Jahrhundert seine Spuren hinterlassen hat.

Begründet durch die für diese Arbeit hinterlegte Grundhypothese und unter Berücksichtigung der Ausgangssituation in der Einleitung und in vorliegendem Kapitel gehe ich von GIS als einem IS aus, das sich auf traditionellem Systemansatz der Geographie im Sinne der Länderkunde[13] aufbauen lässt und eine integrativ systematische Behandlung der bisher dichotomisierten[14] Fragestellungen unseres Lebensraums nun gestützt auf Information in greifbare Nähe bringt.

GIS wird heute als Werkzeug der Aufgabenerledigung im öffentlichen wie im Privatsektor von „A" wie Abfallwirtschaft bis „Z" wie Zivilschutz eingesetzt. Seine Funktionen in diesem Masseneinsatz erstrecken sich von Geodatenerfassungswerkzeug, Kartenerstellung, Planzeichendarstellung, Präsentation, einfachen Abfragen oder der streng formalisierten Erstellung von Kriterienkatalogen bei der Flächennutzungsplanung (z. B. bei der Bestimmung der „ökologischen Wertigkeit" von Flächen), bis hin zur zentimetergenauen Positionierung von Kanalrohren und Straßenbahnschienen und ihrer Überwachung.

Bei der Aufgabenerledigung durch GIS lassen sich im Kern zwei unterschiedliche Einsatztiefen feststellen, die in dieser Arbeit unter Fach- und Informationsaufgabe subsumiert werden. Bei der Erledigung von Fachaufgaben ist es GIS gelungen, die Klassischen Werkzeuge der Fachplaner von Zeichenbrett, Lineal bis Millimeterpapier der Ingenieure voll zu ersetzen. So erlebt nun die Planerstellung in diesem Umfeld ihre Renaissance. Selbst die 3D-Darstellung und Simulation der Pläne, die

[12] http://pweb.uunet.de/werner.ma/giskurs/einleitung/einleitung.htm/ vom 21. August 2005

[13] Das Schichtenmodell des länderkundlichen Schemas wird so in GIS in der modellhaften Ausschließlichkeit bestens angewandt. Hier finde ich es ratsam, mit der systematischen Realisierung des Daseinsgrundfunktionen-Ansatzes im GIS anzufangen, der sich inzwischen auf fast alle Kulturen übertragen lässt und ein praktisches Feld für GIS-Einsatz bildet.

[14] Dichotomie der Disziplin Geographie – sowohl in vertikaler Hinsicht (nomothetisch-idiographisch, d. h. Geofaktorenlehren und Landschaftskunde-Länderkunde) als auch in horizontaler Hinsicht (Physiogeographie – Anthropogeographie).

einmal als statische Abbildungen in analoger Form zu Papier gebracht wurden, sind nun zu normalen Arbeitsverfahren der Fachwelt geworden.

Mannheim [nach Feick 1975: 157] sieht die Planung als eine Stufe, auf der die Menschen nicht mehr auf feste Zwecke hin erfinden, sondern die Wirkungszusammenhänge bestehender Teile beherrschen und diese auch auf andere Zielsetzungen hin anwenden wollen. Dazu sollen also Informationen und deren Verarbeitungssysteme vorhanden sein, wovon nach Auffassung des Autors GIS eines ist bzw. sein kann. In dieser Arbeit geht es also hauptsächlich um die informationelle Unterstützung von Planungsmaßnahmen, und zwar nicht in Form von Sektorplanung, sondern eher um querschnittorientierte Vorgehensweise in Bezug auf sämtliche Fragestellungen unseres Lebensraums von Raum-, Landschafts-, Stadt-, bis Verkehrs-, Ver- und Entsorgungsplanungen.

Im Kontext des Wandels dessen, was Planung ist und in welcher Art und Weise sie ausgeführt wird, kann man in der Tat von einer Phase des Paradigmenwechsels sprechen, die sich an den Maßstäben der postmodernen Gesellschaft nicht orientieren kann, da es, wie in nachfolgendem Zitat von Habermas der Eindruck erweckt wird (bei dem Einsatz der neuen Informationstechnologie wie GIS), nun nicht nur um die Transparentmachung der Dinge geht, sondern eher um die aktive Unterstützung der menschlichen Organisations- und Planungsfähigkeit:

> „Postmoderne Gesellschaften mit ihrer Ambivalenz von Sicherheit und Unsicherheit, ihrer Unübersichtlichkeit nutzen räumliche Deutungsangebote, um Komplexität zu reduzieren, Eindeutigkeit, Orientierung und Positionierung herzustellen." Habermas[15]

Wenn Habermas in seiner These über die postmoderne Gesellschaft vom Nutzen räumlicher Deutungsangebote zur Reduktion der Komplexität[16] und damit der besseren Orientierung des Individuums in diesem immer komplexer werdenden Lebensraum spricht, tritt der Informationsträger „Karte" (Land-, Auto-, Straßenkarte etc.) als Informationsquelle im Informationszeitalter nur noch als eine von vielen möglichen Nutzungsvariablen zurück und der reine Informationsaspekt, der im Realitätsbezug von Dingen enthalten ist (Information nun in einer dynamisch objektiven Gestalt), gewinnt immer mehr an Bedeutung.

So gehört schon heute das Navigationssystem (als einfache GIS-Applikation) im Auto anstatt Straßenkarten fast schon zur Normalität. Die Informationsaufgabe von GIS beschränkt sich nicht nur auf die Art von GIS-Anwendungen, durch die im Kern lediglich eine Routine-Aufgabe erledigt wird, indem z.B. das Navigationssystem dem Fahrer akustische Signale gibt (das heißt auch ohne Straßenkarten-Funktion) und ihn damit aufwandfrei zum Ziel führt, sondern von GIS wird eine noch tiefere Unterstützungsebene für Planer erwartet, indem ihnen bei der Bearbeitung der Fragestellungen der Natur- und Kulturlandschaften, welche heute in einem nie gekannten Tempo verschwinden oder zerstört werden, vorausschauend und voraushandelnd eine bedarfsgerechte Entscheidungsfindungshilfe zur Hand gegeben wird.

---

15 Vgl. Habermas 1983 nach Gebhardt et al. 2005: 8.

16 Da der Mensch durch die Karten und Pläne diese Informationsreduktion der Realwelt zu Gunsten der Transparenz in Kauf nehmen muss.

1.1 GIS-Aufgaben in der Praxis

Mit der Bezeichnung „Verwaltung“ werden im allgemeinen Sprachgebrauch bestimmte betriebliche Tätigkeiten umschrieben, von denen zahlreiche reine „Schreibtischarbeit“ darstellen, die inzwischen zum größten Teil am Computer erledigt wird. Dabei geht es im Kern um die Erledigung von zwei Grundtypaufgaben, die sich unter Fach- und Informationsgestützten (Planungs-)Aufgaben (IgPa) [Höring 1990: 23, Engelke 2002: 125] zusammenfassen lassen.

Hier soll die Fach- und Informationsaufgabe von GIS im Sinne schon realisierter (Fachaufgaben) und noch realisierbarer Querschnittaufgaben (im Sinne von IgPa) konkretisiert werden, damit GIS nicht nur als Werkzeug der Fachaufgabenerledigung, sondern vor allem als IS für interdisziplinäre Planung dieser Aufgaben aktiv in das Blickfeld der Systemhersteller und GIS-Anwender rückt.

1.1.1 Fachaufgaben

Eine Studie [CDU/CSU 2000] hat ergeben, dass allein über 200 Aufgaben unterschiedlichster Art in 55 Einrichtungen in Bundeszuständigkeit mit vorhandenen Geoinformationsbeständen wahrgenommen werden.

Das Spektrum dieser Aufgaben reicht von klassischen Aufgaben wie z. B. der Erstellung amtlicher Statistiken oder raumbezogener Kriminalitätsanalysen bis zur Ortung chemischer Kampfstoffe oder zur Erstellung biogener Emissionskataster.

Laut weiterer Studien beschränkt sich der bisherige GIS-Einsatz jedoch grundsätzlich auf Fachabteilungen. Die Federführung bei der GIS-Einführung liegt bei der Fachabteilung (64%), der Technischen DV (26%) bzw. bei der Zentralen DV (9%). Damit wird deutlich, dass sich die technischen Bereiche als die treibende Kraft bei der GIS-Anwendung etabliert haben. Auch das spricht für den GIS-Trend zum „normalen“ Werkzeug der Informationsverarbeitung für die technischen Bereiche [Bernhardt 1996]. Auch bei der Eigenerhebung wurde eine signifikant ähnliche Tendenz festgestellt, in dem z. B. die Datenerfassung und -haltung hauptsächlich als Ziel und Zweck des GIS-Einsatzes erwähnt und eingesetzt wird.

In Betrachtung der aktuellen GIS-Einsatzfelder ist festzustellen, dass es immer noch primär um operative Aufgaben z. B. bei den Fach- bzw. „Sektorplanungen“ geht, weil diese nur den Ausschnitt der Wirklichkeit berücksichtigen, der für das Ressort und die Behörde von direkter Bedeutung sind.

Bei der Informationsaufgabe von GIS in der Verwaltung geht es vor allem um Steuerungsaufgaben. Diese kann man auch als Politik der Koordination und Entscheidung durch Information bezeichnen.

Da z. B. im Energieversorgungsbereich nur vollausgelastete Rohre einen kostengünstigen Ferntransport erlauben, ist schon bei der Planung der künftige Verbrauch möglichst genau zu prognostizieren. Andererseits muss ein Netzbetreiber freie Kapazitäten vorhalten, wenn analog zum Stromnetz Durchleitungen Dritter möglich werden sollen. Für die spätere Abrechnung ist es zudem zwingend zu wissen, wer wann wo welche Mengen in das Netz eingespeist bzw. entnommen hat. Diese Aufgabe kann heute von GIS bzw. Betriebsmittel-Informationssystemen (BIS) übernommen werden [Smallworld 2000: 5].

Der Begriff von Fach- bzw. Vollzugsaufgaben hat sich in letzter Zeit gewandelt. Betriebsmittel-Informationssysteme (BIS)[17], die sich aus Fachanwendungen im Sinne ingenieurwissenschaftlicher Aktivitäten z. B. im Energieversorgungsbereich entwickelt haben, können nun mit kaufmännischen Anwendungen verknüpft werden und zur Erledigung der Informationsgestützten Planungsaufgaben (IgPa) beitragen.

Betrachtet man z. B. den kompletten Lebenszyklus einer Kanalhaltung, so wird deutlich, dass die ersten Informationen über den zukünftigen Bestand in der Planung entstehen. Wird GIS schon in der Planung eingesetzt, so werden die dort entstandenen Daten dem kaufmännischen System und der Materialverwaltung weitergegeben [Klemmer und Spranz 1997: 174].

Bisher hat sich GIS-Einsatz bei Ver- und Entsorgungsbereich, Kataster und Vermessungsämtern auf die Erledigung von konkreten Fachaufgaben konzentriert. Abhängig von der engen Abgrenzbarkeit der zu unterstützenden Fachaufgaben und der Abhängigkeit von den Ergebnissen anderer Fachbereiche lassen sich spezifische und übergreifende Fachinformationssysteme unterscheiden [Stahl 2000]:

Spezifische Fachinformationssysteme (Problemorientierte GIS)

Die spezifischen Fachinformationssysteme sind auf Fachaufgaben spezialisiert, die weitgehend unabhängig von anderen Fachaufgaben zu bearbeiten sind und eine eigenständige inhaltliche Bedeutung besitzen. Diese Fachinformationssysteme weisen eine enge fachliche Orientierung auf. Seit einiger Zeit ändern sich langsam die Szenarien: Die Stadtplaner verwendeten für ihre Aufgaben bis vor kurzem ihre klassischen Instrumente wie Lineal und Millimeterpapier und fertigten ihre Entwürfe mit großem Aufwand [Computing 2003: 18]. Längst gehen diese den digitalen Weg und setzen dabei „Problemorientierte GIS" ein. Dies ermöglicht eine qualitativ bessere Aufgabenerledigung, was ein wichtiger Schritt für den Abbau der vorherrschenden Sektorplanungen in Richtung einer übergreifenderen Art bedeuten kann. Die KGSt unterscheidet im „Neuen Steuerungsmodell" – neben der eigentlichen Produktion – zwischen Steuerungsfunktionen und Serviceleistungen und trennt damit die bisherigen Aufgaben der Querschnittsämter [Kassner 1999: 41].

Übergreifende Fachinformationssysteme (Custodial-GIS)

Übergreifende Fachinformationssysteme bzw. Custodial-GIS führen Informationen in Form von bearbeiteten Daten aus unterschiedlichen Fachinformationssystemen zusammen und gewinnen dadurch neue Informationen. Sie dienen der Unterstützung von Fachaufgaben, die auf den Ergebnissen mehrerer Fachbereiche aufbauen müssen.

[17] Der Kerngedanke von BIS besteht darin, eine der Realwelt möglichst adäquate konsistente Form der raumbezogenen Dokumentation, Verwaltung, Analyse und Präsentation der Betriebsmittel zu ermöglichen, um wirtschaftliche Vorteile zu gewinnen. Damit erlangt neben Kapital, Arbeit und Boden die Größe „Information" strategische Bedeutung [Bernhardt und Ruhmann 1995: 18].

Nach der Studie gehören ca. 50% der Umfrageteilnehmer zum Anwenderkreis dieser Art von GIS (siehe GIS-Kategorie S. 45).

1.1.2 Informationsaufgabe von GIS im Kontext des Begriffs „Planung"

1.1.2.1 Renaissance des Begriffs „Planung" und dessen Informationsbezug

Als Vorbereitung für das nächste Thema dieses Teils der Arbeit, der die informationelle Dimension des GIS-Einsatzes anspricht, bedarf hier vorher der Begriff „Planung" einer Konkretisierung, damit deren Informationsbezug für die „Informationsgestützte Planungsaufgabe von GIS (IgPa)" verdeutlicht wird. Hierin unterscheidet sich eine Planung von spontanen Entscheidungen, die oft von heuristischer Natur sind. Die nicht planmäßigen Entscheidungen sind häufig nicht rational, weil sie darauf verzichten, die überschaubaren Handlungsmöglichkeiten im Voraus auf Effektivität und Effizienz zu prüfen.

Als einen Diskussionsstrang der Planungsdebatte zu Beginn des 21sten Jahrhunderts veröffentlichte Schönwandt seinen „Grundriss einer Planungstheorie der ‚dritten Generation'". Er greift die Diskussion um akteursbezogene Planung auf und beschreibt den Planungsprozess als einen systemtheoretischen Ansatz. Der Allmacht der Planung (erste Generation) und der Bösartigkeit der Probleme (zweite Generation) stellt er in der dritten Generation Planung als Prozess des Austausches zwischen einer „Alltagswelt" und der „Planerwelt" gegenüber [Schönwandt 1999 nach Engelke 2002: 33].

Der Begriff „Planung" wird in dieser Arbeit gestützt auf Planungstheorien einheitlich definiert, aber in zwei unterschiedlichen Kontexten verwendet:

- Im Kontext des GIS-Einsatzes bzw. des GIS-Beitrages zur Erledigung der Aufgaben der Verwaltung, Wirtschaft und Industrie, wovon hier nicht nur als GIS-Fachaufgaben, sondern auch gesondert als Informationsgestützte Planungsaufgabe kurz „IgPa" gesprochen wird (GIS als Werkzeug der Planung).
- Im Kontext des GIS selbst, von dem hier grundsätzlich als „GIS-Planung" die Rede ist. Dabei geht es um die Planung aller beteiligten Faktoren für erfolgreichen GIS-Einsatz (GIS-Entwicklung, Schaffung von Dateninfrastruktur, Implementation, Einsatz und Fortführung). In dieser Variante wird Planung zur Chef-Sache erklärt und fehlende politische Maßnahmen wie Regulierungsinitiativen für die Spätfolgen beim GIS-Einsatz verantwortlich gemacht, da GIS-Einsatz nach der in dieser Arbeit hinterlegten Grundhypothese an organisatorischer Vernachlässigung leidet, was für GIS in der Praxis viele Beschränkungen als Konsequenz hat (Planung als Voraussetzung für optimalen GIS-Einsatz).

So darf der Begriff „GIS-Planung" weder wie oben erwähnt mit „IgPa" von GIS, noch mit dem Begriff „GIS-Einführung" verwechselt werden; dies wird im Rahmen dieser Arbeit gesondert behandelt. Die GIS-Einführung bzw. Implementation bleibt auf die operative Ebene beschränkt. GIS-Planung beinhaltet GIS-Einführung als letzte Phase. Die ersten beiden Phasen der GIS-Planung beschäftigen sich mit strategischer und dispositiver Ebene des Plans (mehr dazu siehe S. 85ff.).

Planung als Voraussetzung für eine nachhaltige Entwicklung heißt, Entscheidungsprämissen festzulegen und wissenschaftliche Vorbereitungen für künftige Entscheidungen zu treffen. Planung bedeutet so die Vorbereitung von Entscheidungen durch umfassende Informationen, da Entscheidung die Informiertheit voraussetzt.[18] Diese macht die Entscheidungssituation für den Entscheider überhaupt möglich, indem über Probleme, Ziele, Handlungsmöglichkeiten und Handlungsfolgen aufgeklärt wird.

Um die Komplexität dieser Planung zu fassen, ist es heutzutage praktisch unumgänglich, sich moderner Technologien, wie sie ein GIS darstellt, zu bedienen [Vogel, Blaschke 1996: 3]. GIS-gestützte Umweltbeobachtung gibt z. B. Hinweise zur Wirkung von Planung und erlaubt Aussagen zur Zweckmäßigkeit eingeleiteter Schritte. Und damit kann das dynamische Umweltmonitoring (gestützt auf entwickelte Kennzahlen) eine möglichst aktuelle Beschreibung der Umweltlage ermöglichen [vgl. Roggendorf 2000, Engelke 2002: 127f.].

1.1.2.2 Informationsgestützte Planungsaufgaben (IgPa)

Entlang der informationstechnischen Entwicklung geht die Tendenz weg von der erklärenden (60er- und 70er-Jahre) über die verstehende (80er-Jahre) hin zur aufdeckenden Funktion solcher Systeme. Die „Aktivitätsfolgeabschätzung“ steht im Fokus der Betrachtung und wird zentrales Element der neuen Planungsansätze [vgl. Stiens, Schönwandt nach Engelke 2002: 32].

Planung wird durch GIS-Einsatz im 21. Jahrhundert ihre Renaissance erfahren, da ihre Einzelphasen nun quantitativ präzisiert, ihre Prozesse besser koordiniert und die Wirkung ihrer Einzelschritte für sich und insgesamt aufgezeigt werden können. GIS wird so hier als Hebel angesetzt, um die Planungsmethodik zu stärken. Dieser Hebel setzt vor allem an den Punkten Vernetzung, Kommunikation und Output-Orientierung an. Mit Vernetzung ist die Gestaltung des Prozesses als verteilter Prozess angesprochen. Neben der Unterstützung der einzelnen Phasen lassen sich in der Querschnittsbetrachtung des gesamten Prozesses weitere Aspekte im Einsatz der Instrumente festhalten, die sich von einer technischen Unterstützung lösen und eine eher methodische Unterstützung leisten [Engelke 2002: 129].

GIS werden durch ihre IgPa zu einem wichtigen Element des Leistungserstellungsprozesses der Informationsgesellschaft. Denn GIS können damit die tagtäglichen Entscheidungsfindungsprozesse determinieren. Fehlerbeseitigung und Problemwahrnehmung, ihre Definition und Planung bis hin zur Ausführung basieren auf ihren Informationsverarbeitungspotenzialen, die für effizientere und effektivere Erledigung von Verwaltungsarbeit neue Möglichkeiten eröffnen. Als Zielkomplexe für GIS-Einsatz auf dieser Ebene lassen sich z. B. Schutz und Förderung der Biodiversität, Biozönosenschutz, Schutz der Naturgüter Boden, Wasser, Luft als integrale Teile der Ökosysteme bzw. der Biosphären-Schutz von ökosystemaren Prozessen unter na-

[18] Die Folge von Planung könne jedoch auch sein, dass der Entscheider sich zum Nicht-Handeln entschließe. Aus diesem Grunde wird hier Planung auf die vor jeder möglichen oder abgelehnten Handlung notwendigen Entscheidungen bezogen [Feick 1975: 164].

türlichen Bedingungen nennen [Vogel, Blaschke 1996]. GIS fungiert in diesem Kontext als eine Art Führungsinformationssystem in Form einer „Balanced Scorecard“ oder eines Monitoring- und Frühwarnsystems, das die Entscheidungsfindung für Planer erleichtert.

Die Informationsgestützte Planungsaufgabe (IgPa) von GIS bezieht sich so z. B. in erster Linie auf räumliche Entwicklungsplanungen und nicht auf fachliche Planungen. Der Unterschied liegt darin, dass räumliche Projekte von staatlichen Behörden, Gemeinden, aber auch von privaten Organisationen räumlich dergestalt koordiniert werden, dass damit die Entwicklung von Gemeinden oder Regionen „nachhaltig“ gefördert wird. Im Gegensatz dazu stehen fachliche Planungen, die oft in operativer Ebene auf einzelne Projekte ausgerichtet sind, ohne dass deren Bezug zu anderen Projekten/ Vorhaben im Raum genügend berücksichtigt würde [Fürst 2000]. Räumliche Entwicklungsplanungen koordinieren mehrere Fachplanungen räumlich und werden deshalb „querschnittsorientiert“ genannt,[19] während die Fachplanungen als „Sektorplanungen“ bezeichnet werden, weil sie nur den Ausschnitt der Wirklichkeit berücksichtigen.

IgPa von GIS versucht vor allem das Potenzial dieser Technologie bei der Unterstützung der politischadministrativen Planung auszudrücken, was der Verwaltung nicht nur bei der Erledigung der Fachplanungen bzw. „Sektorplanungen“, sondern auch bei den „querschnittsorientierten Aufgaben“ Unterstützung verspricht, um z. B. dynamischen Gebilden wie Stadtsystemen, welche ständigen Veränderungen unterworfen sind, zeitgemäße Administration zu ermöglichen.

Einen Einsatzfall für GIS bilden die Städte des Ruhrgebietes [Bickenbach 1994: 21f.], welche innerhalb eines Zeitraumes von 15 Jahren grundlegende wirtschaftliche Veränderungen hinnehmen mussten und wo ganze Industriekomplexe fast über Nacht stillgelegt wurden. Dieser industrielle Strukturwandel hat auch auf sozialer Ebene hinsichtlich des Raumbezugs Umstrukturierungszwang herbeigeführt. Arbeitersiedlungen, im Schatten der Betriebe gebaut, finden sich plötzlich am Rande kontaminierter Brachflächen wieder. Neubausiedlungen, ursprünglich „im Grünen“ gebaut, müssen sich mit neuen Gewerbegebieten in ihrer Nachbarschaft auseinander setzen. Auch hier bedarf es einer sorgfältigen, langfristig angelegten Flächennutzungspolitik, die nur mit der Unterstützung der neuen GIS-Technologie effektiv und effizient arbeiten kann.

Raumordnung heißt allgemein in einem Staatsgebiet angestrebte räumliche Ordnung von Wohnstädten, Arbeitsstätten und weiterer Infrastruktur. Es kann damit jedoch sowohl die tatsächlich vorhandene, räumliche Struktur eines Gebiets gemeint sein (Fachaufgabe), als auch als die Tätigkeit des Staates verstanden werden, die zur planmäßigen Gestaltung des Raumes führt (Planungsaufgabe).[20]

[19] Bei Querschnittplanung werden Vorgaben gemacht, wie Flächen und Gebiete genutzt werden. Zu den räumlichen Querschnittsplanungen zählen z. B. die kommunale Bauleitplanung, die Regionalplanung und die Landesplanung. Auch die Landschaftsplanung, die zwar einerseits Fachplanung des Naturschutzes und der landschaftsbezogenen Erholung ist, aber andererseits („teilquerschnittsorientiert“) andere Fachplanungen koordinierend und übergreifend auf ihre Umweltverträglichkeit prüft [Fürst 1999: 1].

[20] Es hängt von der Fragestellung ab, ob man hier von Fach- oder Planungsaufgabe von GIS spricht.

Planungsaufgabe von GIS beschäftigt sich mit Vollzug, z. B. welche Strecke für den Bau einer neuen Autobahn in einer Region in Frage kommt (in Bezug auf die raumrelevanten Möglichkeiten).

Aber warum dies der Fall ist (zu welcher Art Ent- und Belastungen sie in der Region beiträgt, ihre Umweltkonsequenzen, Wirtschaftlichkeit oder überhaupt Notwendigkeit), ist von strategischem Wert und für eine sachliche Entscheidung wäre Basisinformation unentbehrlich. GIS möchte hier zu einem möglichst widerspruchsfreien Konzept und seiner Durchführung verhelfen.

Zugang zu allen Daten durch GIS kann die bisherige „Inselplanung" auflösen. So können alle betroffenen Abteilungen auf die Daten zugreifen. Im Rahmen eines Web-GIS können abteilungsübergreifende Querschnittplanungen bereitgestellt werden. Das erlaubt z. B. für die Planung neuer Verkehrsnetze durch Simulation eine präzise und sichere Vorausplanung.

Das Gemeindegebiet als Teil des Umwelt-, Grundstücks- und Flächenmanagements, egal, ob von öffentlicher oder privater Seite betrieben, ist heute immer und untrennbar auch ein Teil der Umweltpolitik. Altlasten, deren Ursachen teilweise bis ins vorige Jahrhundert zurückgehen, sind aufzuspüren, zu dokumentieren und zu sichern, damit sie adäquat behoben werden können. Ein Prozess, in dem unterschiedliche Interessen aufeinanderprallen und unzählige Parameter zu berücksichtigen sind. Abbildung 2 zeigt die Schritte der Problembearbeitung bis zur Entscheidungsfindung, die durch GIS-Einsatz informationell unterstützt werden kann.

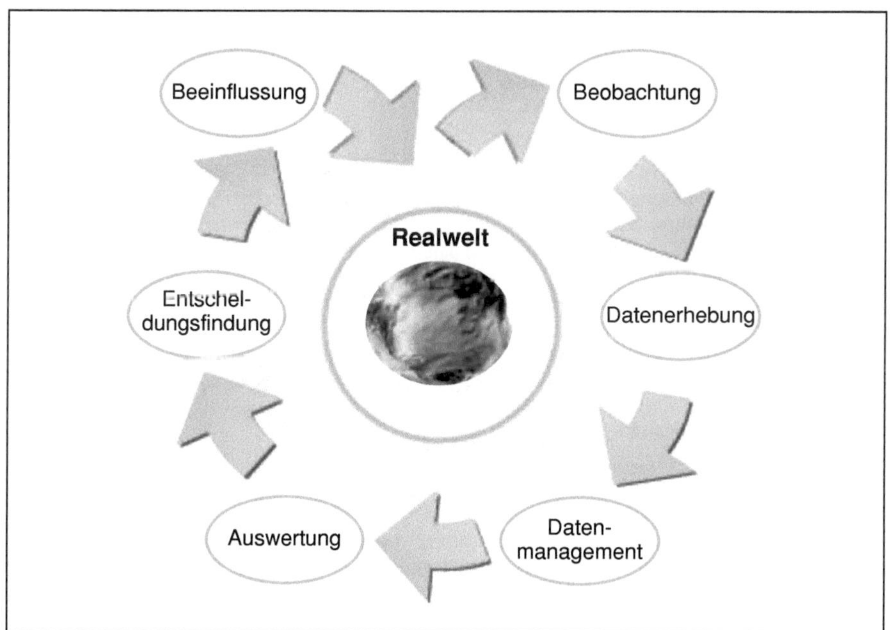

Abb. 2: Die Schritte des Entscheidungsfindungsprozesses in der Praxis

Technologieeuphoriker erwarten sogar die vollkommene Ablösung des Planers durch die Computer. Den völligen Ersatz, die vollautomatisierte Planung wird es jedoch nicht geben. Dazu ist das gesellschaftliche Paradigma der Beachtung lokaler Besonderheiten innerhalb des Planungsprozesses noch zu stark ausgeprägt. GIS ersetzt so weniger den Planer, vielmehr erschließt es ihm neue bzw. alte Aufgabenfelder neu und erlaubt ihm ebenso den Sachverhalt auch aus Vogelperspektiven zu überblicken [Schmidt-Eichstaedt 2000]. So wird der Planer befähigt, sich mehr auf seine kreative, problemlösende Arbeit und Kommunikations- und Kooperationsaufgaben zu konzentrieren.

Eine Frage, die sich dem aufmerksamen Leser nun hinsichtlich der erwähnten Erwartungen an GIS stellen könnte, lautet: Was unterscheidet denn GIS von anderen sog. Informationssystemen im ERP, CRM-Umfeld oder Datenbanksystemen, welche seit einigen Jahren in der Praxis ihren Einsatz finden?

Die Beantwortung dieser Frage wird besonders erschwert, da inzwischen sehr unterschiedliche Auffassungen des Begriffs „System" in IT-Kontext existieren. „System" in GIS scheint hinsichtlich seiner Dimension breit gefächert bis holistisch geprägt zu sein, dessen Grundideen zu den in GIS beteiligten unterschiedlichen Wissenschaftsdisziplinen besonders auf Geographie zurückführen. Im Unterschied zu anderen IS, in denen der Begriff „System" eher partiell und problemorientiert angelegt ist, hat GIS einen ganzheitlichen Ansatz und kann als Weltanschauung (Methodologie) betrachtet werden. Eine Begriffsbestimmung für GIS soll nun seinen Informationsbezug verdeutlichen, worauf die oben gestellten Erwartungen an GIS beruhen.

1.2 GIS-Begriffsbestimmung

Die rasante Entwicklung der Informationstechnologie (IT) der letzten Jahre hat bei den Begriffsbestimmungen zu Unklarheit und Verwendungsunsicherheiten geführt.
Begriffe wie z.B. Büro- oder IuK/IKT-Systeme sind heute nicht in der Lage, die informationstechnologischen Entwicklungen der letzten Jahre differenziert auszudrücken. So möchte ich mit etwas modifizierter Form inzwischen nicht mehr aktuelle Begriffe wie „IuK-Technologie" oder „Informations und Kommunikationstechnologie (IKT)" durch die heute einfache übliche „Informationstechnologie bzw. neue Informationstechnologie (IT)" ersetzen, um die letzten fast zwei Dekaden langen Entwicklungen dieser Technik hervor zu heben und diese neben und mit GIS-Einsatz in der Praxis komplementär behandeln, da GIS im Rahmen seines Interoperabilitätskonzepts eine Interaktion und Kommunikation mit allen IS und Datenbanksystemen anstrebt.

Begriffsbestimmungen für GIS fallen in Abhängigkeit zu seinen Einsatzfeldern weit unterschiedlich aus. Fürst drückt dieses Problem wie folgt aus: „gibt es nahezu so viele Definitionsvarianten, wie es Implementationen gibt", was zu unterschiedlichem GIS-Verständnis bei den einzelnen Anwendern führt [Fürst et al. 1996]. GIS wird von der Federation Internationale des Geometres (FIG) wie folgt definiert:

„Ein Land-Informationssystem (bzw. GIS) ist ein Instrument zur Entscheidungsfindung in Recht, Verwaltung und Wirtschaft sowie ein Hilfsmittel für Planung und Entwicklung. Es

> besteht einerseits aus einer Datensammlung, welche auf Grund und Boden bezogene Daten einer bestimmten Region enthält, andererseits aus Verfahren und Methoden für die systematische Erfassung, Aktualisierung, Verarbeitung und Umsetzung dieser Daten. [Eichhorn 1990: 212–230.]

Diese Definition stellt für GIS große Erwartungen auf, die den in dieser Arbeit für GIS gestellten Erwartungen näher kommen. So ist GIS sowohl für Entscheidungsfindungszwecke geeignet als auch für Planung, die sich von Konzeption bis Durchführung wiederum von Daten und Fakten steuern lässt. Aber wie GIS in die Lage gesetzt wird, solche Erwartung zu erfüllen, wird oft nicht nachgefragt, und damit entstehen nicht selten falsche Vorstellungen, die leider nicht nur bei Laien vorkommen, die GIS mit der berühmten magischen Kristallkugel verwechseln, die nun auf Knopfdruck funktioniert. Oder GIS wird für ein Software-Programm gehalten, das bunte Karten erstellt, worauf man sogar die lang erprobten Visualisierungs- und Interpretationsmethoden der Länderkunde wieder findet [Bartelme 1999].

Im Folgenden wird das Akronym „GIS" durch eine detaillierte Begriffsanalyse konkretisiert; dies steht in direkter Verbindung zur informationellen Wirksamkeit der GIS-Technologie.

1.2.1 Geographie

Die Vielfalt des Arbeitsfeldes der Geographie in ihrer Funktion als Verbindungsglied zwischen natur- und geisteswissenschaftlichem Denken macht es schwierig, Geographie in einem kurzen Satz zu definieren.

Die Geographie erforscht, erklärt, beschreibt und erfasst die Erdoberfläche in ihrem Ganzen und in ihren Teilen in Struktur, Funktion, Genese und Prozess. Geographie umfasst sowohl natürliche Aspekte wie Klima, Boden, Vegetation als auch anthropogene Phänomene wie Städte, ländliche Siedlungen, Wirtschaft, Verkehr. Das Bestreben der Geographie war es, möglichst umfassende und rationelle Beschreibung und Interpretation des Charakters und der Differenzierung der Erdoberfläche zu geben [vgl. Karger nach Ratter 2001: 1, Westermann 1969: 172]. Mittlerweile kann eher die Rede sein von den Geographien, die sich in einem Spannungsfeld verorten lassen: Auf der einen Seite die Geographien im Sinne eines „spatial approach", die ihre „Welten" im Sinne von Verteilungs-, Verknüpfungs- und Ausbreitungsmustern konstruieren und auf der anderen Seite die Geographien angelsächsischer Prägung, die „Raum"-Konstruktionen im Plural denken.

Für die Lösung globaler, nationaler und regionaler Probleme ist präzise geographische Kenntnis (im Sinne geometrisch normierter Netze) ebenso unabdingbar wie genaue Kenntnis der sozialen und wirtschaftlichen Strukturen. Die Entwicklung Deutschlands, die Probleme der Entwicklungsländer und der großen Machtblöcke sind nur in diesem Kontext zu verstehen und zu lösen und nur in diesem Sinne kann der Anspruch an einen wohlgeordneten Landschaftshaushalt im Gleichgewicht zwischen der Natur mit ihren Potenzen und Werten und den Erfordernissen unserer technisierten und rationalisierten Zeit erfüllt werden.

Diese sich mit der Gesamtproblematik der Allgemeinheit befassende Thematik lässt die planungs- und praxisbezogenen Aufgaben der Geographie an Bedeutung gewinnen, für deren Behandlung nun die GIS-gestützte Geographie als „Forschung und angewandte Wissenschaft zugleich" eine Operationsmöglichkeit erhält.

Mit dem Ziel, die räumlichsozialen Welten der Menschen zu beschreiben und sie damit verstehbar, verfügbar und ihre Probleme bewältigbar zu machen, wurden innerhalb der Geographie seit Anfang des 20. Jahrhunderts zwei Perspektiven entwickelt:

Eine segmentierende Geographie

Zum einen bietet sie einen segmentierten und segmentierenden Blick auf die Welt, der – ursprünglich den Kategorien des Kirchhoff'schen bzw. Hettner'schen länderkundlichen Schemas folgend – ausgewählte Teilaspekte segmentiert und einzeln thematisiert (vgl. dazu W. Aschauer in seiner „adressatenbezogenen Landeskunde" [Aschauer 2001: 37ff.]). Die Einteilung der kontingenten, vielfältigen Welt in ein überschaubares System von Beobachtungskategorien (und Teildisziplinen) bildet bis heute eine wesentliche konzeptionelle Grundlage für die Geographie. Sie prägt aber nicht nur das wissenschaftliche Selbstverständnis der Disziplin und viele ihrer prominenten Instrumente (z.B. GIS), sondern auch die Beobachtungskategorien der Menschen in Politik, Medien und Alltagswelt [Gebhardt et al. 2005]. D.h. nicht alles, was Geographen beobachten und verstehen wollen, ist a priori „GIS-kompatibel" (vgl. dazu die Landschaftsanalysen von F. Kruckemeyer, die den Aufprall von „realen" Welten im Sinne von GIS und die Spuren komplexer politischer und ökonomischer Agenden thematisiert [Kruckemeyer 1999: 171–182]).

Eine Geographie im Sinne von „Schnittstellenforschung"

Neben der Konzentration auf einzelne Segmente und ihre Weiterentwicklung in Teildisziplinen bildet aber der integrierte Blick auf die Welt oder einzelne Teilregionen die zweite große Form der wissenschaftlichen Beschreibung und Analyse. Diese in den Lehrbüchern der Geographie allgemein als „Regionale Geographie" bezeichnete Form findet auf unterschiedlichen Maßstabsebenen statt, hat aber vor allem auf der Ebene der Nationen ihren wichtigsten und auch öffentlich prominentesten Vertreter entwickelt: die Länderkunde [Gebhardt et al. 2005].

Nicht nur Geographie, die Konzepte, Methodologie, Methode und Modelle für GIS bereitstellt, sondern auch andere Disziplinen haben seine bisherige Entwicklung aktiv unterstützt und seine Tools und Funktionalität geprägt:

- (Geo-)Informatik, die die GIS-Entwicklung bisher bestimmend stark geprägt hat.
- Kartographie: Darstellung der Informationen
- Geodäsie (Geometrie, Geo-Referenzierung)
- Mathematik, Statistik (Algorithmen, Kennzahlen)
- Photogrammetrie und Fernerkundung (Raster- bzw. Bildverarbeitung)

und

- andere Geo- und Raumwissenschaften: Geologie, Hydrologie.

1.2.2 Information

Information ist als Produkt der theoretisch begründeten und methodisch angeordneten Daten zu bezeichnen, die durch bestimmte Algorithmen, z. B. in Form statistischer Prozeduren, analysiert, reproduziert und zur Interpretation freigegeben werden. Wenn man also von „IS“ im Akronym „GIS“ spricht, ist damit entweder ein informationsverarbeitendes oder ein informationserzeugendes System gemeint, was beides auf GIS zutrifft. Ein GIS unterscheidet sich von anderen IS in seinen verwendeten Methoden. Unter Methode gemeint ist hier allerdings nicht ein informationstechnisches Verfahren, sondern eher methodologisch bestimmte Arbeitsverfahren, die nicht von der Informatik entwickelt werden sollten, aber von ihr programmiert werden können (siehe S. 58).

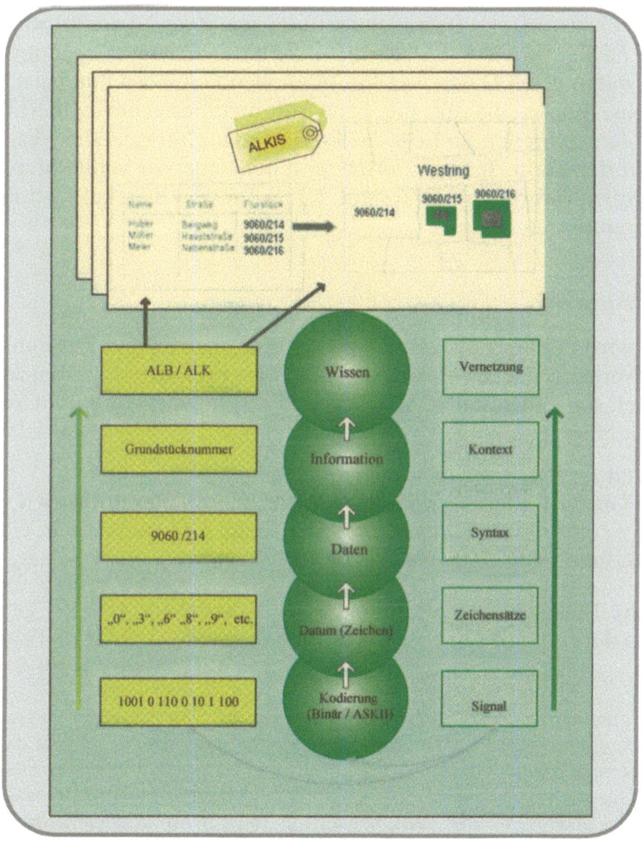

Abb. 3: Der informationstechnische Weg zur Information

Für eine optimale Entscheidungsfindung ist so eine Fülle von Informationen aus unterschiedlichen Bereichen nötig. Information ist zweckorientiertes Wissen, quantitativ und qualitativ messbar und trägt einen Zeitaspekt. Mit anderen Worten wird Wissen als zweckorientiert verknüpft verstandene Information aufgefasst, die zu wirkungsvollem Handeln befähigt. Dass richtige Information zur richtigen Zeit am richtigen Ort zur Verfügung steht, gewinnt immer größere Bedeutung.

Die Datenverarbeitungsleistung der neuen Informationstechnologie (IT) und ihre Speicherkapazität stellen heute nur in Extremfällen einen Engpass dar. Relationale Datenbanksysteme verwalten die einmal definierten Zusammenhänge sozusagen fast automatisch.

Die hohe Kunst liegt allerdings bei der Informationsverarbeitungsfähigkeit eines Informationssystems, woran es den Informationssystemen (IS) unserer Zeit noch fehlt. GIS soll z. B. nicht einfache Datenverarbeitung zum Zwecke der Informationserzeugung leisten (siehe Abb. 3, S. 29), sondern die durch Datenverarbeitung gewonnene Information mit anderen Daten und Informationen verbinden und neue Information erzeugen. Eine Phase, die für die neue Informationstechnologie (IT) weiterhin Schwierigkeiten verbreitet. So liegt das Problem der „Informationsverarbeitung“ im Sinne des Wortes darin, Informationen so miteinander zu verknüpfen, dass es zu neuen, sinnvollen Informationen kommt. Diese Entwicklung befindet sich noch im Anfangsstadium.[21]

1.2.3 System

Ein System wird definiert als ganzheitlicher und planmäßiger Zusammenhang von Dingen und Vorgängen. Ein System ist in der Lage, in einer komplexen und veränderlichen Umwelt seine Identität zu bewahren. Der Systembegriff wird durch zwei Momente charakterisiert:

- Interdependenz (Wechselverhältnis) aller Teile
- durch die Grenze (Abgrenzung) gegenüber einer komplexen Umwelt. Erst die Abgrenzung zu einem Außen macht ein System zum System, wie z. B. Gesellschaft = soziales System, politisches System.

Einige weitere Beispiele für Systeme, die den Systembegriff zuerst geprägt haben, findet man in der Biologie (Teich, Wald, Müllhalde, Industriebrache, Feldrain, …), in

[21] Wenn der Computer heute z. B. ahnt, dass das persische „mard bozorg“ zu Deutsch „großer Mann“ bedeutet und „mard tschag“ für „fetter Mann“ steht, dann erschließt das Elektronenhirn (!), dass mard „Mann“ heißt, bozorg „groß“ und tschag „fett“. Bei der Übersetzung von Persisch auf Deutsch arbeitet der Computer nicht nach dem 1-zu-1-Prinzip, was ein Wort einfach durch das andere ersetzen lässt, sondern er folgt einem Vergleichs- und Parallelitätsprinzip. Je größer der Kontext an Paralleltext (Erfahrung), desto raffinierter die Übersetzung [vgl. Der Spiegel Nr. 38/15. 9. 03: 170ff.].

der Physik (gekoppelte Pendel, Sender und Empfänger beim Fernsehen, Sterngalaxie, Atom, Wolke, ...), in der Chemie (Mischung von Flüssigkeiten, DNA, Enzym, ...), in der Soziologie (Familie, Dorf, Staat, Kirchengemeinde, Schulklasse, Firma, ...), in der Wirtschaft (Außenhandel, Geld, Nachfrage/Preis, Käufer, ...), in der Technik (Kühlturm, Wolkenkratzer, Brücke, Staubsauger, Auto, ...) [vgl. Ratter 2002].

Im IT-Umfeld wird der Systembegriff als Hebel eines Paradigmenwechsel von Industrie- in Informationszeitalter benutzt.

Der Begriff „System“ am Anfang der 60er-Jahre wurde in „Geographisches Informationssystem“ (GIS) verwendet und wahrscheinlich erst danach in der Geographie selbst. Die Anwendung des Begriffs „System“ in der Geographie nach Leser geht auf die zweite Hälfte der 60er-Jahre zurück,[22] war jedoch in den anderen Wissenschaften schon längst als eine moderne Vokabel etabliert und ließ sich innerhalb der Geographie aufgrund des Vorhandenseins des Begriffs „Wirkungsgefüge“ (zunächst) nur mit Mühen einführen [Leser 1980:14ff.]. Dabei darf allerdings nicht vergessen werden, dass Lesers Blicke sich ausschließlich auf einen naturwissenschaftlichbiologistischen Diskurs beziehen und – dadurch bedingt – die Idee von „System“, wie sie innerhalb der Humangeographie verhandelt wird, ausgeschlossen bleibt. Diese Dichotomie zwischen Physischer Geographie/Landschaftsökologie und Humangeographie versucht man im Rahmen aktueller Forschungsprogramme innerhalb der Geographie zu öffnen zugunsten „integrativer Ansätze“ [Pohl 2005 und Weichhart 2005].

„System“ im GIS nach Verständnis dieser Arbeit

Im Rahmen dieser Arbeit wird grundsätzlich von der holistischen Betrachtungsweise von GIS ausgegangen. Das bedingt, dass GIS als Ganzes zu betrachten ist, dessen Grundstrukturen, das „Funktionale Basismodell“ auf dem Lehrgebäude der Geographie basieren. Ob ein System die Bezeichnung „Geographisches Informationssystem“ tragen darf oder nicht, ist grundsätzlich streng im Zusammenhang mit o.g. Definition zu sehen. Aufgrund ihres losen Teilsystemcharakters werden Systeme als Geo-Informationssystem, Betriebsmittel-Informationssystem, Netz-Informationssystem, Raum-Informationssystem oder Navigationssystem etc. bezeichnet. Diese sind als solche integrative Bestandteile (Untersysteme) des gesamten Geographischen Informationssystems (GIS).

GIS im Sinne des geographischen Ursprungs ist immer in eine Umgebung eingebettet und besteht aus einzelnen, wohl autonomen Einheiten (Objekten), die aber miteinander in Beziehung stehen. GIS-Komponenten (Untersysteme) können auf Grund unterschiedlicher Disziplinen und entsprechender Fragestellungen und Module nach ihrem Verhalten unterschiedlich ausgestattet sein, dienen aber oft unter dem „Mega-System“ zum Zwecke der Lebensraumgestaltung (siehe Abb. 4, S. 32).

[22] D. R. Stoddart (1965/1970) weist mit seinem Aufsatz „Die Geographie und der ökologische Ansatz. Das Ökosystem als Prinzip und Methode in der Geographie“ zu Recht auf den Systemzusammenhang Natur-Technik-Gesellschaft hin, der ja auch über bedeutende anthropogeographische Perspektiven verfügt [nach Leser 1980: 49].

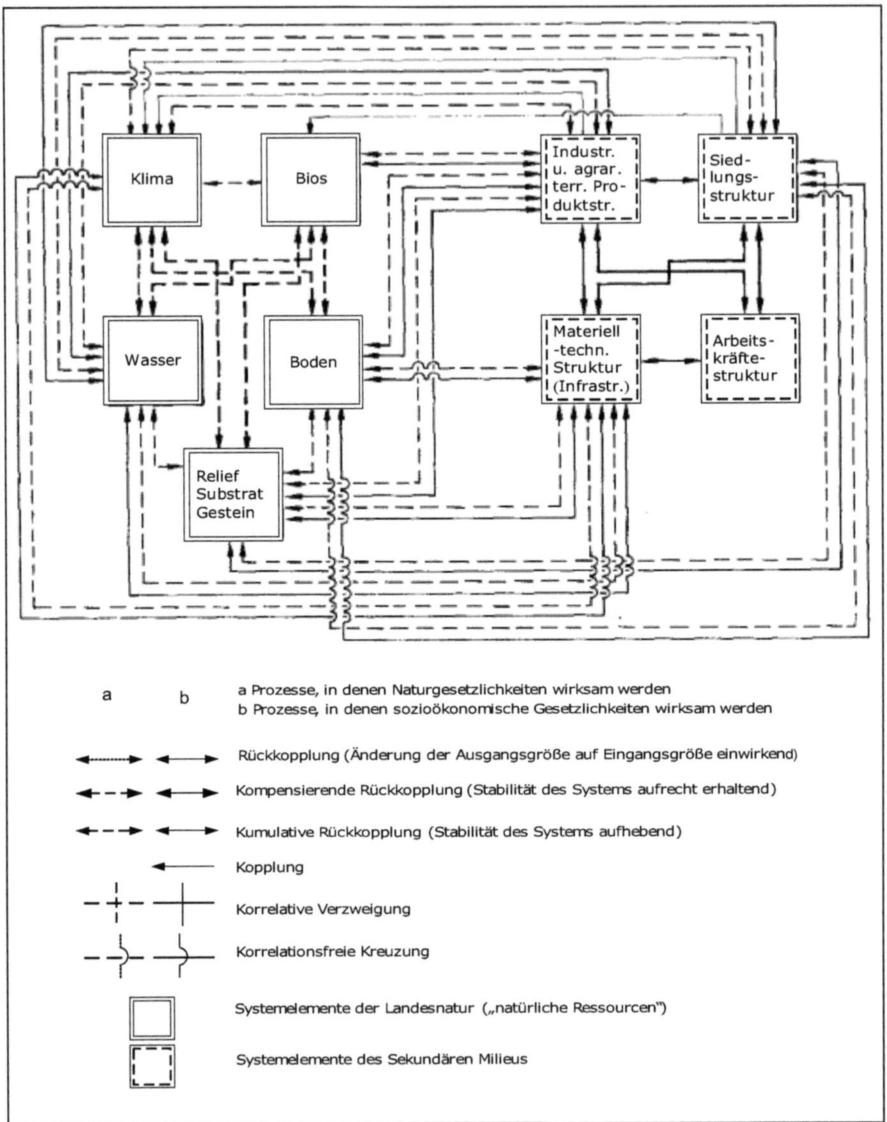

Abb. 4: Das Modell der Territorialstruktur und die darin ablaufenden Prozesse [Leser 1980]

Goodchild schlägt hinsichtlich des Begriffs „System" im Akronym „GIS" vor, diesen als „science", d. h. „geographic information science" zu dekodieren und verweist auf „agendas for research on GIS, not research with GIS, although clearly the first advances the second goal" [Mevenkamp 1999].

Die Vorteile, die in dieser These angesprochen werden, wären dann vielleicht in forschungspsychologischer Natur bedeutsam, wenn die Wissenschaft – insbesondere Geographie – sich für die Fort- und Weiterentwicklung der Systemtheorie (z. B. mit ökologischem Ansatz) in anwendbarer Form für GIS mehr engagieren würde als bis zum jetzigen Zeitpunkt, wo sie die Entwicklung der Informatik überlassen und sie so dazu legitimiert hat! Genau hier liegt die Chance einer integrativen Geographie, die GIS nicht einfach nur als anwendungsbezogenen Werkzeugkasten betrachtet.

In der Softwareindustrie wird der Begriff „System" in den vielfältigsten Formen verwendet. Es gibt Umweltinformationssysteme, Auskunftssysteme, das Amtliche Topographisch-Kartographische Informationssystem (ATKIS) etc.

Die unterschiedliche Wahrnehmung, was ein System und was nur ein Programm bzw. ein Teil davon ist, lässt sich an ALK verdeutlichen. Für die Vermessungsverwaltung ist ALK ein abgeschlossenes System, das den internen Geschäftsprozess zum Nachweis der Katastersituation optimieren soll. Für das Stadtwerk ist ALK nur ein Untersystem zur Leitungsdokumentation.

So besteht z. B. ein Rauminformationssystem einer Stadtverwaltung aus den einzelnen Fachschalen, die dezentral in den Ämtern gepflegt werden. Die einzelnen Fachschalen können unabhängig voneinander genutzt werden, um in den Fachbereichen Vereinfachungen in den Arbeitsabläufen zu erzielen.

Gegen die dominierenden separatistischen Ansätze in der Geographie seit Anfang der 60er-Jahre (siehe S. 123) repräsentiert das Modell eine ganzheitlich integrative Geographie (nach Leser-Diskurs[23]). Es zeigt, dass zwischen den physiogenen und anthropogenen Elementen der Landschaft ein systemarer Zusammenhang besteht, der sich sowohl für den Physiobereich als auch für den Anthropobereich wie auch für beide Bereiche gemeinsam behandeln lässt [Leser 1980: 47].

Information ist ohne die sie verwaltenden Systeme, die auf ein Basismodell zurückgreifen, kein brauchbares Gut. So unterscheidet sich ein IS von einem Stück Software oder einem SW-Programm (mehr dazu siehe ab S. 46).

[23] Nicht integrativ im Sinne Pohls und Weicherts.

Kapitel 2

2 Zweck des GIS-Einsatzes und Ist-Lage

2.1 GIS als Instrument des Neuen Steuerungsmodells

Aufgrund der Zunahme der Fallzahlen hinsichtlich der zu erledigenden Aufgaben in unserem Lebensraum und der Notwendigkeit der sachgerechten Behandlung der knappen Ressourcen in den einzelnen Aufgabenbereichen werden seit den sechziger Jahren gezielt informationstechnische Investitionen vorangetrieben.

Auch GIS-Einsatz gehört seit den letzten zehn Jahren zu den wichtigen Zielen der Verwaltungsmodernisierung weltweit. Über die entscheidende Frage, ob bisher eine innovative verwaltungsorientierte Technikentwicklung oder nur eine gelegentlich technikdominierte Verwaltungsorganisation angestrebt wurde, gehen die Meinungen weit auseinander.

Während einige den Bürger als einzigen Grund für die Existenz der Verwaltung und staatlicher Institutionen sehen, wonach sich Verwaltungsreformen wie das Neue Steuerungsmodell (NSM)[24] ausrichten [WOV 1995, KGSt 5/1993], glauben andere in einem Rückblick auf die Geschichte der IT in der Verwaltung an eine Symbiose zwischen informationstechnischer Entwicklung und Reformmaßnahmen in der Verwaltung [Brinckmann und Kuhlmann 1990: 35f., Haghwerdi 1997: 26, Engelke 2002: 53].

Dieses unaufhörliche Tauziehen zwischen Technikeinsatz und Verwaltungsreform hat zu einer halbherzigen Techniksteuerung der Verwaltungsarbeit geführt, die auch in dieser Arbeit durch die Studie signifikant bestätigt wird. Eine nicht realistische Vorstellung über die Potentiale und real vorhandenen Möglichkeiten der Technik und damit die zutreffende Einschätzung ihres Stellenwerts als Instrument des NSM wird hier als Ansatzpunkt zahlreicher Probleme des informationellen Technik-Einsatzes z. B. in Form der Scheinmodernisierung in der Verwaltungspraxis erkannt. Bisher sind so von einer „Netzwerk-Administration" erst rein technische Verbindungen[25] realisiert worden, ohne dass für diese Verbindungen genügend innovative Content-Management-Konzepte mit entsprechenden Basisdaten bereitgestellt wurden. Es kommt so oft durch die Reibereien zu Überforderung der im Netzwerk beteiligten Akteure, ohne dass ihre Mehrarbeit, verursacht durch inhaltlich schwaches Kontraktmanagement, erwartungsgemäß der Leistungssteigerung der Verwaltungsarbeit zu-

---

[24] Das Neue Steuerungsmodell (NSM) wird in zunehmendem Maße zu einem internationalen Wettbewerbsfaktor im privaten und öffentlichen Sektor gegenüber dem Bürokratie- und Hierarchiemodell. Von Finnland bis Neuseeland diskutiertes und verwendetes Konzept, das inzwischen aber für alle Verwaltungsbereiche als Reformmodell in Deutschland akzeptiert ist. Begriffe und Elemente werden z. T. unterschiedlich verwendet.

[25] Diese waren bis vor wenigen Jahren über die Telekommunikation „analog" und umständlich, aber oft wichtig, heute sind sie via Internet „digital" und leichter zu handhaben, aber selten konstruktiv.

gute kommt und die Kommunikation der Netzwerkakteure durch die Zuhilfenahme von neuer Informationstechnologie auf fruchtbaren Boden fällt [vgl. Gerstlberger et al. 1998]. Nach Ansicht des Innovationsrats bieten elektronische Medien ohne den Zugang zu Dokumenten der politischen Entscheidungsfindung und ohne faktische Möglichkeiten der Mitentscheidung lediglich technische Erleichterungen bereits bekannter politischer Instrumente. Partizipation benötigt nicht nur Kommunikation, sondern auch zweckmäßige, vielseitige, sachliche und rechtzeitigere Informiertheit, um politisch aktiv sein zu können [vgl. Bernhardt und Ruhmann 1995: 18] (siehe dazu S. 52f.).

GIS sollte durch seine informationelle Funktion eine informierte Kommunikation innerhalb der Netzwerkakteure ermöglichen und damit sowohl die Form als auch den Inhalt des Verwaltungshandelns im Rahmen der neuen Verwaltungsstrategie nach Netzwerkadministration optimieren. GIS stellt dazu die geeignete technische Ausrüstung zur Verfügung, soweit dies im Rahmen der GIS-Planung berücksichtigt wurde.

Das Neue Steuerungsmodell (NSM)

Die innerhalb kurzer Zeit entstandenen internationalen ökonomischen Konstellationen, Globalisierung, Privatisierung, Standortspezifische Konkurrenz und vor allem rasche informationstechnische Entwicklungen sind Herausforderungen, welche unter diversen Labels wie Neues Steuerungsmodell (NSM/NPM), „Neue Führung der Verwaltung NEF“, Schlanke Verwaltung, etc. im öffentlichen Sektor oder Lean Management, Change Management im Privatsektor zu zentralen Antriebskräften informationstechnologischer Investitionen in Deutschland zählen. Dadurch soll ähnlich wie durch die Produktivitätssteigerungen der 80er-Jahre in der Industrie die Verwaltungsarbeit optimiert werden.[26]

Das Neue Steuerungsmodell besteht aus einer Reihe von Maßnahmen und Elementen (wie Aufbau- und Ablauforganisation einerseits, und Personalentwicklung und Management andererseits), die nicht isoliert von einander zu betrachten sind, da die Reform erst durch Vernetzung mehrerer Reformelemente zu einem größeren Ganzen dauerhaft wirksam wird [KGSt-Bericht 1995].

Der KGSt-Bericht Nr. 5/1993 begründet das Neue Steuerungsmodell mit der gesellschaftspolitischen Notwendigkeit, die Kommunalverwaltung von bürokratischer bzw. hierarchischer Struktur zur vernetzten Organisation und damit zur Dienstleistungs-Verwaltung umzubauen. Unternehmerisches Denken und Handeln, leistungsorientierte Finanzierung, zielorientierte Führung, bessere Organisationsstrukturen und optimaler Bürgerservice gehören hier zu den Zielen der NSM-Bewegung. NSM sieht für die Verwaltung neben der Sektorplanung auch eine Steuerungs- und Serviceleistungsfunktion vor und entwirft für Policy dementsprechend eine neue Aufbauorganisation. Gesteuert werden sollen nun sowohl Sektorplanung als auch Querschnittaufgaben.

---

[26] In den über 20 Jahren konnten durch Automatisierung in der Fertigung Produktivitätssteigerungen von nahezu 90 Prozent erreicht werden. Im gleichen Zeitraum betrug die Produktivitätssteigerung in den Büros nur 5 Prozent [Kremer 1998: 34].

Das Soll-Konzept für die GIS-Einführung weist so eine große Parallelität mit dem Ziel der seit einigen Jahren bekannt gewordenen NSM-Bewegung in der Verwaltung auf. NSM möchte die Verwaltung nicht als Verwalter, sondern als Mittel zum Zweck der Leistungserstellung für Bürger, als Dienstleister, neu definieren (siehe Abb. 6, S. 40). Das Betriebsmittel aller dieser Umwandlungen ist als „Information" zu bezeichnen, deren System und Produktionswerkzeug die neue Informationstechnologie bzw. GIS bildet. So kann die eventuelle Frage nach dem Zusammenhang zwischen den angestrebten Verwaltungsreformen und GIS als Informationstechnologie konkret auf die Informationsabhängigkeit aller dieser Reformanstrengungen zurückgeführt werden, deren Konzepte zwar oft auf den Potenzialen der neuen Informationstechnologie wie GIS beruhen, nicht jedoch ihr Praxisbezug. Mit anderen Worten setzt das GIS-Konzept in seiner operativen Planungsebene eine fundamentale Modifikation der Verwaltungsstruktur in dezentraler Vernetzung voraus, was allerdings nicht ins Bewusstsein der Umfrageteilnehmer eingedrungen zu sein scheint, da diese von der Realisierung der Idee des Neuen Steuerungsmodells (NSM) kaum begeistert wirken (siehe Abb. 5). Im Rahmen dieser Arbeit wird jedoch NSM als wichtiger Bestandteil der GIS-Planung und damit wichtige Voraussetzung für sachgerechten GIS-Einsatz betrachtet.

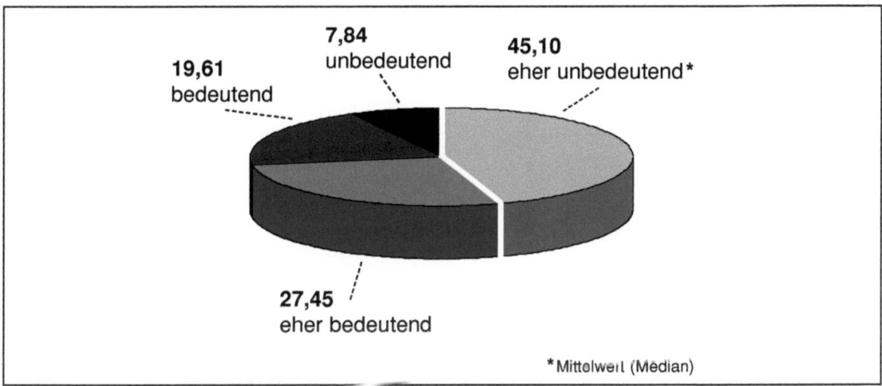

Abb. 5: Ziel und Zweck des GIS-Einsatzes: Für Realisierung der Idee des Neuen Steuerungsmodells (NSM) und die Schaffung von „schlanker Verwaltung"

Das Ergebnis der Studie hinsichtlich der fehlenden „Bedeutung" des NSM bei den Umfrageteilnehmern ist als ein weiteres Indiz für die gesamtkonzeptionelle Schwäche der GIS-Planung zu betrachten; sie zeigt, dass sich die eindeutige Zustimmung zur Realisierung des NSM mit 20% sehr in Grenzen hält, obwohl seitens derselben Befragten zum „Ziel und Zweck Ihres GIS-Einsatzes" für GIS als Plattform der Zusammenarbeit mit anderen Ämtern hinsichtlich der Querschnittaufgaben auf beliebigen Ebenen (Gemeinde, Kreis, Land, Bund) größere Bedeutung beigemessen wird (siehe Abb. 8, Teil 2.1).

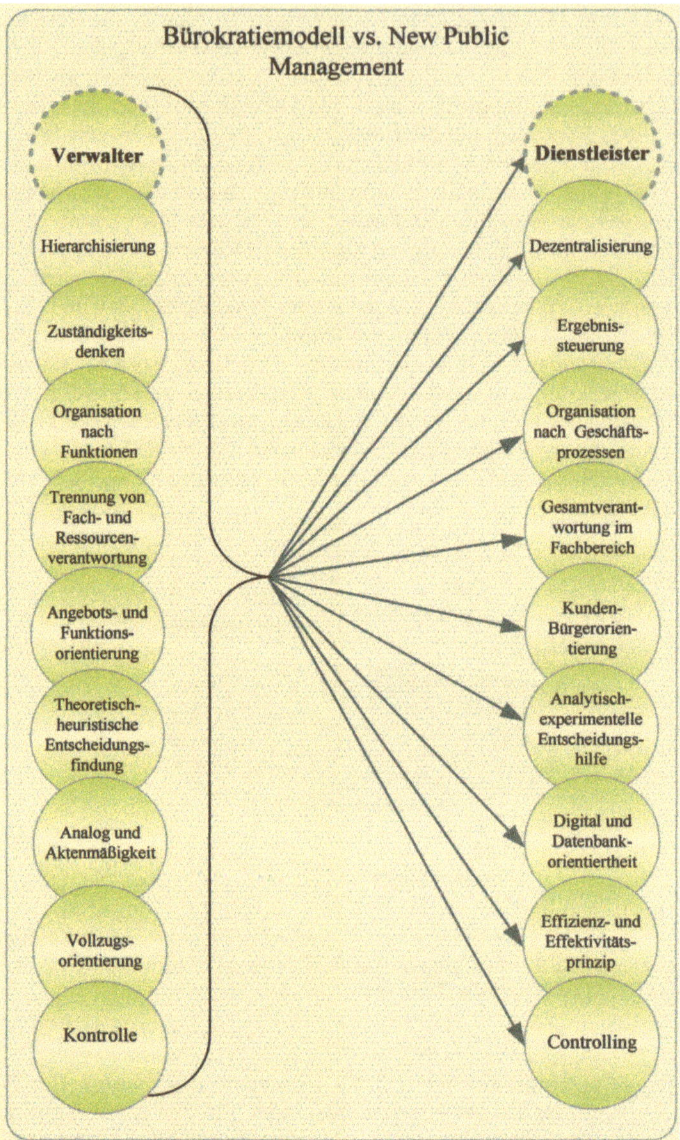

Abb. 6: Vergleich von Bürokratie- und Neuem Steuerungsmodell und Informationsbezug des NSM[27]

[27] Von Oechsler/Vaanholt 1998: 156, und Sattelberger/Müller S. 82, Reihenfolge geändert, modelliert und zusammengefasst [nach Burkhardt 2004].

2.2 Ziel und Zweck des GIS-Einsatzes

Durch GIS bekommt die Verwaltung Instrumente, um die Wirksamkeit ihrer Arbeit hinsichtlich bisher angestrebter Effizienz nun auch effektiv voranzutreiben und dauerhaft steuerbar zu halten.

Für die deutsche Verwaltung steht nach dieser Studie bei der GIS-Einführung der Gedanke im Vordergrund, die in GIS vorgegebenen Prozesse konsequent an den Anforderungen und Notwendigkeiten der unterschiedlichen Geschäftsbereiche der Verwaltung auszurichten und damit die Servicequalität zu erhöhen. Dafür eignet sich die Prozessoptimierung nach dem GIS-Rahmenwerk, weil trotz klarer Vorgaben auch Raum für verwaltungsspezifische Anpassungen bleibt. Das Soll-Konzept der GIS-Einführung lässt sich aus der Automatisierungs- und der Rationalisierungsdimension sowie hinsichtlich der Informatisierung bzw. Effektivität in der Studie wie folgt beschreiben:

2.2.1 Effizienz

- Qualifizierung und Innovierung der Datenerfassung durch neue präzisere Methoden und Instrumente, ihre Weiterführung und Haltung in digitaler Form gehören zum Hauptzweck und Ziel der überwiegenden Anzahl der Umfrageteilnehmer (siehe Abb. 7, S. 42, Teil 1). Da die Absicht der digitalen Datenhaltung nur auf die Steigerung der Effizienz ausgerichtet ist und damit nach dieser Studie oft nicht als Voraussetzung für quantitatives Arbeiten im Sinne von IgPa dient, habe ich diesen Aspekt des GIS-Einsatzes im Rahmen seiner vertikalen Dimension in die erste obere Stufe eingeordnet. Die Bedeutung der neuen Datenhaltung für den GIS-Einsatz scheint nach der Studie für die Umfrageteilnehmer so groß zu sein, dass, soweit GIS dazu beigetragen hat, dass die analogen Datenbestände nun digital fortgeführt werden können, der Anlass gegeben ist, den GIS-Einsatz seitens der Umfrageteilnehmer als gelungen zu bezeichnen. Wie aus den bisherigen Ausführungen hinsichtlich der Datenqualität im Sinne ihrer Brauchbarkeit für Aufgaben außerhalb der hausinternen Fachanwendungen hervorgehen dürfte, leidet GIS-Praxis selbst für alltäglich klassische Aufgabenerledigung am meisten an der Datenproblematik. Mit diesem Thema beschäftigt sich Kapitel 3.
- Redundanzminimierung durch Vermeidung von Doppelarbeit: GIS schafft Transparenz und kann zur Redundanzminimierung auf unterschiedlichen Ebenen beitragen. So geben zwar über drei Viertel der Umfrageteilnehmer als Zweck ihres GIS-Einsatzes die Abschaffung der nicht wertschöpfenden Tätigkeiten und Vermeidung von Doppelarbeit an, aber aufgrund fehlender Arbeitsprozessoptimierung, wodurch die einzelnen Aktivitäten nicht aufeinander abgestimmt werden können, werden z. B. bei der Datenerfassung und Verarbeitung oft weiterhin Doppelarbeit und viele Liege- und Durchlaufzeiten entstehen (siehe Abb. 7, Teil 2).
- Schlanke Verwaltung durch Personaleinsparung: mit weniger Personal dieselben oder sogar mehr Dienste zu leisten, bedeutet die Erhöhung der Arbeitseffizienz; dies war der Mindestanspruch an den Einsatz der Technik. Nach der Studie schneidet dieser Aspekt des GIS-Einsatzes weitgehend schlecht ab. Knapp drei Viertel der Befragten wollen nichts davon wissen, dass dies für sachgerechten und opti-

malen GIS-Einsatz unabdingbar ist (siehe Abb. 7, Teil 4). Die Absicht der Schaffung der „Schlanken Verwaltung“ durch GIS wird hauptsächlich von den Profi-GIS-Besitzern bestritten, deren aktiver GIS-Einsatz oft hinter dem der Benutzer anderer GIS-Kategorien zurück steht.

2.2.2 *Effektivität*

Geographische Informationssysteme werden aufgrund der Potenziale ihrer Effektgröße zu einem wichtigen Element des Leistungserstellungsprozesses der Informationsgesellschaft. GIS können dadurch die tagtäglichen Entscheidungsfindungsprozesse informativ unterstützen und ihre Sachlichkeit determinieren.

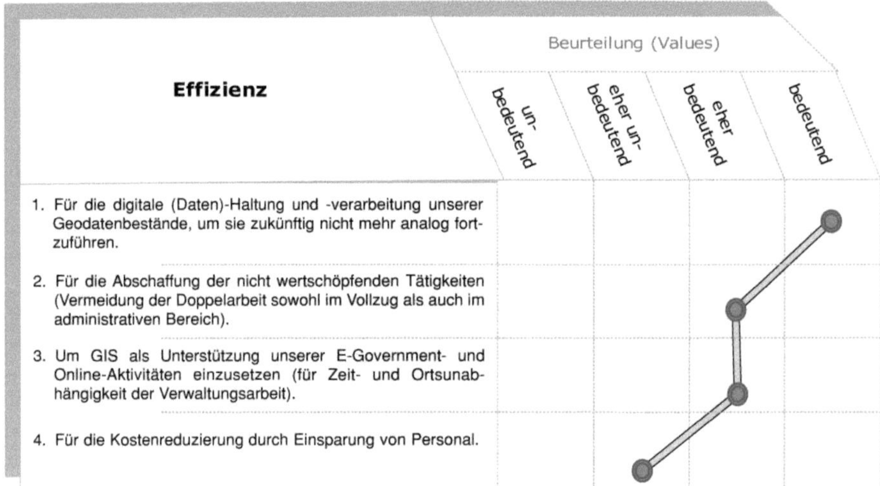

Abb. 7: Ziel und Zweck des GIS-Einsatzes hinsichtlich der effizienten Aufgabenerledigung

So kann die informationelle Steuerung der Verwaltungsarbeit zu neuer Leistungsqualität bei der Aufgabenerledigung führen, deren Paradigmen im Sinne IgPa von GIS auf fächerübergreifender Informationsverarbeitung beruhen. GIS erreicht dies z. B. durch seine folgenden Funktionalitäten:

- GIS als Kooperationsplattform: GIS kann als Kommunikationsplattform, Informationszentrale und Treffpunkt der zusammenarbeitenden Planer fungieren. Für die Wahrnehmung dieser Funktion von GIS fehlt nach der Studie vor allem die datenspezifische Grundlage, die die Basis einer konstruktiven Zusammenarbeit bildet[28] (siehe Abb. 8, S. 44, Teil 2.2.2).

[28] Die fehlende Arbeitsprozessoptimierung im Rahmen des GIS-Einsatzes wird allerdings als großes Manko betrachtet, die für drei Viertel der Umfrageteilnehmer einer abteilungsübergreifenden Zusammenarbeit im Wege steht.

- GIS als Demokratisierungsbrücke: GIS fungiert nicht nur als Kommunikationsbrücke zwischen den Planern aus unterschiedlichen Disziplinen, sondern kann auch zur Erhöhung der Partizipationschancen der Bürger an den Planungen im Sinne der Demokratisierung der Entscheidungsfindung beitragen. Die Demokratisierung der Planungspraxis ergibt sich nur dann, wenn der Sachverhalt der Planung massentauglich verständlich bzw. transparent und massenübergreifend zugänglich gemacht werden könnte, was heute durch die Integration der (Web)-GIS in einem E-Government-Basissystem jedem Bürger ermöglicht werden kann. So würde die Beteiligung des Bürgers im Planungsverfahren, die gesetzlich vorgeschrieben ist [BG 2001: 8 Nr. 5], aufwandfrei in Erfüllung gehen können. Hinsichtlich der Einsetzbarkeit der Demokratisierungsfunktion von GIS sieht allerdings die Studie eher ernüchternde Ergebnisse:
  - Die fehlende eindeutige Positionierung hinsichtlich der Frage des GIS-Beitrags zur Verbesserung der Kooperation und Interaktion mit der Bürgerschaft bei der „Intensivierung ihrer Partizipationschancen“ deutet darauf hin, dass über diese integrierende Funktion von GIS kaum Bewusstsein vorhanden ist und diese in der Praxis eher selten Verwendung findet.
  - Obwohl GIS-Einsatz für die „optimale Erfüllung der gesetzlichen Anforderungen“ von der überwiegenden Mehrheit der Befragten als bedeutend bezeichnet wird, kommt zu diesem Zweck allerdings grundsätzlich deskriptive Analyse zum Einsatz, wodurch die Realisierung und das Controlling der komplizierten Rechtsgebilde nicht ausreichend unterstützt werden können (siehe Abb. 8, Teil 2.2.3).
  - Der „Erhöhung der Führungsqualitäten durch Verbesserung des Controllings durch GIS“ wird von weit weniger als einem Drittel der Befragten eine Bedeutung beigemessen und dementsprechend wird die raumrelevante Analysefunktion von GIS kaum von einem Drittel der Befragten intensiv genutzt (siehe Abb. 8, Teil 2.3.5).
- GIS als Werkzeug der Entscheidungsfindung: Das im Rahmen dieses Berichts definierte Leitbild von GIS beinhaltet vor allem die informationelle Unterstützung der Aufgabenerledigung in der Verwaltung. In der Praxis sieht die Lage jedoch oft anders aus. GIS wird so vielmehr für Routine-Aufgaben wie z. B. Datenerfassung, Kartenerstellung, schnelle Zeichen-, Präsentations-, einfache Abfragen- und Dateneingabesoftware ein Spektrum wenig qualifizierter, sich wiederholender Tätigkeiten zugewiesen (siehe Abb. 8, Teil 2.3.1).

  Wenn aber Effektivität, Rationalität, Systematik, Methodik und Innovation gefragt sind, werden die im Leitbild enthaltenen Vorgaben bzw. Ansprüche nicht oder nur in geringem Maße erfüllt. Die Ist-Lage des GIS-Einsatzes vermittelt hinsichtlich der Wahrnehmung seiner wichtigsten Aufgabe, dem „Decision Support“, so ein sehr schwaches Bild:
  - Um eine effektive GIS-Unterstützung bei komplexen Fragestellungen zu erreichen, fehlt es oft an aufwandfreien Kopplungsmöglichkeiten zwischen den GIS der unterschiedlichen Hersteller einerseits und GIS mit verschiedenen ERP- oder CRM-Systemkomponenten andererseits, was in komplexen Fragestellungen eine optimale Entscheidungsfindung verhindert.

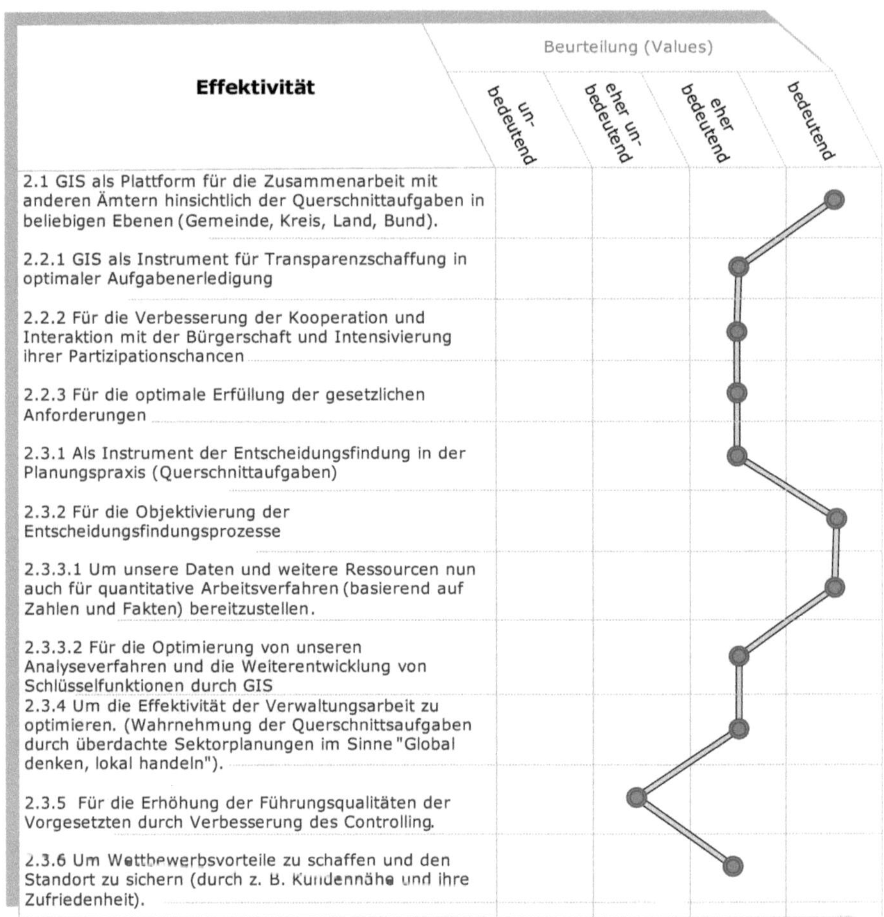

Abb. 8: Ziel und Zweck des GIS-Einsatzes hinsichtlich der effektiveren Aufgabenerledigung

- Trotz großen Interesses an der Bereitstellung der Daten für quantitatives Arbeiten und „Optimierung der Analyseverfahren als Ziel und Zweck des GIS-Einsatzes" finden die vorhandenen Datenbestände in explorativ raumrelevanten Analysen bei fast der Hälfte der Umfrageteilnehmer kaum Einsatz.
- Fehlende kulturtechnische Voraussetzungen und latente psychologische Barrieren verhindern den GIS-Einsatz bei den strategisch wichtigen Aufgaben, wie z. B. bei der Erhöhung der Führungsqualitäten durch Verbesserung des Controllings.
- Fehlendes qualifiziertes Personal mit der geeigneten fachlichen Leistung stellt das größte Problem der Effektivierung der GIS-Praxis dar. Schwierige Personal-

fragen werden oft auf Kosten der Effektivität nicht angesprochen und damit ein dynamischer und innovativer GIS-Einsatz in Richtung IgPa von GIS verhindert.
- Aufgrund des fehlenden Gesamtkonzepts für den GIS-Einsatz im Rahmen der verwaltungsadministrativen Reformen, wie sie durch das „Neue Steuerungsmodell (NSM)", „Schlanke Verwaltung", etc. dargestellt werden, gehen die Vorteile des GIS-Einsatzes durch die organisatorisch verursachten Reibereien so verloren, dass am Ende ein moderner Arbeitsplatz, aufgefüllte Datenbanken mit mäßigen Zugriffszahlen für gewohnte klassische Aufgabenerledigung übrig bleibt, was die Einschätzung der überwiegenden Umfrageteilnehmer in dieser Studie belegt, da die Fragen nach vertikaler Einsetzbarkeit von GIS nur für weniger als ein Drittel aller Befragten von prioritärer Relevanz erscheint.

Ist aber wirklich die Verwaltungsarbeit durch den Einsatz der Informationstechnologie am Beispiel GIS effizienter und effektiver geworden?

Unter Berücksichtigung der Einleitung und Ausgangslage sowie den Erwartungen an GIS-Technologie weist die Studie hinsichtlich der „Ist-Lage des GIS-Einsatzes" auf einseitig horizontale Verbreitung der GIS-Technologie in Verwaltung, Industrie und Wirtschaft hin.

2.3 Ist-Lage des GIS-Einsatzes

Bei der Betrachtung des bisherigen GIS-Einsatzes in der Verwaltung sieht man sich mit folgenden Problemfeldern konfrontiert:

2.3.1 Errungenschaften und Schwachstellen der Technik

GIS-Kategorien

In dieser Arbeit wird GIS hinsichtlich der Einsetzbarkeit in der Praxis unter vier GIS-Kategorien geordnet: Desktop-GIS/GIS-Viewer, funktionsorientiertes Projekt-GIS, problemorientiertes Projekt-GIS und bedarfsorientiertes Decision-Support-GIS bzw. echtes Professional-GIS. Dazu kommt auch eine andere GIS-Kategorie, die von Anwendern selbst entwickelt wurde, was als „selbst entwickeltes GIS" oder „Eigen-GIS"[29] bezeichnet wird. Die ersten beiden GIS-Kategorien waren bis zur zweiten Hälfte der 90er-Jahre grundsätzlich die einzigen vorhandenen GIS-Kategorien auf dem Markt. Diese Kategorien weisen heute einen Anteil von 18% der gesamten installierten GIS-Arten in der Praxis auf. Fast genauso viele Umfrageteilnehmer besitzen heute das eigenentwickelte GIS.

Die zwei letzten GIS-Kategorien (problemorientierte und bedarfsorientierte GIS), die erst in den letzten zehn Jahren entstanden sind, dominieren inzwischen die GIS-Landschaft. Seinen Namen bekam das bedarfsorientierte GIS daher, dass es

[29] Die Frage nach eigenentwickeltem GIS wurde als Extra-Frage gestellt. So setzen 16% aller Befragten u. a. Eigen-GIS ein.

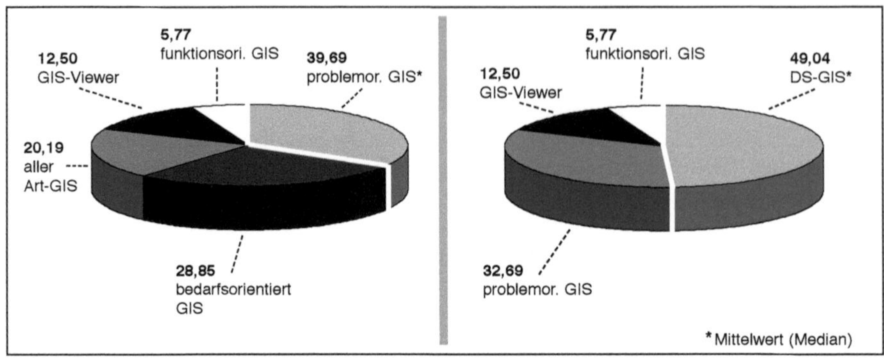

Abb. 9: Anteil der installierten GIS-Kategorien hinsichtlich der Einsetzbarkeit in der Arbeitspraxis (aller GIS-Kategorien in 5 und 4 (rechts) Klassen nach vorliegender Erhebung 2006)

sich auf Anhieb und nach der Fragestellung des Anwenders einsetzen lässt. Aufgrund seiner Custodial Database kann ein solches GIS zu beliebigen Fragestellungen im Sinne IgPa eingesetzt werden, die eine innovative Dimension annehmen können, während bei den problemorientierten GIS nur klassisch bekannte Fragestellungen in speziellen Projekten verarbeitet werden können. Erstaunlich hoch erscheint dabei der Anteil des bedarfsorientierten GIS, wovon hier auch als Decision-Support-GIS (DS-GIS)[30] bzw. echtem Professional-GIS gesprochen wird, bei den Befragten mit ca. 50% (siehe Abb. 9).

Allein die rasanten Entwicklungen hinsichtlich der GIS-Kategorien zeigen, wie arbeitsintensiv die letzten zehn Jahre im Hinblick auf GIS-Implementationsprojekte verlaufen sind.

Interoperabilität

GIS erfüllen oft die ursprünglich gehegten Erwartungen noch nicht. Ein wesentlicher Grund hierfür ist eine nicht ausreichende Integration der Elemente von GIS untereinander sowie mit dem Unternehmen insgesamt.

GIS soll die isolierten Abteilungen der Verwaltung durch Vernetzung der Arbeitsprozesse in Form der integrierten Vorgangsbearbeitung (IVB) zusammen bringen. Dies wird allerdings nur dann möglich, wenn systematisch konzipierte Informationssysteme mit im System integrierten und standardisierten Applikationen und einheitlichen Daten innerhalb der gesamten Infrastruktur entwickelt und zur Verfügung gestellt werden können. Hinsichtlich der Interaktion und Kommunikation innerhalb der vorhandenen informationstechnischen Infrastruktur bestehen jedoch Beschränkungen, die GIS-Technologie aufgrund ihres hybriden Charakters bei der Informations-

[30] Aller Art-GIS-Besitzer sind zusammen mit Bedarfsorientierten GIS als DS-GIS umkodiert worden (s. Abb. 9 rechts).

verarbeitung besonders hart treffen, da hier nicht nur wie bei aräumlichen IS Sachdaten, sondern auch Geodaten entsprechend aufbereitet und GIS-tauglich gemacht werden sollten, d.h. für letztere in blattschnittfreier und flächendeckender Form, nicht nur rein graphisch und geodätisch, wenn es z.B. um die Klärung einer interdisziplinären bundeslandweiten oder länderübergreifenden Fragestellung geht. So wird die Interoperabilität bei optimalem GIS-Einsatz groß geschrieben.

Interoperabilität heißt vertikale und horizontale Integration von GIS in der gesamten Informationstechnischen Infrastruktur. Anders formuliert ist ein GIS nur dann interoperabel, wenn es sowohl innerhalb eigener Systemkomponenten oder Arten, als auch außerhalb aräumlicher Informationssysteme in Aktion treten kann, um einer beliebigen Fragestellung nachzugehen. Interoperabilitätsproblematik im GIS-Umfeld tritt auf der System- und Datenebene auf.

Die höhere Bedeutung von GIS-Einsatz ist nach dieser Studie eben hier in dem Wunsch nach mehr Effektivität durch interdisziplinäre Datenverarbeitung anzusehen. Dabei wird der Interoperabilität der IS mit austauschbaren Daten eine entscheidende Bedeutung beigemessen. Die folgenden Befunde zeigen hinsichtlich der Ist-Lage der Interoperabilität eine kaum zufrieden stellende Situation:

- Systemfunktionale Basismodelle auf dem Markt befindlicher GIS lassen kaum eine reibungslosere intersystemare Kommunikation zu, sagen 80% der Befragten. In die Benutzeroberfläche integrierte GIS-Applikationen suggerieren zwar vielfältigere GIS-Funktionalitäten, diese sind jedoch oft einzeln selbständig operierende Stücksoftware, die meistenteils ohne GIS im Hintergrund laufen bzw. keine systemare und methodologische Integration mit dem Grundsystem bilden. Der Grund für die benutzeroberflächliche Integration der GIS-Applikationen kann u.a. darin gesehen werden, dass es an interdisziplinären Schlüsselkompetenzen in der Reihe der GIS-Entwickler fehlt.
- Die fehlende systematische Verzahnung von GIS mit anderen Informationssystemen wird ebenso von ca. 85% der Befragten hervorgehoben. Ein moderner und interdisziplinärer GIS-Einsatz ist heute ohne Kopplung an ERP- oder CRM-Systeme nicht mehr denkbar. Hier schneidet die Frage nach aufwandfreier Kopplungsmöglichkeit von GIS mit anderen IS schlecht ab. Ein Grund für die fehlende Verzahnung von GIS mit anderen Informationssystemen ist darin zu sehen, dass man bei der GIS-Einführung eher problemorientiert als systematisch vorgeht. Das Resultat ist die Entstehung von Insellösungen. Es fehlt z.B. an Strukturen und der Bereitschaft, die Fach- und Sachdaten sinnvoll und systematisch mit den Geo-Basisdaten zu verknüpfen, was zur wichtigsten Voraussetzung für die Einsetzbarkeit der Analysefunktion von GIS zählt.
- Interoperabilität unter den installierten IS ist nicht Selbstzweck und soll zur Effektivität der Verwaltungsarbeit beitragen, was als wichtigste Säule des Informatisierungskonzepts der Verwaltung betrachtet wird. Die Problematik der fehlenden Interoperabilität lässt jeden Versuch zur Kooperation zwischen unterschiedlichen Fachbereichen im Ansatz scheitern. Nach dieser Studie macht jeder Dritte der Befragten diese Erfahrung in der Praxis, da er dies im Rahmen gemeinsamer Querschnittprojekte hautnah erlebt. Eine systemübergreifende und organisationsweite Informationsverarbeitung ist nicht nur eine Frage der technischen Installation,

sondern sie muss bürokratisch und kulturtechnisch möglich sein. Die oft durch Kompromiss und Konsens erzielten Standards sind oft praxisuntauglich. Die Erfahrungen der letzten Jahre zeigen, dass es weder auf System- noch auf Datenebene eine langfristig funktionierende technische Lösung geben wird. In dieser Hinsicht wird der politisch eindeutigen Entscheidung große Bedeutung eingeräumt.

- Die Datenlandschaft ist oft sehr heterogen modelliert und ihre unnötig unterschiedlichen Datenformate verhindern einen direkten und sicheren Datenaustausch (siehe dazu auch die Datenqualität S. 54).
- Die Rolle der Normierungsinstitutionen wird zwar bei der offenen GIS-Entwicklung als beachtlich eingeschätzt, ist jedoch nicht effektiv genug, um rechtzeitig auf die rasante technische Entwicklung zu reagieren.
- Probleme der Interoperabilität beschränken sich nicht auf das GIS-Umfeld, sondern darunter leiden ebenfalls andere Informationssysteme, wenn es zu Interaktion zwischen GIS und anderen IS kommen soll bzw. ein Informationsaustausch erforderlich wird. Die „Ein-GIS-Alternative“ stellt hier für viele Umfrageteilnehmer eine pragmatische Lösung dar.
- Gegenmaßnahmen für die Lösung der Interoperabilität sind bisher grundsätzlich in einer Art technisch gesteuert worden, die langfristig betrachtet zur Dramatisierung der Lage beiträgt.

2.3.2 Schwachstellen bei der Organisation

Ansatzpunkte für die kritische Bewertung des Ist-Zustands der GIS-Technologie in der Verwaltung lassen sich zum größten Teil auf der Geodatenproblematik und der Systementwicklung basierend wie folgt beschreiben [Hermann 1996]:

- Unterschiedliche Systemhäuser nehmen an der Entwicklung der GIS-Software teil. Einerseits fehlt es an Qualitätsmanagement beim Programmieren von GIS-Komponenten, andererseits ist es keine einfache Aufgabe, zahlreiche GIS-Systemhäuser für die Schaffung von Interoperabilität durch die Standardisierung der Vorgehensweisen bei der Entwicklung der GIS-Komponenten an einen Tisch zu bringen. Immer wieder ist zu beobachten, dass mit unterschiedlichen Bezeichnungen gearbeitet wird, verwendete Datenstrukturen nicht übereinstimmen, keine eindeutigen Bezeichnungen vergeben wurden, keine entsprechenden Nummerierungs- oder Bezeichnungsschemata verwendet wurden, dass selbst bei DV-Verwaltung die Auswertungsmöglichkeiten aufgrund unpassender Datenstrukturen oder mangelnder Strukturierung beschränkt sind.
- Bei vielen Kommunalverwaltungen ist GIS noch überwiegend als Insellösung und zur Lösung spezieller Teilaufgaben realisiert. Eine funktionale Integration in das vorgangsbezogene Verwaltungshandeln der gesamten Verwaltung findet im Allgemeinen nicht statt. Die hohen Investitionskosten für Geodaten und deren strategische Bedeutung zur interdisziplinären Entscheidungsfindung in Bezug auf komplexe raumbezogene Zusammenhänge rechtfertigen solche isolierten Vorgehensweisen nicht.

- Die Arbeitsprozesse sind trotz GIS-Einsatz oft intransparent oder unkoordiniert, sie werden bei Reorganisationsmaßnahmen nur teiloptimiert (bereichs-, fallbezogene Optimierung z. B. für neue Geschäftsvorfälle). Das herrschende Bürokratiemodell, überflüssige Hierarchien, ungleichmäßige Arbeitsverteilung, hierarchische Arbeitsprozesse sind nicht im Sinne des NSM und entsprechen damit nicht dem Aktivitätsumfeld des GIS-Einsatzes.

Die installierten Informationssysteme erfüllen so die neuen Anforderungen der Praxis nur marginal [Klemmer und Spranz 1997: 37ff.], weil:

- die Prozessschnittstellen die größten Zeitverluste verursachen,
- die einzelnen Aktivitäten nicht aufeinander abgestimmt sind (Es wird viel Doppelarbeit geleistet und es entstehen auch viele Liege- und Durchlaufzeiten),
- unterschiedliche Bearbeitungsprioritäten vorgegeben werden,
- notwendige Informationen und ergänzende Erläuterungen nicht oder nur unzureichend weitergegeben werden,
- nachfolgende Abteilungen sich in den Sachverhalt einarbeiten müssen,
- die Arbeitsergebnisse der vorgelagerten Abteilungen intensiv kontrolliert werden, bevor eigene wertschöpfende Aktivitäten gestartet werden.

Die größte organisatorische Schwäche der GIS-Planung und des GIS-Einsatzes ist in Bezug auf die Daten zu beobachten:

2.3.2.1 Datenlage

Es gibt hinsichtlich der Datenlage eine paradoxe Situation: Trotz zahlreicher Datenbestände wird zur Zeit auf allen untersuchten Ebenen (von Gemeinde- bis Bundesebene) ein großer Bedarf an Daten registriert, da vor allem die vorhandenen Geodaten weder horizontalen Bedürfnissen noch vertikalen Erwartungen der Praxis genügen. Trotz Datenflut in fast allen Ämtern des Öffentlichen- und Privatsektors ist Bedarf und Interesse an Daten groß. Dieses Interesse besteht vor allem an bundesweit flächendeckenden Geodaten aus „allen Ebenen". Das Stadtplanungsamt braucht z. B. ein Baumkataster. Dass die gleichen Daten eventuell auch im Umweltamt vorhanden sind, bedeutet nicht, dass diese Daten sich ohne Aufwand in die GIS-Infrastruktur der Stadtplanung migrieren lassen, wenn auch dem Umweltamt genehmigt ist, diese dem Stadtplanungsamt zur Verfügung zu stellen.

Für solche Fälle werden seitens des Öffentlichen und Privatsektors immer wieder Datenintegrationsplattformen angeboten, die den gesamten Datenlebenszyklus abdecken sollen. Dies funktioniert jedoch in der Praxis nur bedingt.

So macht die Studie offensichtlich, dass GIS in der Praxis oft wenig zufriedenstellend und ineffizient eingesetzt wird, insbesondere, wenn parallel mehrere bereichsorientierte, isolierte und teils redundante GIS oder ERP-Lösungen existieren, die miteinander nicht kommunizieren können und nicht ausreichend in die Geschäftsprozesse integriert sind. Die Rolle der Datenbestände ist dabei keinesfalls integrativ, sondern eher separativ einzuschätzen, was keine Querschnittaufgabenerledigung ermöglicht.

2.3.2.2 Datenverfügbarkeit und -sicherheit

Die Verfügbarkeit der Geo- und Sachdaten des Öffentlichen und besonders des Privatsektors werden trotz der in den letzten Jahren entstandenen zahlreichen Geodatenportale und Metadatenanstrengungen der IMAGI von der absoluten Mehrheit der Umfrageteilnehmer als ungewiss bezeichnet. Das liegt aber sicherlich nicht an der Datensicherheit, die lange Zeit seitens der Datenbesitzer (besonders aus öffentlicher Hand) als Legitimationsgrund für ihre Datakratie bzw. das Datenenthaltsamkeitssyndrom verwendet wurde, wodurch eine rechtzeitige Bereitstellung der Daten für die Bedürfnisse der Praxis verhindert und in falsche Bahnen gerückt wurde (durch fallspezifische Eigenerfassung, unqualifizierte Abdigitalisierung von nicht aktuellen Datenbeständen der öffentlichen Hand, anstatt diese direkt von der Geodatenzentrale beziehen zu können), da die Sicherheitslage für Geo- und Sachdaten im Netz von drei Vierteln der Umfrageteilnehmer beispielhaft für die ganze Studie als „hoch“ oder „sehr hoch“ eingeschätzt wird.

2.3.2.3 Datenmanagement

GIS unterstützt durch IgPa das systematische Vorgehen zur Erreichung der Organisationsziele. Dies setzt die Lokalisierung und Strukturierung der bestehenden Daten voraus, was hier unter Datenmanagement subsumiert wird. Bei dem Datenmanagement geht es um die Modellierung, Strukturierung, Klassifizierung, Bereinigung, Standardisierung, Qualitätskontrolle und Dokumentation von Daten, wodurch sie zahlreichen Verwendungsmöglichkeiten zugeführt werden können.

Es gibt zahlreiche Indizien, die zeigen, dass Datenmanagement innerhalb des GIS-Konzepts eine oft vernachlässigte Aufgabe bleibt, der noch kein wesentlicher Wert beigemessen wird und die als Nebenaktivität betrachtet wird, mit der jeder (wenn überhaupt) für sich nach eigenem Verständnis oder Bedarf umzugehen versucht. Dadurch ist die GIS-Praxis mit vielerlei datenspezifischen Problemen konfrontiert:

- Die heterogenen Datenbestände machen den GIS-Einsatz außerhalb der lokalen Fragestellungen schwierig, da die vorhandenen Daten sich aus unterschiedlichen erfassungsmethodischen Gründen für den optimalen GIS-Einsatz nur unter großem Aufwand eignen.
- Es fehlt oft an Strukturen und der Bereitschaft, die Fach- und Sachdaten mit den erdräumlichen Daten sinnvoll und systematisch zu verknüpfen.
- Einerseits systemspezifische Datenmodelle und -format, andererseits datenbedingte, semantische Inkompatibilitäten erschweren zusammen sowohl Interoperabilität als auch den Datenaustausch von verschiedenen GIS und auch in der ERP-Umgebung.
- Aufgrund der fehlenden brauchbaren Basisdaten wird ein effektiveres Data Mining erschwert. Diese Situation gilt auch für über ein Drittel der Umfrageteilnehmer, welche mit der Qualität ihrer Daten sehr zufrieden sind.
- Die Mehrheit der Umfrageteilnehmer sind mit Middleware, Abgleichadaptern oder Schnittstellen für den Datenaustausch zufrieden, aber knapp die Hälfte der

Befragten halten dies für eine provisorische Lösung und sehen langfristig gesehen die Neuerfassung der Geodaten für sinnvoll an.

- Obwohl die Datenbestände signifikant auf gute Qualität hinweisen, lässt das Dokumentationsniveau von Geo- und Sachdaten insgesamt viel zu wünschen übrig (mehr dazu siehe auch S. 66).
- Die Qualitätsprüfung der täglich erzeugten Geo- und Sachdaten wird ausdrücklich nur von weniger als einem Viertel der Befragten durchgeführt.
- Die fehlende anwendergerechte Bedienung der Datenquellen bzw. Datenbanksysteme wird von den überwiegenden Umfrageteilnehmern als große Zugriffsbarriere auf die Datenbestände angesehen. Interessant dabei ist, dass die Zugriffsprobleme keinesfalls ein typisches GIS-Anfänger (!)-Problem darstellen, sondern dass fast die Hälfte der professionellen GIS-Anwender davon betroffen sind (siehe S. 56).

Um die vorhandenen heterogenen Datenbestände für die GIS-Praxis bereitzustellen, sind in den letzten paar Jahren überwiegend auf Kosten des Staates zahlreiche Versuchsaktionen gestartet worden, die aber leider oft bald in Ansatz und Einsatz gescheitert sind, wenn auch noch weiterhin versucht wird zu retten, was zu retten ist! Es ist als Resultat einer bisher fehlenden nachhaltigen Geodatenpolitik zu betrachten, wenn mit den Datenbeständen bisher, wie in dieser Studie nachgewiesen, kaum ein effektiver GIS-Einsatz gelungen, der Geodatenmarkt immer mehr im Chaos versunken und die Datenverfügbarkeit für einen großen Teil der Umfrageteilnehmer trotz in letzter Zeit entstandener, zahlreicher staatlicher und privater Internet-Datenportale noch intransparenter geworden ist.

2.3.2.4 Datenquelle

Die Datenquellen für die Versorgung des Datenbedarfs in Deutschland sind sehr unterschiedlich, sie lassen sich im wesentlichen unter drei Hauptkategorien, d. h. Öffentliche und Private Datenanbieter sowie Eigenerfassung zusammen fassen. Die Öffentliche Hand hat seit ein paar Jahren ihr Monopol auf dem Datenmarkt verloren, wenn auch 96% der Befragten zum größten Kundenkreis des Öffentlichen Sektors gehören, sich aber im Gegensatz dazu weniger als 4% der Befragten für die Deckung ihres Geodatenbedarfs allein auf die Öffentliche Hand verlassen.

Neben dem Öffentlichen Sektor gelten mit 78% die Datenanbieter aus dem Privatsektor als wichtige Datenversorgungsquelle der Umfrageteilnehmer. Außerdem betreiben ca. 90% unter anderem eigene Datenerfassung, was bei der Deckung des Geodatenbedarfs der Befragten an zweiter Stelle rangiert.

Angesichts der beschriebenen Situation zusammen mit dem Einsatz der individuellen Datenerfassungsmethoden ist zu vermuten, dass inzwischen flickenteppichartige Datenbestände in unterschiedlichen Datenformaten sowohl innerhalb als auch außerhalb der Organisationen sicheren Datenaustausch in der Praxis problematisieren und, strategisch betrachtet, als Altlast jeden sachgerechten GIS-Einsatz im Sinne der IgPa-Wahrnehmung verhindern.

2.3.3 (Gesamt-)konzeptionelle Schwäche bei der GIS-Einführung

- Aufgrund der heterogenen Systemkomponenten, Datenbestände und -formate treten viele Schnittstellen und Rückkopplungsschleifen auf.
- Funktionsorientierung anstatt Problemorientiertheit bei der GIS-Einführung (fehlende systematische Vorgehensweise). Dies liegt oft daran, dass die Entwicklung eines Einführungs- bzw. Implementationskonzeptes eher problemorientiert angegangen wird und auf logische Modellierung der Fragestellungen in der Praxis im Sinne der Informationstechnologie wenig Gewicht gelegt wird. So hat die Spezifizierung des GIS an prioritäre Bedürfnisse der Fachabteilungen als Konsequenz, dass die Auswirkungen auf die gesamte Verwaltung nicht ausreichend berücksichtigt werden. Dabei ist IgPa am meisten betroffen.
- Fehlende Flexibilitätspotenziale der üblichen Arbeitsprozesse in Konformität und Verzahnung mit GIS. Die Arbeitsabläufe werden mit der Einführung nicht so umgestellt, wie es die Arbeitsweise der GIS im Sinne der Systemintegration für eine IVB erfordert.
- Fehlendes erweiterbares Datenmodell z. B. für die Wahrnehmung der geänderten oder neuen Aufgaben oder gesetzlichen Vorgaben. Sollen die erweiterten Funktionalitäten im betrieblichen Alltag genutzt werden, müssen oftmals die Arbeitsabläufe temporär besprochen und reguliert werden. Die Umstellung der Organisation bedingt zusätzlichen Aufwand für eine vernetzte Kooperation.
- Es fehlt einerseits an Systemdokumentation seitens der Systemhäuser, andererseits an einem zukunftsorientierten, über den klassischen Einsatz hinausgehenden Soll-Konzept seitens des „Bauherrn“, sowie einem Detail-Pflichtheft für die GIS-Einführung seitens des Beauftragten.

2.3.4 Schwachstellen beim GIS-Einsatz

GIS ist trotz seiner Offenheit von den ursprünglich gehegten Erwartungen weit entfernt. Ein wesentlicher Grund hierfür ist eine nicht ausreichende Integration der Komponenten von Geoinformationssystemen untereinander sowie mit den abteilungsübergreifenden Verwaltungseinheiten insgesamt. So fehlt es noch an einem grundlegenden systemorientierten GIS, das technisch, methodisch und systemisch unseren Lebensraum erschließt.

In der gesamten Softwareindustrie steht keine Branche unter so kontinuierlichem Modifikationszwang ihrer System-Architektur wie die GIS-Entwickler. Die Veränderungen beziehen sich jedoch keinesfalls auf das konzeptionelle Inventar und die Umstellung des systemfunktionalen Basismodells, deshalb kann lediglich eine oberflächliche Integration der losen Applikation, gestützt auf neue Entwicklungen wie NET-Architektur von Microsoft, Internettechnologie etc. voran getrieben werden.

Seit dem Ende der zweiten Hälfte der 90er-Jahre sind Entwicklungen im GIS-Umfeld reine Applikationserweiterungen (Funktionserweiterungen durch individuelle Schnittstellen), die hinsichtlich der Integration an das GIS-Basismodell und damit in Bezug auf dessen Weiterentwicklung eine lose Aggregation darstellen. Mit anderen Worten, die System-Entwicklung verliert immer mehr an Tiefe, indem sie an

Breite gewinnt. Diese einseitige Entwicklung der Informationstechnologie bringt Konsequenzen mit sich:

- Innovative gesellschaftspolitische Strukturreformen wie z. B. NSM werden durch den Einsatz von GIS kaum unterstützt. Damit ist nur zum Teil innovative Weiterentwicklung durch Rationalisierung der Routinearbeit möglich.
- Die planungsunterstützende Entscheidungshilfe „Decision Support" wird kaum eingesetzt; GIS wird oft nur als Werkzeug für Geodatenerfassung oder als Zeichenprogramm für die Kartenerstellung verwendet.
- GIS soll als Entscheidungsunterstützungsinstrument für Planer konzipiert sein, um den immer größer werdenden Anforderungen durch die gestiegene Komplexität der Planungsprobleme und dem Druck zur Beschleunigung von Planung auch weiterhin gerecht werden zu können. So müssen umfassender, aktueller und genauer Daten erzeugt und vorgehalten werden, damit diese auf Anhieb zur Verfügung gestellt werden können. Datenflut und fehlende entsprechende Datenmanagementstrategien führen jedoch dazu, dass die Fülle und fehlende Gewichtung von Informationen sich beim Aufbau eines GIS als zentrales Problem erweist [vgl. Roggendorf 2000: 11].
- Aufgrund der wild gewachsenen, heterogenen informationstechnischen Landschaft findet die Informationsverarbeitung kaum oder unzureichend statt.
- Fehlendem qualifiziertem Personal steht häufig überausgestattete Personalanzahl gegenüber.
- Fehlende Transparenz an GIS-Kosten hat zum einen die Anbieter förmlich zu überzogenen Wirtschaftlichkeitsaussagen eingeladen und zum anderen werden vor dem Hintergrund einer mangelhaften Kosten-Nutzen-Betrachtung Geschäfts- und Projektziele nicht hinreichend konkretisiert. Die Wirtschaftlichkeit ist vor allem durch interoperable Systeme und austauschbare Daten möglich. Fachleute sprechen zwar von mehr Wirtschaftlichkeit (teilweise ist die Rede von bis zu 30 Prozent) mit der Informationstechnik, aber Anspruch und Realität finden nur schwer zusammen. Das wiederum geht zu Lasten der Effizienz des Betriebs sowie des anvisierten Return on Investment [vgl. Woell 2001: 39]. Diesen Teufelskreis kann das Unternehmen nur durch eine professionelle GIS-Leistungsverrechnung durchbrechen, die gleich vom Projektstart an greift, was jedoch aufgrund der fehlenden flächendeckenden Geodaten kaum möglich ist.
- Die Zusammenführung der Daten in der Praxis ist zum Teil noch problematisch. Sobald inhaltlich zusammenhängende Daten in unterschiedliche Töpfe aufgeteilt werden, beginnt die Verselbstständigung, ein Effekt, der dem Abdriftphänomen gleicht.
- Einem enormen Potential an Möglichkeiten des GIS-Einsatzes steht nicht selten erheblicher Aufwand gegenüber. Es kann durchaus sein, dass alle gewünschten Daten vorhanden sind, aber ihre Überführung ins GIS oft nur mit hohem Aufwand möglich ist.
- Nicht zuletzt führen die Schwachstellen bei der Anwendbarkeit kaum zu Konsolidierung und damit zur Amortisationsphase. So lässt ein schnellerer Return on Investment der GIS-Investitionen aufgrund nicht realistischer Grundkonzept-

Einschätzungen auf sich warten. Nach der Studie lässt sich vermuten, dass GIS-Investitionen (siehe www.azer.de/gis:Auswertung/Erfolgseinschätzung/GIS-Return on Investment) weder die Produktivität privatwirtschaftlicher Unternehmungen noch die öffentlicher Verwaltungen wie erwartet gesteigert haben.

Die Ergebnisse einer Benchmarking-Studie[31] zeigen, dass in der Verwaltungspraxis hinsichtlich der installierten Software, die als wichtiger Bestandteil der IT-Infrastruktur zählt und damit auch elementar über den Nutzen der betriebswirtschaftlichen Effizienz entscheidet, Aktualitäts-Schwächen bestehen. Durch die Untersuchung von 477 Unternehmen nach ihrer IT-Landschaft kommt man z. B. auf das Ergebnis, dass bei 43 Prozent der analysierten Betriebe aufgrund des Einsatzes von veralteter Software, die teilweise schon mehr als zehn Jahre auf dem Buckel hat, Funktions- und Integrationsprobleme auftreten [IT-Services 1998: 31]. Datenaustausch zwischen den Systemen funktioniert nur mühevoll und meist mit Datenverlust. Mit einer plötzlichen Änderung, z. B. im Baugesetzbuch, treten die Schwächen des Systemdschungels offen zu Tage, da der Datenaustausch zwischen den Systemen nicht klappt. Ämter und Behörden vom Vermessungsamt bis zum Amt für Straßenplanung können kaum mit einander kommunizieren [Klemmer und Spranz 1997].

So scheinen die weit reichenden Erwartungen hinsichtlich der großen Investitionen im GIS-Umfeld nicht umsetzbar zu sein, GIS informativ einzusetzen.

Einige konkrete Probleme, die einen optimalen GIS-Einsatz verhindern, werden im Folgenden benannt und in Zusammenhang mit den Ergebnissen meiner Umfrage gesetzt:

2.3.4.1 Datenqualität

Für die Quantifizierung der Datenqualität besteht zur Zeit kaum eine feste Regel bzw. eine flächendeckend einsetzbare Methode und Kennzahlen. So beschränke ich mich für die Bestimmung der Datenqualität auf direkte Aussagen der Umfrageteilnehmer einerseits, die mehr oder weniger vom subjektiven Empfinden der Umfrageteilnehmer abhängig sind, und andererseits ihre Überprüfung im Kontext einer Zusammenhanganalyse mit weiteren relevanten und direkt mit GIS-Praxis in Verbindung stehenden Fragen, um eine explorativ intersubjektive Leistungsbewertung über die Effektgröße der vorhandenen Datenbestände abzugeben. So wird die Datenqualität im Folgenden aus zwei unterschiedlichen Betrachtungsweisen untersucht.

Die Studie stellt die auffallende Diskrepanz heraus zwischen den überwiegend positiven Bewertungen der Datenqualität seitens der Umfrageteilnehmer (das entspricht so den allgemein bekannten, leider oft auf die Spagetti-Ebene und partiell dimensionierte Einsatzfelder beschränkten Aussagen über die Datenqualität im GIS-Umfeld) und deren eher kritischem Praxisbezug, wenn es darum geht, diese Daten als Basis eines sachgerechten GIS-Einsatzes zu betrachten. Es wird durch zahlreiche sta-

[31] Mit einer präziseren Beschreibung der Kosten und Leistungen öffentlicher Aktivitäten wachsen die Vergleichsmöglichkeiten. So kann IS für transparente Behördenvergleiche (Benchmarking) genutzt werden.

tistisch signifikante Zusammenhanganalysen deutlich, dass die Geodatenqualität von ca. 30% der Befragten, welche GIS informationell einsetzen oder dies versuchen, als eher schlecht bewertet wird. So unterscheiden sich diese damit von der Einschätzung der restlichen Umfrageteilnehmer, die zwar mit über zwei Dritteln die Mehrheit bilden, aber kaum die wesentlichen Funktionen von GIS nutzen und damit über die Datenqualität kaum treffende Aussagen machen können.

Hinsichtlich der Datenqualität kommt die Studie zu dem Ergebnis:

Datenerfassung und -aufbereitung bildet beim größten Teil der Umfrageteilnehmer Hauptziel und -zweck des GIS-Einsatzes. Die erfassten Daten sind oft aufgrund fehlender Konsistenz und Integrität oder auch Redundanz (siehe über die Doppelbedeutung der Datenqualität S. 122) für quantitatives Arbeiten im IgPa-Umfeld kaum geeignet.

Datenqualität und Analyseeinsatz

Es ist heute und in der Zukunft der Erfolg von Verwaltung, Industrie und Wirtschaft durch das Erkennen und Ausnutzen von Informationsvorsprüngen begründet. Die ERP-Systeme wie Managementinformationssysteme (MIS), Executive Information Systems (EIS), Decision Support Systems (DSS), CRM, Data Ware House mit ihren Datenbanksystemen, oder Datenanalyseverfahren wie Spatial Analyse, Attributdaten-Analyse, Data Mining, oder Kennzahlensysteme wie Six Sigma, Balanced Scorecard (BSC), TCO (Total Cost of Ownership) etc. stellen keinen Selbstzweck dar, sondern sollen quantitatives Arbeiten in werdender Informationsgesellschaft überhaupt erst ermöglichen. Die Analyse-Funktion von GIS kann man als Informations-Produktionszentrale des Systems bezeichnen, die GIS als methodisch arbeitende IS von den oben erwähnten ERP oder reiner Analyse-Software unterscheidet. Aus der Studie geht hervor, dass die Zeichen der Zeit von der Mehrheit der Umfrageteilnehmer erkannt wurden und das Interesse an quantitativem Arbeiten mit GIS gestiegen ist, auch wenn diese Entwicklung nur als ein kleiner Schritt in die richtige Richtung zu deuten ist. Bei der Bewertung der entscheidenden Fragestellung über den praktischen Einsatz der Analysefunktion von GIS für dessen Informationsaufgabe wurden folgende, für den Einsatz wichtige Aspekte auseinander gehalten.

Hinsichtlich des Analyseeinsatzes, seiner Tiefe und Qualität lässt sich folgendes feststellen:

- Die überwiegend durchgeführten Analysen beschränken sich auf „Attributdaten-Analyse" mit deskriptivem Charakter.
- Die GIS-spezifische explorativ raumrelevante Analysemöglichkeit wird so trotz gestiegenen Interesses an quantitativem Arbeiten kaum von einem Drittel der Umfrageteilnehmer in Anspruch genommen. Selbst für die Profi-GIS-Anwender stellt der Einsatz der explorativen Analyseverfahren eine Herausforderung dar.

Obwohl z. B. bedarfsorientierte Decision-Support-GIS über dauerhafte Datenhaltung und -fortführung in Data-Warehouses bzw. „Custodial Databases" verfügen, die zu

Entscheidungsfindungszwecken bei weitgehend beliebigen Querschnittaufgaben oder Projekten eingesetzt werden können, werden diese seitens der Anwender nicht so oft wie man erwartet im Quantitativen Umfeld in Einsatz genommen. Hinsichtlich der Frage nach quantitativen Arbeitsverfahren als Ziel des GIS-Einsatzes in Zusammenhang mit GIS-Kategorien lässt sich feststellen, dass „Problemorientierte-GIS“-Besitzer interessierter sind als die „Bedarfsorientierten-GIS“-Besitzer, obwohl man das Gegenteil erwarten würde. So nutzen Umfrageteilnehmer mit „Bedarfsorientierten-GIS“ weit weniger häufig die Analysefunktion mit explorativ räumlichem Charakter als die Befragten mit „Aller Art GIS“.

GIS-Profis bzw. Besitzer der Professionellen GIS, die hier mehr oder weniger als Anwender der Analysefunktion von GIS identifiziert werden können, setzen GIS in der Tat weiterhin in einer funktionsorientierten Art ein (siehe dazu S. 85), was bis zur zweiten Hälfte der 90er-Jahren üblich war. So steht die Intensität des quantitativen Einsatzes von GIS mit dem Einsatz nach „GIS-Art“ in einem signifikant negativen Zusammenhang. Das heißt konkret, dass die Betreiber des kostenintensiven Professional-GIS hinsichtlich seiner Leistung in IgPa-Umfeld angesichts der explorativen Analyse grundsätzlich auf die fertigen Tools der kommerziellen GIS zugreifen, und damit weiterhin einen funktionsorientierten GIS-Einsatz betreiben.

Die Möglichkeiten des Analyseeinsatzes

Es gibt allerdings Indizien, die zeigen, dass es bei dem Analyse-Einsatz nicht nur um Wollen, sondern auch um Können geht. Hier werden einige Probleme, die den Analyseeinsatz erschweren, kurz aufgelistet:

- Die Daten können oft weder wieder- noch weiterverwendet werden. Je größer die Anzahl der Datenversorgungsquellen ist, desto mehr steigt die Einsatzhäufigkeit im Bereich der raumrelevanten Analysen. Die Einsatzhäufigkeit der raumrelevanten Analysen wird oft von der Anzahl der Datenquellen abhängig gemacht.
- Fehlender einfacher Zugriff auf Geodaten (z. B. der abgeschlossenen oder laufenden Projekte) erschwert deren Analyse durch GIS.
- Es fehlt an einer zeitgemäßen Data-Mining-Zentrale, die gewünschte Daten den quantitativ arbeitenden GIS-Anwendern rechtzeitig zur Verfügung stellt.
- Aufgrund der fehlenden benötigten Basisdaten wird ein effektiveres Data Mining erschwert.
- Obwohl GIS-Einsatz als Instrument der Entscheidungsfindung im GIS-Einführungskonzept prioritär behandelt und Datenqualität eindeutig als hoch eingeschätzt wird, bestehen große Probleme, wenn es um ein effektiveres Data Mining geht.
- Die systematische Verzahnung von GIS mit anderen Informationssystemen ist die wichtige Voraussetzung für die Entwicklung und Weiterentwicklung des Analyseverfahrens und der damit verbundenen Schlüsselfunktionen. Vielen Umfrageteilnehmern fehlt diese wichtige Voraussetzung, durch die der Analyse-Einsatz in Verbindung mit Daten anderer IS intensiviert und das Verfahren optimiert werden könnte.

  Beispiele für weitere Informationssysteme oder an der Informationsverarbeitung beteiligte Komponenten stellen „Spatial Decision Support Systeme (SDSS)“, ERP-,

CRM-Systeme, etc. dar, durch die in Verbindung mit GIS eine fächerübergreifende Analyseplattform aufgebaut werden könnte; eine Entwicklung in dieser Hinsicht ist bis jetzt jedoch noch nicht in Sicht.

- Es fehlt an qualifiziertem Personal, das mit der Analysefunktion von GIS umgehen kann, da bisher keine generellen Aus- bzw. Fortbildungsmöglichkeiten bestehen, die über das Erlernen der Software-Funktionalitäten von GIS hinausgehen und sich mit der interdisziplinären Betrachtung des GIS-Einsatzes beschäftigen.

Die neue Informationstechnologie übernimmt immer mehr die Routineaufgaben. Wenn aber z. B. räumliche Konflikte durch Verteilung finanzieller Entschädigungen gelöst oder die Einzonung neuer Siedlungsflächen kriteriengestützt durchgeführt werden soll, stößt die Qualifikation des Personals bei dem Umgang mit GIS an seine Grenzen. Entscheidend, um daraus durch Informationsverarbeitung für die komplexeren Fragestellungen sachliche Antworten zu finden, wird die personelle Qualifikation eine Schlüsselrolle übernehmen. So muss der Anwender die Tätigkeiten wie Analysen, Entscheidungen und Fähigkeiten der Reprogrammierung übernehmen, woran es oft mangelt. Die bestehenden Ressourcen reichen nicht aus, dem gesamten Volumen der anstehenden Probleme zu begegnen [Steinbicker 2001: 94, Engelke 2002: 54].

2.3.4.2 Methoden

GIS lässt sich unter anderem als methodisch arbeitendes Werkzeug von anderer Software oder auch IS unterscheiden. Unter der Methode sind weniger die softwarespezifischen Schnittstellen oder Applikationen zu verstehen, sondern eher die programmierten Arbeitsweisen, deren wissenschaftliche Anwendung zur Klärung einer Fragestellung signifikant nachweisbar ist. So setzt die Entwicklung einer Methode die auf wissenschaftlicher Basis entwickelte empirische Vorarbeit voraus.

Der Aufbau von GIS als methodisch arbeitendes Informations- und Analyseinstrument in der Hand der Planer steckt allerdings noch in den Kinderschuhen. Es klingt sicherlich etwas seltsam, dass man sich dabei mit den alten Problemen der Länderkunde erneut beschäftigen muss, mit Fragen also, welche Methoden mit welchen Informationen in welcher Form für die Klärung eines Problems in Hinsicht auf Raumbezug überhaupt relevant sind. Methode als Hauptproblem quantitativen Arbeitens lässt sich aber erst dann zeigen, wenn man z. B. ein analysefähiges Regionalinformationssystem aufbauen möchte. Trotz der seit Ende der sechziger Jahre andauernden und breit angelegten Diskussionen erzielte man erstaunlich wenig methodologische und methodische Fortschritte [vgl. Goßmann und Saurer 1991].

Obwohl die Popularität von GIS auf seiner Funktion als methodisch arbeitendem Werkzeug beruht, bleibt jedoch nicht selten die Umsetzung der für GIS entwickelten Anwendungen auf die vorhandenen Methoden in Dunkelheit. Das Problem des Einsatzes unterschiedlicher Methoden für dieselben Aufgaben hat nach der Studie zwar die GIS-Praxis erreicht, aber ihre Bedeutung für quantitatives Arbeiten durch GIS bleibt weiterhin unerkannt. So wird der bundesweit einheitliche Methodeneinsatz für die Erledigung von ähnlichen Aufgaben als bedeutend angesehen, da dadurch die z. B. mögliche Fehlinterpretationen vermieden werden können; eine überwiegende Mehrheit spricht sich jedoch für die „Ein-GIS-Alternative" aus mit der Begründung, dass man das Problem der Interoperabilität umgehen zu können glaubt, wenn bundesweit nur das GIS eines Herstellers eingesetzt werden würde.

Aktives Interesse für die Lösung der Methodenproblematik ist im GIS-Umfeld allerdings kaum vorhanden, und es kann als Anzeichen für mangelnden sachgerechten GIS-Einsatz interpretiert werden, dass der Klärung dieser für die weitere methodologische Vorgehensweise hinsichtlich interdisziplinären GIS-Einsatzes wichtigsten Frage kaum Gewicht beigemessen wird.

2.3.4.3 Applikationen

Eine GIS-Applikation ist eine für einen spezifischen Zweck entwickelte, auf Methoden und Verfahren ausgerichtete Stücksoftware, mit der durch Aktivieren von Anwendungen (Befehlsausführungen) einer bestimmten Fragestellung nachgegangen werden kann. Damit fungiert die Applikation innerhalb eines Informationssystems (IS) als exekutives Organ des Systems, das sich an der Methodologie des Systems orientiert bzw. auf der generischen Funktionalität (Systemfunktionelles Basismodell) eines GIS beruht und über dieses mit anderen Applikationen in Verbindung steht. Ziel einer integrierten Applikation ist die nachhaltige Erhöhung der Wirksamkeit von GIS.

Die überwiegende Mehrheit der Umfrageteilnehmer tendiert dazu, die Integration ihrer GIS-Applikationen als reine Desktopverbindung zu bezeichnen. Von einer echten GIS-Integration sprechen lediglich 5%. Die Etablierung der oberflächlich integrierten Applikationen wird dadurch gefördert, dass diese sich sowohl aufwandfrei programmieren lassen, als auch damit kurzfristige, konkrete Problemlösung gewährleistet ist, ohne dass komplexe systemare Hintergründe bei der Anwendung berücksichtigt werden müssen. Damit bleiben Spätfolgen solcher oberflächlich integrierten Anwendungen unberücksichtigt.

Die Umsetzung bzw. Verbesserung der Interoperabilität wird nach mehrheitlicher Meinung der Umfrageteilnehmer zusätzlich zur Applikationsproblematik durch marktkonforme Diversifizierungen des Basismodells und der daraus resultierenden, fehlenden Einheitlichkeit erschwert. Das damit erreichte Ergebnis der ausschließlich internen Applikationsintegration kann nicht zufrieden stellen hinsichtlich der Zielsetzung der reibungslosen, systemübergreifenden Funktionalität, für die bisher keine Garantie gegeben werden kann.

Nach der anfangs ausgeführten Begriffsbestimmung für Applikationen stehen demnach viele bisher für GIS entwickelte Anwendungen nur oberflächlich mit dem System in Verbindung bzw. können nur aus der Bedienungsoberfläche von GIS gestartet werden und stellen somit keine echte GIS-Applikation dar. Die zur Zeit herrschende Internet-Euphorie im GIS-Umfeld rechtfertigt keinesfalls ihre bescheidenen Erfolge: Die lose Applikation ist keine GIS-Applikation, Web-Applikationen sind oft lose Applikationen, GIS-Applikationen können aber alle webtauglich gemacht werden.

2.4 Zusammenfassung

Da durch die bisherigen Ausführungen von technikorientierten Reformmaßnahmen in der Verwaltungsorganisation ausgegangen werden kann, lässt sich der Erfolg des NSM mit GIS-Einsatz in der Praxis verknüpfen.

Durch GIS-Einsatz ist es der Verwaltung möglich, die wachsende Aufgabenfülle sogar bei sinkenden Personalbeständen jederzeit durch Reingeniering der Arbeitsprozesse auffangen zu können, auch wenn man sich aktiv gegen den Personalabbau positioniert (siehe Abb. 7 Teil 4).

Entlastungseffekte durch Beschleunigung können besonders im Bereich standardisierbarer und häufig wiederkehrender Routine-Arbeiten und Fachaufgaben wie Datenerfassung, Planerstellung und vor allem im Vollzugsbereich z. B. mit flexibler Kartenproduktion erreicht werden. Für die Praxis bedeutet dies, dass sich GIS an die klassische Aufgabenerledigung gut anpassen und die klassischen Werkzeuge der Aufgabenerledigung voll ersetzen werden können.

Diese nicht unbedeutenden positiven Entwicklungen können und werden allerdings unter den herrschenden Umständen nicht mehr wiederholt bzw. erweitert werden können, da der Einsatz von neuer Informationstechnologie derzeit (wie die Bürotechnik bis Ende der 80er-Jahre) hinsichtlich der Effektivitätserzeugung und Mehrwertreproduktion an ihre Leistungsgrenzen stößt.

An der Studie ist ebenfalls abzulesen, dass die hohen Erwartungen (Abb. 8) an Informationstechnologie nur mäßig erfüllt wurden. Strukturreformen und IT-Planung sind nicht systematisch verzahnt. Die Reibereien führen zu den Beschränkungen des GIS-Einsatzes und dadurch bleibt die Möglichkeit der Erreichung der Synergieeffekte ungenutzt, da der analytisch quantitative Einsatz von GIS als Entscheidungsfindungs-Instrument noch auf sich warten lässt.

Schwachstellen des GIS-Einsatzes konzentrieren sich damit auf die Realisierung der informationellen Effektgröße dieser Technologie im Sinne der Effektivität, die zur Erzielung des Mehrwerts in der Verwaltungsarbeit beitragen soll. So wird ein effektiverer GIS-Einsatz durch die komplexe Problematik überschattet, deren Gegebenheiten im nächsten Kapitel (bzw. Online-Abschnitt der Studie)auf der Basis der erhobenen Daten bezogen auf technischen Stand des GIS-Einsatzes und der Datenlage in Verbindung zu Ist- und Soll-spezifischen Fragestellungen deskriptiv und induktiv analysiert werden, um eine konkrete Beschreibung der Ist-Lage und damit bessere Problemdefinition zu erzielen.

Kapitel 3

3 Kernprobleme und Konturen von strategischer GIS-Planung

„Computer lassen sich beliebig kaufen, doch wo es an den entsprechenden Denkkonzepten fehlt, geht jede noch so gute und teure Technik am Ziel vorbei“ [IT-Services 1998: 38].

Unter Berücksichtigung der Ausgangssituation in Kapitel 1 (Informationsaufgabe von GIS, und damit den an GIS gestellten Erwartungen), der Ist-Lage in Kapitel 2 und der zahlreichen Ausführungen im Online-Abschnitt der Studie (aus dem empirischen Teil der Studie www.azer.de/gis) wird ersichtlich, dass große Teile der Potenziale der GIS-Technologie, besonders ihrer informationellen Effektgröße in der Praxis bisher nicht erzielt werden konnten und man unter den herrschenden Umständen auch mit der Zeit kaum etwas daran ändern kann, da die bisher von der Organisation und ihren Strategien vernachlässigte Technik in der Tat mit ihrer Effizienzsteigerung der Verwaltungsarbeit nun die Grenze ihre Möglichkeiten erreicht, wie die vielversprechenden Bürosysteme bis Ende der 80er-Jahre auch schon heute ausgedient haben.

Die Untermauerung dieser Feststellung fällt dem Autor schwer. Und dies nicht wegen etwa fehlenden ausreichenden Beweismaterials für diese Feststellung. Im Gegenteil, weil er trotz seiner für diese Arbeit formulierten Grundhypothese nach organisatorischer Vernachlässigung der GIS-Planung am Ende der 90er-Jahre wie viele Enthusiasten der GIS-Technologie an baldige Behebung der vorhandenen Beschränkungen geglaubt und für die Verwaltung im angefangenen Jahrhundert mit GIS-Einsatz rosige Zeiten prognostiziert hatte.

Nun soll hier leider anstatt über die Errungenschaften pointiert über die grundlegenden Schwierigkeiten berichtet werden, welche für die dekadenlange Verschiebung der Realisierung der GIS-Idee in der Verwaltungspraxis gesorgt, wenn nicht ihre Entwicklung für immer in falsche Bahnen gelenkt haben.

Die speziellen Probleme der GIS-Planung, die für die gesamte Informationstechnologie (IT) von Relevanz sind, stellen bisher keine festen Konstrukte bzw. Begrifflichkeiten dar, die nur in hier erwähnter Form und Konstellationen in ihrer strategisch deterministischen Bedeutung evident werden.

Die Behebung aller dieser Probleme verlangt im Rahmen einer strategischen GIS-Planung nach dem gemeinsamen und baldigen Handeln der Verantwortlichen, da nur so für die Entfaltung der tatsächlichen Potenziale dieser Technologie im IgPa-Umfeld entsprechende Maßnahmen getroffen werden können. Die funktionalen Spezialstrategien konkretisieren das GIS-Konzept auf der Ebene einzelner betrieblicher Funktionsbereiche wie Politik, Verwaltung, Industrie, Wirtschaft sowie Forschung und Entwicklung. Sie können so sicherstellen, dass alle strategierelevanten Funktionsbereiche ihren Beitrag durch die Beteiligung an der Planung zur Umsetzung der GIS-Konzepte leisten. Im zweiten Teil dieses Kapitels wird so die GIS-Planung als „Megaplanung“[32] in ihrer Wissensbasis, Planungsebenen und Vorgehensmodell beschrieben und fokussiert auf Praxisbedürfnisse dargestellt.

3.1 Grundlegende Problemfelder von Informationstechnologie in ihrer Entwicklung als Informationssystem (IS)

Was man bereits in der „Pionierphase“ der „Verwaltungsautomation“, den fünfziger und sechziger Jahren, den „Elektronengehirnen“ nachsagte; die später als Expertensysteme für die Erhöhung der Leistungserstellung in der Verwaltungsarbeit gelobt und mythologisiert wurden [Brinckmann und Kuhlmann 1990: 176], aber auch trotz beachtlicher Entwicklung der neuen Informationstechnologie in den letzten Jahren praktisch kaum eingesetzt wurden; stellt sich als schwieriges Unterfangen heraus, dessen Realisierung selbst seitens der einst eigenen Vertreter in Zweifel gezogen wird [Minsky 2006, Meyer 2004, Dilger 2006]. Damit geht eine Ära der Computereuphorie zu Ende, die in der praktischen Umsetzung nie angefangen hat zu existieren.

Die neue informationstechnische Entwicklung seit Anfang der 90er-Jahre verfolgt grundsätzlich eine andere Strategie in Form des handlungstheoretisch orientierten objektrelationalen Modells basierend auf Zweckrationalität, als die bis dahin mythologisierte KI-Forschung mit ihren neuronalen Netzen als Träger der Information. Allerdings nicht flächendeckend, recht unorganisiert, atomistisch und ohne Standard und kurz gesagt kaum mit Vorbereitungen für eine Operation in Netzwerk-Umgebung. Ein handlungstheoretisch orientiertes, objektrelationales Modell in Form der postrelationalen Datenbanken[33] ist ein auf Ebene des Erfahrungs- und Erkenntnisobjekts eingerichteter Modellentwurf, durch dessen Einsatz möglicherweise Antworten auf alte und neue Fragen der Praxis gefunden werden können, soweit dazu die nötigen Voraussetzungen vorhanden sind [vgl. Benno 1997, Leser 1980: 64].

Der Weg, auf dem Daten zu Wissen umgewandelt werden, ist ein Grundschritt dieser Strategie, die zeigt (siehe S. 29, Abb. 3), wie Daten zu Information werden und wie diese Information als Wissen zu Entscheidungszwecken verwendet werden kann. Dies hängt wiederum davon ab, ob die Grundlagen (Daten) für diese Informationen verfügbar sind [vgl. Kassner 1999: 52], ob das Informationssystem möglich macht, aus diesen Daten ad hoc entscheidungsrelevantes Wissen zu „destillieren“ oder ob der Anwender des Systems die entsprechende Qualifikation und implizites Wissen für den innovativen Umgang mit GIS mit sich bringt.

---

[32] Allein der Quelltext eines Betriebssystems wie Windows 95 zählte 11 Millionen Zeilen Code, bei Windows XP waren es bereits 40 Millionen (dies entspricht einem Buch mit über einer Million Seiten). Diese Schätzungen lassen erkennen, dass Betriebssystemsoftware zu den komplexesten Dingen gehören, die der Mensch geschaffen hat. Daran arbeiten Tausende von Ingenieuren, welche dauerhaft informiert, koordiniert und gemanagt werden müssen [NZZ/ Neue Zürcher Zeitung (2007)].

[33] Wie z. B. ORACLE 8i Spatial [BG 1999c: 69f.].

Die Verfolgung des hier erwähnten objektrelationalen Modells setzt so eine systematische Planung auf höhere Ebene voraus, was aus unterschiedlichen Gründen unter anderem durch die föderale Zersplitterung in Deutschland bisher eher unkoordiniert verlaufen ist. Einige versuchen zwar, durch aufwendige Projekte glaubhaft zu machen, dass sie die lange Zeit ersehnten „Elektronengehirne“ nun durch die Unterstützung der organisationsweit aufgebauten Datenbanken in der Gestalt eines „Data-Warehouse“ und ihres geschickten Data Minings für die Versorgung des Datenbedarfs der mit statistisch/mathematischen Verfahren vollgefütterten Analyse- und Datenbanksysteme wie „Customer Relationship Management“ (CRM) erreicht haben [vgl. Meta Group 2001: 35]. Man verliert aber selbst die Spur dieser sich aus der Not ergebenden, aufwendig und partiell durchführbaren reduktionistischen Entwicklung als Decision Support Tools bald, in dem man für deren Einsatz kaum die benötigten Daten findet.

Nach den empirischen, theoretischen und praktischen Betrachtungen lassen sich die speziellen Probleme der GIS-Technologie bei der Entfaltung ihrer Potenziale als große Barriere darstellen. Sie werden hier unter folgenden drei Punkten zusammengefasst, deren Lösung seitens der Anwender bzw. auf Mikroebene nicht endgültig in Angriff genommen werden kann, da dies eine bundesweit organisierte Vorgehensweise verlangt:

- „datalogical problem“, datenspezifische Probleme
- „infological bzw. methodological problem“, arbeitsmethodische Fragestellungen
- „systemological problem“, Informationssystemspezifische Probleme

Da Informationssysteme als soziotechnische Systeme aufzufassen sind [Höring 1990: 29] oder auch, wie bei Reinermann, die gesamte Verwaltung als IT-System zu sehen ist [nach Roggendorf 2000: 11], kommt damit der Informationstechnologie für die Verwaltung unseres Lebensraums immer mehr eine Schlüsselrolle zu. Experten fordern für die sachgerechte Planung, Entwicklung und den Einsatz der Informationssysteme Phasenschemata einer Datensammlungs- und -verarbeitungsstrategie bzw. Datenmanagement, welche in den vorhandenen Informationssystemen ohne Aufwand als Betriebsmittel verwendet werden können [vgl. CW 1998a: 54]. Fehlende Klarheit über zukunftsweisende Filterung, Aggregierung und Aufbereitung von Daten führt dazu, dass die neuen Planungsprozesse, die aufgrund der gestiegenen Ansprüche durch GIS-Einsatz nun ein hohes Maß an Flexibilität erfordern (wenn z.B. verstärkt Ad-hoc-Informationen abgefragt werden), den Erwartungen nicht nachkommen können, da starr aufgebaute Informationssysteme mit individuell aufbereiteten Datenbeständen nicht in Aktion treten können [Roggendorf 2000: 12]. So bekommen zukünftig nur diejenigen Anwender eine Überlebenschance, die fach- und ressortbezogene Fakten sammeln, den Versuch unternehmen, komplexe gesellschaftliche Zusammenhänge zu verdeutlichen und diese dynamisch zu simulieren, für Öffentlichkeit und Politik anschaulich darzustellen und für konkrete Vorhaben Planungs- und zu Alternativentwicklungen beizutragen.

Die formale Differenzierung der sozialwissenschaftlichen Handlungstheorien im Rahmen des Geographie-GIS-Konzepts bezieht sich auf die Betonung der erdräumlichen Dimension bei der Erforschung menschlicher Handlungen, da über 80 Prozent aller Daten für die Verwaltung und Erhaltung unseres Lebensraums einen Raumbezug haben.

Wie sollen Daten im Hinblick auf das Nutzen eines GIS strukturiert sein? Dies stellt für die Praxis eine Herausforderung dar. Seit vielen Jahren werden in den verschiedenen Bundesländern unterschiedlichste sektorale Kartierungen durchgeführt, die z.B. vereinfachend als Biotopkartierungen bezeichnet werden. Das sind unterschiedliche Vorgangsweisen bei der Datenerfassung, Probleme der Darstellung und Anpassungen an unterschiedliche Verwaltungsaufgaben etc.

3.1.1. „datalogical problem"

Den eigentlichen Wert von GIS bildet das Vorhandensein von qualitativ guten (Geo)-Daten, welche durch dauerhaften Einsatz zu Informationen werden, die für die Entscheidungsfindungszwecke eingesetzt werden können. Die Datenfragestellung oder das „datalogical problem"[34] gehört aber zu einem größeren Fragekomplex in Verbindung mit GIS-Einsatz in der Verwaltungspraxis überhaupt. Dabei geht es um Daten mit hybridem Charakter, die sich in Form von Sach-, Fach- und Erdräumlichen Daten ausdrücken lassen.

3.1.1.1 Fehlende Daten und Datenflut als organisatorisches Problem

Die Entwicklung in unserer hochtechnologisierten Welt ermöglicht, für Oberflächen ferner Planeten Vermessungen durchzuführen, im Gegensatz dazu lässt die quantitative und qualitative Entwicklung der Geodaten viel zu wünschen übrig. Fast jeder GIS-Anwender in Deutschland wünscht die qualitative Verbesserung flächendeckender Geobasisdaten für die eigene klassische und innovative Anwendung. Wenn auch in der Anfangsphase der GIS-Einführung der Schwerpunkt auf den Aufbau umfassender Datenbanken gelegt wurde, kommt es bei GIS-Anwendern oft trotzdem bei intensivem GIS-Einsatz immer wieder zu Datendefiziten in allen Bereichen. Nach dieser Studie sind mehr als zwei Drittel der Umfrageteilnehmer mit der Lage der bundesweiten Geodaten unzufrieden (siehe Abb. 10).

Die Daten in den Verwaltungen sind wertvolle Ressourcen, die systematisch gehoben und zu Informationsgewinnungszwecken genutzt werden müssen. Für die Steuerung des Gesamtsystems der Kommunalverwaltung wie für die Steuerung einzelner Fachbereiche werden schnell und umfassend und in Bezug zu anderen Daten Steuerungsinformationen benötigt [Kassner 1999: 45f.].

Die digitale Aufbereitung der vorhandenen und Erfassung neuer Daten verursachen Datenflut und damit werden Datenhaltungskosten in die Höhe getrieben, ohne dass man in der Lage ist, durch Datenmanagement und innovative Einsatzfelder aus diesen Daten Mehrwert zu destillieren. Es gibt z.B. trotz zahlreicher Geodatenportale noch kaum Transparenz darüber, wo welche Daten zu beziehen sind. Es fehlt an einer Übersicht über vorhandene Daten, folglich sind diese der breiten Masse der

[34] Langefors nach Capurro 1989.

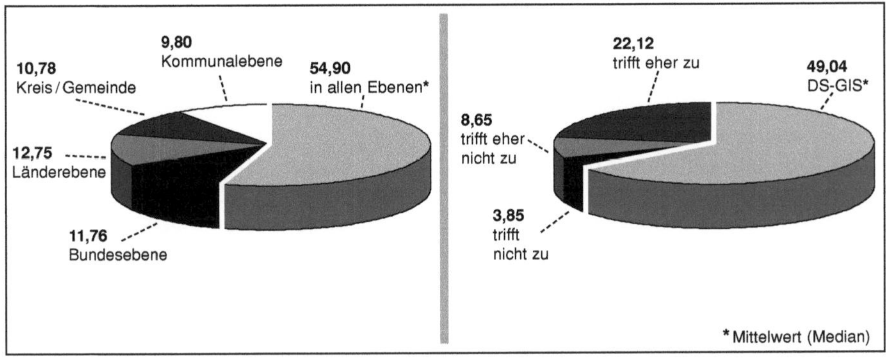

Abb. 10:
In welcher der folgenden Ebenen wäre Ihnen die Anwendung der Geodaten von wünschenswerter Bedeutung?

Abb. 11:
Fast jedes auf dem Markt befindliche GIS besitzt ein eigenes Datenmodell und -format, was einen sicheren und reibungslosen Datenaustausch mit fremden GIS und mit der ERP-Software erschwert.

Nutzer nicht zugänglich, werden also nur an der Stelle, an der sie geführt werden, verwendet. Wer in Deutschland heute Geodaten benötigt, weiß nur, dass es sie geben muss, aber nicht, wo sie zu finden sind. 900000 solcher Daten-Bestände sind in Deutschland laut einer Inventur von 1998 vorhanden [Steinborn 2000: 2]. Die hieraus resultierende fehlende strukturelle Daten-Organisation, die fehlende Publizität der Daten und deren unübersichtliche, unorganisierte Erfassung ist ein nicht zu übersehendes Zeichen für die dringende Notwendigkeit der Schaffung einer übergeordneten, administrativen Bundes-Datenverwaltung.

Fehlende entsprechende Basisdaten haben ebenfalls negative Auswirkungen auf den Entwicklungsgrad der (Geo-)Wissenschaftsdisziplinen. Z. B. besitzt die Morphologie gegenüber der Siedlungsgeographie einen Vorsprung von mindestens einer Generation. Verglichen mit anderen Geowissenschaften kann andererseits das Zurückbleiben der Morphologie in methodischinstrumenteller Hinsicht nicht übersehen werden, gelang es ihren Vertretern doch nicht, ein Netz von Messstationen einzurichten, geschweige denn in staatlichen Institutionen beobachtungsmäßig verankert zu werden. Vorwegnehmend sei daher bemerkt, dass weniger der Theorienmangel als der Mangel an Daten heute zum Hauptproblem der Geomorphologie bei den Bemühungen um eine Quantifizierung zählt [Leser 1980: 94].

Übrigens sind nicht nur fehlende Daten ein Problem, sondern auch die Problematik der vorhandenen Geodatenbestände (Altlasten) ist weit größer als sich auf den ersten Blick erkennen lässt (siehe dazu ab S. 92). Hinsichtlich der Geodatenproblematik geht es nicht nur um die Erfassung und Aufbereitung der Raster- und Vektordaten lediglich als sog. „Spagettidaten", sondern es müssen umfangreichere Mengen von bisher individuell strukturierten Fach- und Sachdaten neu benannt, strukturiert, modelliert und GIS-tauglich gemacht werden:

- Viele Fachbehörden geben ihre Daten ungern preis. Die Zuständigkeiten für Geodaten sind im föderalen deutschen System sehr zersplittert, so dass flächendeckende Datenbestände über das gesamte Bundesgebiet bisher nur in wenigen Bereichen (z. B. Umwelt, Klimatologie, Postleitzahlen, Navigation, Hydrologie) bezogen werden können. Eine bundesweite Vereinheitlichung der Daten leidet oft an mangelnder Einigung auf einen Standard, d. h.: 16 Bundesländer – 16 Meinungen.
- Datenaustausch zwischen den Systemen funktioniert sowohl wegen der unterschiedlichen eingesetzten Systeme, als auch aufgrund der heterogenen Daten nur schwer und meist unter Datenverlust. Wenn plötzlich Änderungen beispielsweise im Baugesetzbuch wirksam werden müssen, treten die Schwächen des Systemdschungels beim Umgang mit den vorhandenen Daten offen zu Tage. Dies ist übrigens häufig der Fall in solchen Situationen, in denen die Datenqualität ihren Wert unter Beweis stellen muss, was oft gegen die allgemeine Vorstellung über das Vorhandensein qualitativ guter Daten spricht. Die Folgen der heterogenen Vorgehensweise sind in der Praxis oft die Reproduktion von Inkompatibilitäten, die häufig nur mit Hilfe von oberflächlichen Applikationen und individuellen Schnittstellen vorübergehend überwunden werden. Bisherige Erfahrungen zeigen jedoch, dass sich die hier beschriebene Situation nicht durch technische Lösungen endgültig verbessert.
- Datenaustausch- und die richtige Darstellung von Geodatenproblemen sind bisher ungelöstes Problem geblieben. So z. B. liefert kaum eine Datenschnittstelle die Zeichenvorschriften mit, jedes System interpretiert Zeichenvorschriften anders, und nicht zuletzt verursachen Fonts und Symbolik viel Doppelarbeit [BT-GIS 2005: 3].
- Geodatenbestände können oft schnell an Gültigkeit verlieren, wenn sie nicht ständig fortgeführt werden.
- Verbunden mit fehlenden Produktstandards hinsichtlich Genauigkeit, Struktur und inhaltlicher Qualität ist es den potentiellen Nutzern oft unmöglich zu erahnen, was sie für ihr Geld genau erhalten werden, bzw. von wem sie etwas erhalten können [KBSt: 2007: 3].

3.1.1.2 Datenqualität als ausschlaggebender Indikator für Effektivität

Da die Rezeption und Fortentwicklung logischmathematischer Denkweisen in Verwaltung, Industrie und Wirtschaft viele Fragestellungen exakter klären können als herkömmliche Verfahren, besteht seit dem Aufkommen der kommerziellen Computernutzung der aktive Wunsch, Entscheidern in den dynamischen und komplexen Märkten wirksame Systeme für ein erfolgreiches Management an die Hand zu geben, um die Datenpotenziale für fundierte Entscheidungen und zielgerichtete Aktionen zu nutzen [Kemper und Lee 2001: 54].

Der erfolgreiche GIS-Einsatz besonders als entscheidungsunterstützende Informationssysteme wie Data-Warehouse- und Business-Intelligence-Lösungen hängt aber unter anderem von der Qualität der Daten ab.

Wie wichtig eine Kenntnis über die Qualitätsmerkmale ist, wird klar, wenn man sich vor Augen führt, dass ein ganzes Informationssystem wertlos ist, wenn es eine falsche Information beinhaltet und niemand weiß, welche es ist [Fürst et al. 1996: 163f.]. Die Daten der Statistik, des Meldewesens, der Verkehrsplanung oder auch der Landesbehörden werden häufig unbrauchbar, weil sie meistens einen fehlenden bzw. ungeeigneten Raumbezug oder eine ungeeignete Aggregationsstufe erhalten. Auch im Falle der Daten aus Fachkatastern fehlt es an weitsichtigerer und zukunftsorientierter Datenerhebungsvorgehensweise, so dass dabei lediglich auf die Bedürfnisse des Fachamts bzw. der Fachabteilung Rücksicht genommen wurde [Fürst et al. 1996: 162].

Obwohl sich die Ursachen für brachliegende Massendaten leicht erschließen, ist die Lösung des Problems keinesfalls einfach, wenn es darum geht, informationelle Potenziale von GIS für die Unterstützung wertschöpfender Arbeitsprozesse auszurichten:

- Probleme bereiten häufig auch unvollständige, ungenaue oder für übergreifende Anwendungen ungeeignete Datenbestände, weil es an nutzergerechter Datenaufbereitung fehlt. Regeln für die Aggregation von Grundlagen- und Rohdaten insbesondere für Planungszwecke oder Führungsinformationen scheinen vielfach noch nicht gefunden zu sein [Fürst et al. 1996: XII]. Für die Einschätzung von Datenqualität gibt es ebenso noch keine standardisierten Schwellenwerte, die als Indikator für die Datenqualität gelten könnten (siehe S. 71f.). Selbst Metadaten fehlt es an Transparenz. Z. B. stellt „ISO 19119“ mehr als 400 Metadatenelemente zur Beschreibung von Geodaten vor, die nach der bisherigen Erfahrung aus der Praxis (siehe S. 72) nur durch ein bundeszentrales Datenmanagement einhaltbar erscheinen.
- Auch wenn Daten korrekt beschrieben und inhaltlich einwandfrei sind, können sie nutzlos sein. Dies ist dann der Fall, wenn sie sich nicht auslesen lassen, die Darstellung zu lange dauert oder die Ausgabe nur schwer zu interpretieren ist. Zur Datenqualität gehört daher auch, dass der Empfänger der Daten diese in angemessener Zeit und in für seine Aufgabe verständlicher und brauchbarer Form erhält [Kemper und Lee 2001: 57f.].
- Fortführungsprobleme führen zu veralteten Datenbeständen, oft ist der Aufwand für Erfassung und Pflege der Datenbestände im Verwaltungsalltag kaum zu leisten. Verursacherdaten (z. B. Waldbrand, Unfälle, Umweltschaden) werden meist nur im Bereich gesetzlicher Pflichtausgaben erhoben. So können dann medienübergreifende und die Wirkungszusammenhänge berücksichtigende Betrachtungen und Analysen selten durchgeführt werden [Fürst et al. 1996: XII].
- Nach wie vor passen vielerorts Daten nicht zusammen. Neben unterschiedlichem Datenformat und inhaltlichen Fragen führen schon technische Randbedingungen teilweise zu Inkompatibilitäten. Für die Datenerfassung müssen deshalb klare Absprachen existieren und dokumentiert sein [Fürst et al. 1996: 164]. Z. B. lässt sich im Hinblick auf Nachnutzung der individuellen Datenbestände durch Dritte feststellen, dass die qualitativ guten Geodaten von Geodatenanwender oder -anbieter „A“ bei Anwender „B“ nicht zwangsläufig ohne weiteres einsetzbar sind und zu derselben Zufriedenheit führen können wie bei Geodatenbesitzer „A“. D. h., dass GIS-Anwender im Bedarfsfall die Daten von anderen GIS-Anwendern genauso effizient oder effektiv wie die eigentlichen Datenbesitzer zu eigenen Zwecken

verwenden könnten, ist nicht garantiert und wie diese Daten sich in integrierter Form in der vorhandenen System-Landschaft oder die Nutzung in einer Geodaten-Infrastruktur migrieren lassen, gehört ebenso zu Qualitätsindikatoren individuell produzierter und in einer Querschnittplanung einsetzbarer Basisdaten, die bei Qualitätseinschätzungen hier kaum eine Rolle spielen dürften (siehe S. 131: kritische Betrachtung der Qualitätseinschätzungen).

- Ungenügende Datenqualität kommt zustande, weil Daten, die nicht bei der täglichen Arbeit anfallen, meist nicht fortgeführt werden. Daten, die nicht gepflegt und fortgeführt werden oder keiner Plausibilitäts- und Konsistenzkontrolle unterzogen wurden, sind zu Planungszwecken ungeeignet [Fürst et al. 1996: 163]. Trotz des individuell mangelhaften Datenmanagements (siehe S. 50) ist die Einschätzung der Umfrageteilnehmer über die Datenqualität durchaus positiv belegt.[35] Dies lässt sich aber richtig durch ihren praktischen Einsatz in IgPa-Umfeld prüfen, was kaum für ein Drittel der Umfrageteilnehmer gelingt. So sind die Indikatoren, die die Qualitätsaussage der GIS-Anwender bestätigen würden, schwach besetzt.

Es hat bereits einige vergebliche Versuche wie Bereitstellung von Metadaten im Internet, Preisgestaltungsmodelle und Internetportale gegeben und gibt sie weiterhin, um Geodatenprobleme in den Griff zu bekommen. Es wird jedoch ein umfassenderer Ansatz gefragt. Statt segmentbezogener Technologie und vereinzelter Absprachen verlangt ein solcher Ansatz die Einbeziehung sämtlicher Wertschöpfungsketten zwischen Nutzern und Datenquellen. Die Erschließung eines Markts für Geodaten kann nur über eine Gesamtlösung geschehen, die auf den wirklichen Bedürfnissen des an GI-Daten interessierten Kundenkreises basiert [GDI-NRW 2001: 4].

Der Produktionsfaktor Information lässt sich nur dann erfolgreich nutzen, wenn die Daten, auf denen diese Informationen basieren, eine hohe Qualität aufweisen.

Die Datenbestände mit mangelhafter Qualität verursachen enorme Kosten. Allein in den USA werden diese auf zwei bis vier Milliarden Dollar jährlich geschätzt. Dabei lassen sich die Folgekosten, die durch Entscheidungen auf Basis fehlerhafter Daten entstehen, noch nicht einmal beziffern. Nach einer Untersuchung der Meta Group findet dieser Kostenfaktor in den Firmen bislang allerdings nur wenig Beachtung. Die Studien zeigen, dass fünf bis 20 Prozent aller gespeicherten Daten in Unternehmen fehlerhaft oder nicht wieder verwendbar sind. Konkreter wird diese Zahl, wenn man sich vor Augen führt, dass eine Textseite mit einem Fehleranteil von ein Prozent mehr als 20 Tippfehler enthalten würde [Kemper und Lee 2001: 57f.].

Hier werden als Beispiel **zwei Kernaussagen** über die Datenproblematik in Verbindung zu IS-Problematik der implementierten GIS (Interoperabilitätsproblematik) wie folgt zusammengefasst [Bauer et al. 1998: 34]:

- Komplexe proprietäre GI-Systeme sind nur durch erheblichen Programmieraufwand in der Lage, große und heterogene Daten mit anderen IS zu teilen. Jedes System kann nur mit eigenem Datenbestand sicher arbeiten, was einen erheb-

[35] Anspruchsvolle Aufgabenerledigung via GIS-Einsatz ist oft eine Fehlanzeige und für klassische Fachaufgaben reichen die abdigitalisierten Karten und Pläne aus, was oft durch Eigenerfassung (von über 85% der Umfrageteilnehmer) betrieben wird.

lichen Aufwand für den Abgleich der Daten bedeutet und dem Ziel der uneingeschränkten Verfügbarkeit widerspricht.
- Raumbezogene Daten müssen mit den anderen Daten des Verwaltungsvollzugs verknüpft werden, um ihren Wert voll ausschöpfen zu können [Kassner 1999: 44ff.]. So wird für die Übertragung der Daten eine Schnittstelle nötig. In dieser Art können jedoch für eine Vielzahl von Anwendungen viele Schnittstellen entstehen, die im Nachhinein zu der vermeidbaren Komplexität und Störanfälligkeit von IS beitragen können. Beispiele sind die Übernahme bestehender Daten auf ein anderes System (wegen Systemwechsel), der Datenaustausch (z. B. zwischen Ämtern), die Datenmigration (z. B. von Ingenieurbüros) sowie der Zugriff auf einen Datenbestand in einem anderen GIS (Fachapplikationen auf Basis anderer GI-Systeme).

Der Übergang von geschlossenen und inselartig eingeführten GIS zur offenen und interoperablen GIS-Landschaft ist eine anspruchsvolle Aufgabe, die besondere Anforderungen an die organisatorischen, planerischen, technischen und politisch-mikropolitischen Fähigkeiten der am Planungsprozess Beteiligten stellt. Die Problematik der Aufgabenstellung und die Notwendigkeit, auch während der Umstellungsphase einen reibungslosen GIS-Betrieb zu garantieren, erzwingen eine gründliche Planung und Vorbereitung der ehrgeizigen und weitgreifenden Projektstrategien.[36] Also, je sorgfältiger die Implementationsphase von GIS vorbereitet wird, desto geringer wird die Gefahr, schwerwiegende Versäumnisse und Fehler zu begehen [vgl. Stempfle 1996: 1].

Durch eine Lösung der Interoperabilitätsprobleme lassen sich GIS jeder Zeit in betriebliche Abläufe und Massenanwendungen integrieren. Für die Lösung dieses altgewachsenen Problems sind jedoch besondere Anforderungen an Geodaten- und Datenbank-Modelle zu stellen.

Als weitere Faktoren spielen die Leistungsfähigkeit der Datennetze und entsprechender Datenkompressionsverfahren eine Rolle. Das technische Umfeld der GIS ist durch inkompatible Softwaresysteme, große Mengen an heterogen strukturierten Daten und nicht oder nur teilweise festgelegte Zugriffsrechte gekennzeichnet [Averdung 2000]. GIS ist von diesem Problem im Vergleich zu anderen IS mit nur Sachdaten von dessen Dimension besonders betroffen, da Geodaten für GIS wichtige Komponenten darstellen und bisherige Restriktionen der Geodatenerfassung von der Bestimmung der entsprechenden Koordinatensysteme bis zur Art der Vorgehensweise bei der Datenerfassung beteiligt sind. Interoperabilität im GIS-Bereich setzt deswegen vor allem eine Inventur in der Fachdisziplin Vermessungswesen voraus, damit vorerst standardisierte Verfahren bei der Datenerfassung zustande kommen.

---

[36] Ein Beispiel für große Migrationsprojekte in den letzten Jahren ist das Großprojekt der Energie Baden-Württemberg AG. General Electric Network Solutions – ehemaliges Small-world – soll nicht weniger als 35 heterogene Datenbanken und diverse Geoinformationssysteme in einer Systemlandschaft integrieren. Am Ende sollen mehrere Tausend Mitarbeiter online unternehmensweit auf GIS-Funktionalitäten zugreifen können. So lässt sich beispielsweise bei Reparaturarbeiten im Fernwärmenetz ein durchgehender Datenfluss von der Planung der Arbeiten bis zur internen Abrechnung organisieren [BG 2003a: 6].

3.1.1.3 Schwieriger Umgang mit Metadaten und ihre Komplexität

Metadaten sind Daten über die Daten. Diese Daten in Form von Datenkatalogen sind noch keines Falls praxisübergreifend genormt und standardisiert. Metadaten tragen zwar Informationen über Inhalt, Qualität, Maßstab, Verfügbarkeit, Koordinaten und Objekt-Angaben, etc. von Daten. Bei den Metadaten vieler zurzeit auf dem Markt erhältlicher Datenbestände geht es in der Tat um das nun schriftlich formulierte personengebundene Wissen von z. B. Sachbearbeitern. Diese besitzen damit einen individuellen Charakter.

Während z. B. immer noch bei kleinen Kommunen eine Übersicht für den einzelnen Sachbearbeiter möglich ist, welche Daten wo vorhanden sind, haben bei größeren Kommunen höchstens die Systemadministratoren einen Überblick darüber [Fürst et al. 1996: 164]. Solch ein personengebundenes Wissen wird allgemein als großes Manko angesehen. Bei größerer Menge von Daten und der heute mehr werdenden Datenflut hilft solches personengebundenes Wissen immer weniger und dazu soll durch Metadaten ein Verzeichnis erstellt werden, um sagen oder suchen lassen zu können, wo sich was befindet.

Die Suche nach Geodaten erfolgt nach räumlichen Kriterien wie den geographischen Koordinaten, dem Namen des Landes, der Stadt oder des gesuchten Flurstücks. Darüber hinaus kann das Informationssystem auch thematisch über den Datentyp, den Maßstab oder ein Schlagwort durchforstet werden. Leider erweisen sich Sammlung und kommerzielles Angebot der Datensätze von unterschiedlichen Quellen als mühsames Unterfangen, dessen Vervollständigung in der komplexen, heterogenen bundesdeutschen Datenlandschaft geradezu von Vornherein zum Scheitern verurteilt ist.

Geodaten brauchen nicht nur eine bundesweite zentralisierte Online-Plattform, wo jeder GIS-Anwender in der Lage ist, nach Geodaten zu recherchieren, sondern auch einen fachlich und sachlich versierten Lieferservice, um die bestellten Daten an Kundenbedürfnisse anzupassen, da die vorhandenen Daten aufgrund ihrer Heterogenität selten ohne Aufbereitung für Endanwender verwendbar sind.

Lediglich in den USA werden die Geodaten der Bundesstaaten zentral vermarktet. Über das USGS National Mapping Programm[37] lassen sich von Luftbildern über Satellitendaten bis hin zu Vektordaten alle gewünschten Formate bestellen [BG 1999f: 11].

3.1.1.4 Probleme von Datenfluss und -austauschbarkeit

Wer unterschiedliche Softwarebausteine zusammenstellt, kommt um die Programmierung von Schnittstellen nicht herum, um die Vorteile der nun vernetzten Organisation zum Austausch der unterschiedlich formatierten und strukturierten Daten zu nutzen (siehe Abb. 11). Die programmierten Schnittstellen dienen zur Verzahnung von Applikationen beziehungsweise Systemkomponenten, sowohl auf technischer als auch auf funktionaler Ebene. Diese Schnittstellen oder Adapter können aber in den meisten Fällen nicht helfen. Der Grund: Auf technischer Ebene – etwa auf Basis einheitlicher Protokolle oder Beschreibungssprachen – lässt sich eine standardisierte Verständigung realisieren, auf semantischer Ebene, also hinsichtlich der Bedeutung

---

[37] http://mapping.usgs.gov

der Informationen, nicht [vgl. CW 2001a: 15]. Für einen Datenaustausch ist so eine semantische Abstimmung der fachübergreifend eingesetzten Ordnungssysteme zu gewährleisten (siehe S. 88 und 131).

Nachentwicklungen bei den geschlossenen GIS, um mit anderen GIS über eine Schnittstelle Daten auszutauschen, führen nicht selten dazu, dass die Instabilität des Systems erhöht wird, ohne dass das Datenaustauschproblem endgültig gelöst wird. Es werden so häufig nur Teile der Daten konvertiert und oft müssen bei der Datenmigration Datenverluste hingenommen werden. Verantwortlich dafür ist vor allem die mangelhaft ausgeprägte Bereitschaft zu notwendiger Abstimmung zwischen den Datenanbietern einerseits und auch mit den Systemhäusern andererseits.

So geht es in der Tat bei allen technischen Lösungen im Nachhinein, wie Programmierung von neutralen Konvertern, d.h. Vermittlung über Dritte, darum, halbwegs einen Austausch der Daten auf grafischer Ebene hinzubekommen.

Bei dem neutralen Konverter geht es um eine Datenaustauschprozedur, die durch Analyse der Datenstrukturen sowie für die aktive Prüfung, Zuordnung, Ergänzung und Bearbeitung der Daten des abgebenden und des empfangenden Systems vorgenommen wird, was dauerhaft aufwendige Vereinbarungen zwischen der abgebenden und der empfangenden Stelle voraussetzt, was ebenfalls eine Standardisierung von unten bedeutet. So wird auf die Dauer kein freier Datenaustausch von beliebigen Datenbeständen möglich [vgl. Bernhardt 1996].

3.1.2 *„infological bzw. methodological problem"*

Das Problem der Bestimmung eines Indikators für ein Gutachten ist in der Praxis schon längst bekannt. So hängt es nicht selten von der Methode und der Bearbeitungsweise der daraus resultierenden Fragen der Gutachter ab, zu welchen Ergebnissen diese kommen (wollen!). Die in GIS zur Verfügung stehenden Tools sind in der Regel mit Algorithmen verknüpft, die als Aufgabe haben, auf bestimmten Kriterien beruhend eine Fragestellung zu klären (siehe S. 57). Das Problem des Methodeneinsatzes verschärft sich noch zusätzlich, wenn die Veränderungen in der Umwelt, z.B. „Politikmoden", immer neue Themen aufwerfen, denen IS, die auf zu starren Monitoringkonzepten und statischem Datenvorhalten basieren, kaum nachkommen bzw. entsprechende Informationen liefern können [vgl. Roggendorf 2000: 12].

Um aus den vorhandenen Daten unter variablen Umständen Informationen zu destillieren, sollen also Umgang und Arbeitsweise mit diesen Daten entsprechend modifiziert werden. Ohne weitsichtige Methoden ist keine wissenswerte Information zu erzielen.

„Information", die durch bestimmte Algorithmen z.B. in Form statistischer Prozeduren analysiert, reproduziert und zur Interpretation freigegeben wird, ist als Produkt der theoretisch begründeten und methodisch angeordneten Daten zu bezeichnen.

Bei den Methoden geht es im Prinzip um die Bestimmung einer Faustregel, die gestützt auf Zahlen und Fakten und nach interdisziplinärer Indikatorenauswahl und ihrer Indexierung geregelt wird. Methode ist so genauer gesagt eine planmäßige Vorgehensweise, die durch Ziele und Vorschriften zu Informationsgewinnungszwecken entwickelt wird. Bei der Konzeption der für GIS-Einsatz entwickelten Methode ist die Kompatibilität (bzw. Eignung und Verwendbarkeit) von Daten (siehe S. 90f.) und Methoden zu kontrollieren [vgl. Raumer, Kickner 1994]. Methode ist also unsere Brücke zur Information. So hängt damit auch das Problem der Informationserzeugung sehr von dem Problem der Methodenentwicklung, -bestimmung und -durchführung für Erzeugung der Information ab.

3.1.2.1 Methodenentwicklung als vernachlässigte Aufgabe

Obwohl GIS als methodisch arbeitendes Werkzeug zu seiner Popularität gelangte, bleibt jedoch nicht selten die Umsetzung der in GIS integrierten Arbeitsmethoden praktisch ungenutzt (siehe S. 77), da ihr Prinzip für die Anwender nicht eindeutig klar ist, oder diese zu ganz speziellen Fragestellungen entwickelt wurden, was sich oft in der Tat mit den Anwender-Fragestellungen nicht ganz deckt (siehe Abb. 13), oder ihre Indikatoren den wissenschaftlichen Prinzipien nicht entsprechen, oder ihre Umsetzung an datenspezifischen Voraussetzungen scheitert, oder es an qualifiziertem Personal fehlt, um damit umzugehen, etc. Beispielsweise gibt es weder auf Landes- und Kommunalebene noch auf wissenschaftlicher Ebene eine einheitliche Auffassung darüber, was ein Biotopkataster beinhalten soll. Es fehlt hier an einer allgemein gültigen und intersubjektiv akzeptablen Komponentendefinition und ihren Zusammenhängen miteinander, um diese in Form einer Applikation in GIS integrieren zu können.

Ein anderes Beispiel für die Methodenentwicklung für die Analyse mit GIS ist das Konzept der Ökologischen Risikoanalyse, die Mitte der 70er-Jahre zur Betrachtung natürlicher Ressourcen in einem größeren Planungsraum im Rahmen eines wissenschaftlichen Gutachtens im Großraum Nürnberg, Fürth, Erlangen und Schwalbach von Bachfischer entwickelt wurde. Diese dient zur Prognose von zukünftigen Umweltzuständen. Darunter versteht man den Versuch einer planerischen Operationalisierung des Verursacher-Auswirkung-Betroffener-Zusammenhangs, d. h. als eine Form der Wirkungsanalyse im Mensch-Umwelt-System. Ziel ist die Gewinnung von Handlungsmaßstäben.

Hinsichtlich der Methodenentwicklung klafft noch eine gewaltige Forschungslücke. Kernproblem der Methodenentwicklung ist vor allem die Frage nach der Bestimmung geeigneter Indikatoren [vgl. Roggendorf 2000: 12]. Die Forschungsinhalte einer quantitativen GIS-Geographie sollen im Wesentlichen darin bestehen, die Methoden z. B. der Spatial Analysis oder des christallerschen Systems der Zentralen Orte weiter zu verfeinern und diese in einer komplementären Form mit klassischen statistischen Verfahren in GIS zu integrieren, um sie für Decision-Support-Zwecke verwenden zu können [vgl. Mevenkamp 1999].

Die Studie zeigt allerdings, dass der Stellungswert der Methode bei dem GIS-Einsatz noch verkannt geblieben ist, was ebenfalls dafür spricht, dass GIS kaum sachgerecht eingesetzt wird. Wenn auch nur 5% der Umfrageteilnehmer den einheitlichen Methodeneinsatz für die Erledigung von gleichen und ähnlichen Aufgaben als „unbedeutend" bezeichnen und umgekehrt jeder fünfte dies als unentbehrlich betrachtet, sind über drei Viertel aller Befragten hinsichtlich dieser entscheidenden Frage, die für optimalen GIS-Einsatz von großen Bedeutung ist, unentschieden positioniert (Abb. 12). Die Wünsche nach der Entwicklung von standard- und normorientierten Analysetools (Abb. 13) zeigen allerdings, dass die Mehrheit der Befragten[38] durch die fehlenden standardisierten Analysetools mit ihren Fragestellungen nicht methodisch umgehen können.

Bei vielen Einsätzen von GIS wird es als großes Sammelinstrumentarium und Ausgabemedium zum Erstellen hochwertiger kartographischer Produkte genutzt. Wenn aber keine Analyse und Datenmanipulation im Sinne der Ableitung von Sekundärinformation stattfindet, wenn also nur Erfassung, Evidenthaltung, Organisation und Abfrage von Daten im Vordergrund stehen, unterscheidet sich ein GIS eigentlich nicht mehr viel von Auskunftssystemen, oder wie Strobl es treffend ausdrückt: „Man ist froh, aus einem Informationssystem bestenfalls das wieder herauszubekommen, was im Laufe der Zeit hineingesteckt wurde“ [Strobl nach Vogel, Blaschke 1996].

Erforderlich sind Methoden zur Qualitätsbestimmung der Verwaltungsleistungen und zur Ermittlung des Grades der Realisierung der verschiedenen Ziele, zur Erfassung des Kosten-Nutzen-Verhältnisses und zur Ermittlung von Schwachstellen in der Organisation.

Instrumente wie das entwickelte Strategiekonzept der Balanced Scorecard (BSC),[39] was sich in der deutschen Wirtschaft bewährt hat, sollen GIS-gestützt und fächerübergreifend als Indikator für Steuerung und Controlling in verwaltungsadministrativen Fragestellungen weiterentwickelt und angepasst werden.

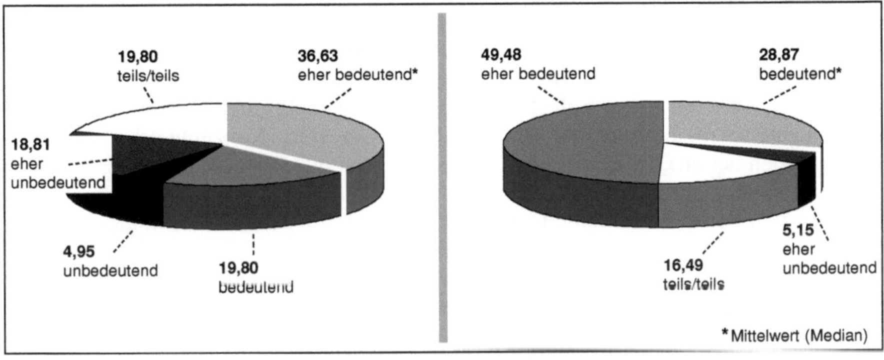

Abb. 12:
Bedeutung des bundesweit einheitlichen Methodeneinsatzes für die Erledigung von gleichen und ähnlichen Aufgaben

Abb. 13:
Bedeutung der Entwicklung von standard- und normorientierten Analysetools für die Praxis

[38] Durch die Umkodierung der „eher bedeutend“.

[39] Durch die folgenden sieben Methoden lässt sich sowohl die IuK-technische Leistung, als auch der Erfolgsgrad der durch IuK-technischen Einsatz erledigten Aufgaben quantifizieren und kontrollieren: 1. Portfolio-Management, 2. Prozesse definieren mit neuer ITIL (IT Infrastructure Library der 80er-Jahre), 3. KPIs festlegen (Key Performance Indicators), KPIs sind die Grundlage aller Steuerungssysteme, 4. TCO berechnen (Total Cost of Ownership), 5. Benchmarking, 6. Six Sigma, 7. Balanced Scorecard (BSC).

Es ist von praktischer Bedeutung, dass der Sinn und Zweck der Methode für die Anwender klar wird, um Missverständnisse zu vermeiden. In der Praxis des GIS-Einsatzes ist es leider oft so, dass selbst für einen GIS-erfahrenen Anwender heute nicht immer sofort erkennbar ist, wozu und wie ein bestimmtes Verfahren (Analyse-Funktionen) entwickelt worden ist.

Eine koordinierte Vorgehensweise ist jedoch hier erforderlich, damit einheitliche Analyse-Methoden und Tools für Einsatz im IgPa-Umfeld bereitgestellt werden können. Nur so kann die Praktikabilität der entwickelten Methoden gewährleistet werden.

Methode als wichtigste Regel der Informationsverarbeitung in einem Informationszeitalter versorgt sich heute aus den Errungenschaften der Wissenschaft, die fast ein halbes Jahrhundert alt sind, wenn man die raumrelevanten in Geographie entwickelten und statistischmathematischen Analysemethoden als Basis der heutigen Methodenentwicklungen im GIS-Umfeld sieht. Es gibt hier kaum neue Ansätze, die die Potenziale der neuen Informationstechnologie entsprechend herausfordern können. Die Methodenentwicklung und die Vereinheitlichung ihres Einsatzes wird heute und in der Zukunft für die GIS-Planer, Forschung und Wissenschaft eine Herausforderung darstellen, da die Entwicklung neuer Methoden und ihr normierter Masseneinsatz für die Exploration in großen Teradatenbanken der Verwaltung, Industrie und Wirtschaft den Durchbruch ins Informationszeitalter ermöglichen und damit zur Erzielung des lange Zeit erwarteten Mehrwerts für seine Investoren führen sollen.

Die Entwicklung von Methoden für die Lösung der zahlreichen Fragestellungen der Praxis im Rahmen der informationstechnischen Entwicklungen wird weder von Industrie noch von Forschung im Ansatz angesprochen. Obwohl GIS als methodisch arbeitendes Werkzeug eine Selbstverständlichkeit genießt, kann kaum jemand die Frage beantworten, aus welchen Methodologien GIS seine Konzepte erhält und wie die Methoden der an GIS beteiligten Disziplinen sich im GIS wieder finden. So kann man GIS als Waisenkind der Informationstechnologie bezeichnen, das nach der Gelegenheit von den unterschiedlichen Disziplinen adoptiert, aber von keinem richtig erzogen wurde.

Entscheidender Punkt bei der Entwicklung von Methoden als Handlungsmaßstab für Klärung eines Problems ist also die Interdisziplinarität bei der Methodenentwicklung. Das verlangt nach engerer Zusammenarbeit der Praxis, Wissenschaft und Softwareindustrie, damit die Fragestellungen der Praxis an das Methodenverstehen von Informatik angepasst programmiert werden können. Die Entwicklung der Methode selbst ist keinesfalls die Sache der Informatik. Auf Grund der Abwesenheit der Fachdisziplinen wie z.B. der Geographie bei der GIS-Entwicklung wird deren Aufgabe nun in „Geoinformatik" neu diszipliniert. Dass in Informatik dauernd unterschiedliche Schwerpunkte entstehen, bedeutet nichts anderes als Überforderung der Disziplin durch die laienhaften Verselbständigkeiten.

Z.B. erweist sich die derzeitige GIS-Funktionalität hinsichtlich rasterbasierter Form- und Situationsdeskriptoren bei der Modellierung der aktuellen und potentiellen Verbreitung verschiedener Tierarten nicht als limitierend, sondern die Umsetzung fachwissenschaftlicher Konzepte, deren Indikatoren erst im Projekt aufgebaut werden [Vogel, Blaschke 1996].

3.1.2.2 Die Problematik der Methoden- und Kennzahlenentwicklung

Die Abhängigkeit der Methode von ihrer Methodologie und das Problem der Interdisziplinarität der Methode sind als Konsequenz langjähriger Verselbständigung der Wissenschaftsdisziplinen zu betrachten.

Vorausgesetzt das Kriterium von wissenschaftlicher Korrektheit hat sich inzwischen die Erkenntnis durchgesetzt, dass Arbeitsweisen beliebiger Herkunft in allen Wissenschaften zur Lösung der disziplinspezifischen bzw. interdisziplinären Fragestellungen eingesetzt werden können [vgl. Leser 1980]. Praktisch kommt es aber trotz des Vorhandenseins der Netzwerk-Infrastrukturen und des integrierenden Charakters des eingesetzten Instrumentariums wie GIS selten zu interdisziplinärer Zusammenarbeit. Der Gewinn der Interdisziplinarität liegt allerdings nicht in einer neuen Einheitswissenschaft, sondern eben in den vielen verschiedenen disziplinären Perspektiven, und die Interdisziplinarität muss darin bestehen, diese Verschiedenheit deutlich und bewusst zu machen; sie ist eher „Kommunikation über Differenzen als Synthese" [Konold 1996].

Während die Zielformulierungen beispielsweise des deutschen Naturschutzgesetzes allgemeine und hochkomplexe Zustände (Leistungsfähigkeit des Naturhaushaltes, Erhalt der Vielfalt, Eigenart und Schönheit von Natur und Landschaft) vorschreiben, erstreckt sich die tägliche Naturschutzarbeit häufig darauf, punktuell, flächig oder linear Nutzungsansprüche der Gesellschaft an die Natur in ihrer negativen Auswirkung abzuschätzen, evtl. zu verhindern oder zu mindern. Die Situation ist also meist durch ein Reagieren auf absehbare Beeinträchtigungen gekennzeichnet. Diesen Zustand, basierend auf wissenschaftlich bewährten Methoden, die sich wirtschaftlich im Rahmen eines vertretbaren Aufwands flächendeckend in beliebigen Zeitabständen einsetzen lassen, zu ändern, erfordert ein Umdenken auf politischer Ebene [vgl. Vogel, Blaschke 1996].

3.1.3 „systemological problem"

Auf dem Markt befindliche GIS verlassen nach der Studie die Fertigungshalle der Softwareindustrie grundsätzlich ohne einheitliches systemares Basismodell (Abb. 14). Was bedeutet dies nun für die Praxis, welche Konsequenzen bringt es mit sich, warum soll überhaupt GIS auf ein einheitliches Basismodell hin konzipiert und konzentriert sein, wer sollte dies initiieren? Diese Fragen sind die Keimzellen einer strategischen GIS-Planung und ihre rechtzeitige Klärung die Voraussetzung für ein konstruktives GIS-Einsatzkonzept, werden aber kaum gestellt.

Obwohl allgemein von unterschiedlichen Auffassungen des Systembegriffs ausgegangen wird (siehe S. 30), wird durch die Studie ein deutliches Desiderat nach „System" in GIS ersichtlich, das als Träger des Systembegriffs große Hoffnungen erweckt, dessen Erfüllung aber seit den 60er-Jahren auf sich warten lässt. Aus GIS ist nun ein „Werkzeug" geworden: Ein Schraubenzieher, der nur die Schrauben eines Herstellers dreht [Steinborn 2000]. Die planlos überfrachteten Programme und komplexen Interfaces verhindern die Erweiterbarkeit der Systeme. Seit dem Ende der 80er-Jahre möchte man dieses GIS weglegen und es durch ein besser standardisiertes ersetzen. Tragisch ist dabei, dass sogar die theoretische Begründung des systemaren Ansatzes für GIS noch kaum ein überzeugendes Konzept darstellt, worauf sich die GIS-Entwicklung aufbauen und die Verwaltungsarbeit ihre lange Zeit ersehnte systematische Erledigung stützen kann.

Die Konsequenz dieses grundlegenden Problems der GIS-Entwicklung wird durch Interoperabilitätsbeschränkungen der vorhandenen GIS immer mehr zu spüren sein, je mehr versucht wird, GIS nun informationell einzusetzen. Fehlendes systemares Basismodell in GIS bedeutet für die Praxis konkret nichts anderes als das Scheitern einer konstruktiven Kommunikation der Akteure einer Organisation innerhalb ihrer Netzwerkstruktur. So lässt sich GIS effektiv nur hausintern einsetzen und kaum Decision Support leisten, da diese Art von GIS mit überholten Datenmodellen zu unflexibel, zu schwerfällig sind und nicht auf der Höhe der Zeit [BG 2001c: 2]. Wo die Altlasten die Weiterentwicklung des Systems blockieren,[40] hat man für GIS weder Zeit noch Geld zu investieren. Entscheidung für solche GIS bei der Systemauswahl führt den Anwender auf lange Sicht in eine Sackgasse.

Ein anderer Nebeneffekt der fehlenden systematischen Entwicklung der Informationssysteme mit schwerwiegenden Konsequenzen besteht in der Belastung der Rechenkapazität der Hardwarekomponenten (CPU) und der Entstehung von Ballast im System in Form der unnötigen Auslastung der Speicherkapazität.[41]

Wie die beschriebene Lage deutlich macht, herrscht im GIS-Umfeld hinsichtlich des systemaren Ansatzes bzw. der Systemsteuerung eher Chaos als Systematik. Dies zeigt sich in Form der stark eingeschränkten Interoperabilität innerhalb der GIS-Komponenten untereinander. Davon ist die ganze GIS-Praxis in ihrer freien und auf Anhieb einsetzbaren GIS-Anwendung betroffen. Die Studie zeigt, dass aufgrund der Konzentration des GIS-Einsatzes auf Fachaufgaben, die überwiegend einen hausinternen bzw. inselartigen Charakter aufweisen, die Dimension dieser Einschränkung noch nicht in ihrem ganzen Umfang erkannt worden ist. Ausgenommen sind hier ca. ein Viertel der Umfrageteilnehmer, die das Problem hautnah erleben, indem sie GIS im IgPa-Umfeld einzusetzen versuchen.

Kann man es sich aber langfristig leisten, die Informationsverarbeitung der Verwaltungspraxis Wildwuchs und Chaos zu überlassen?

Auf die Methodologie welcher Wissenschaftsdisziplin soll GIS wie strukturiert und modelliert sein, damit die atomistische Verhaltensweise der Verwaltung gegenüber der Umwelt möglichst auf empirisch überprüfbare Kennzahlen umgestellt wird?

Nach Buschhoff werden diese Fragen zukunftsorientiert nur über den geographischen Bezug sinnvoll sein und er schlägt sogar vor, die Integration aller vorhandenen Informationssysteme zukunftsorientiert nur über den geographischen Bezug einzurichten [Buschhoff 1995: 56f.].

---

[40] Über dem Versuch, sich von den Altlasten frei zu machen, ist bei vielen GIS-Anbietern die Zeit vergangen und einen neuen Anfang riskieren nur wenige.

[41] Dass Microsoftbetriebssysteme immer verschwenderischer mit Hardwareressourcen umgehen, hat systemare Hintergründe, deren fehlende Berücksichtigung nun auf Kosten der Rechenkapazität und Speicherauslastung getragen werden muss. Diese Art Entwicklungen sind nicht zukunftsträchtig und enden in einer Sackgasse (siehe S. 70f.).

Dazu soll für und in GIS nicht nur die physische Welt strukturiert und modelliert werden, wie dies bisher durch partiellen GIS-Einsatz in der Welt der Artefakten grundsätzlich in Form der Inselplanungen realisiert wird, sondern auch die subjektive (induktiv) und die soziale Welt, und das in einer Dimension, die mit den entsprechenden Raumbegriffen vorgezeichnet wird, den ontologischen Bedingungen dieser verschiedenen Welten angepasst sein muss, wenn man die Formulierung gesellschaftlich relevanter Aussagen nun auf Zahlen und Fakten basieren lassen sowie intersubjektive Lösungsvorschläge bei den Entscheidungsfindungsprozessen ermöglichen möchte.

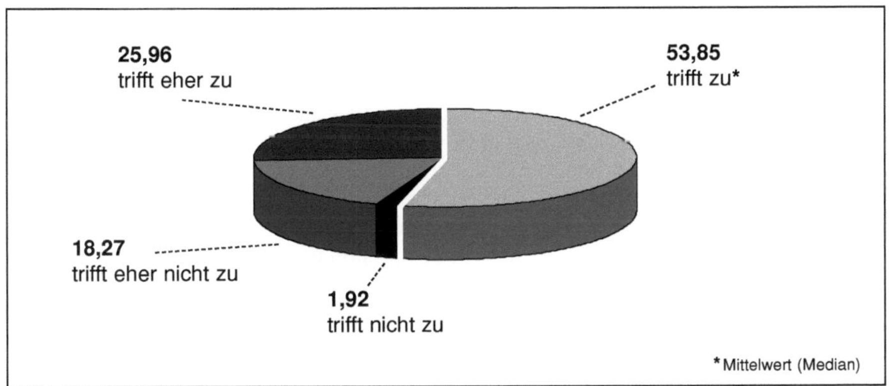

Abb. 14: Für eine echte und dauerhafte Interoperabilität im GIS-Umfeld fehlt es den auf dem Markt befindlichen GIS an einem einheitlichen systemfunktionalen Basismodell.

Anhand der Studie wird deutlich, dass der systemare Einsatz der vorhandenen GIS so gering ist, dass dies zusätzlich ihre Daseinsberechtigung in jetziger Form in Frage stellt.

Für GIS soll die Entwicklung eines systemaren Modells angestrebt werden, das auf methodologischer Ebene weitgehend interdisziplinär aufgebaut ist und mit geregelten Maßstäben (Methoden) arbeitet.

Für die objektive Forschungsperspektive sind so als Bezugsraster zur Lokalisierung von physischen, sozialen und mentalen Sachverhalten Dimensionen vorzuschlagen, die dem ontologischen Status der Elemente der verschiedenen Welten implizit und explizit Rechnung tragen können [vgl. Werlen 1997: 256].

Spaltung in der Geographie und ihre Auswirkung auf GIS-Entwicklung

Die sechziger Jahre des 20sten Jahrhunderts bedeuten für die Erde nicht nur eine politische Teilung und Sturz in einen Kalten Krieg, sondern auch für ihre sie erkundende – später auch verstehende – Wissenschaft „Geographie“ eine tiefe Spaltung, mit fatalen Konsequenzen für die GIS-Entwicklung.

Obwohl der Stoffaustausch zwischen Gesellschaft und Natur ein allgemein gültiges Phänomen darstellt, sieht sich die reflexive Deutung der vom Menschen gestalteten Landschaft mit der Frage der Gesetzmäßigkeit räumlicher Organisationssysteme und -prozesse konfrontiert und so wird aus der Geographie als einer Wissenschaft mit holistischen Ansätzen, teilweise beeinflusst durch szientistische Anregungen aus dem englischen Sprachraum [Leser 1980: 85], eine Zwitterwissenschaft. Der ontologische Landschaftsbegriff wird von einem systemanalytischen Ansatz abgelöst. Während man in der klassischen Geographie Fragen der angewandten Forschung und damit für GIS-Entwicklung gestützt auf holistisch systemare Ansätze in pragmatischer Weise gelöst hatte, erheben die separatistischen Ansätze die Wertfreiheit der Forschung im Sinne der Trennung von Objekt und Subjekt zum Postulat. Damit wird die einzig anwendbare methodologische Strategie im Sinne Zweckrationalität als Grundlage eines technisch gesteuerten Informationssystems außer Kraft gesetzt, ohne dafür aber eine praxistauglich übertragbare Alternativlösung vorzuschlagen.

Dadurch wurden allerdings für die Theoretiker der Disziplin weitere Dekaden Diskussionsstoff geschaffen, um das Fach auseinander zu nehmen, ohne dass diese es geschafft haben, die Teile ordnungsgemäß (!) wieder zusammen zu führen. Wenn es auch bei den Vertretern der neuen Ansätze innerhalb des ca. Halbjahrhundert andauernden Paradigmenkrieges nicht um einfaches Wiederzusammenfinden im additiven Sinne gegangen ist. Vielmehr ging es – zumindest manchen wissenschaftstheoretisch versierten Köpfen – um eine Strukturveränderung und um neue Fragestellungen, insbesondere auch an Medien, Kommunikation und Technologie. Bevor man sich z. B. in der Geographie praktisch mit der empirischen Erfassung der Individualität von Erdräumen ernsthaft auseinandersetzt, werden die Ansprüche für die Überprüfung der Wirklichkeit gegen präskriptive Modelle angestrebt [Kruckemeyer 2007[42]]. Bisher wurden dadurch allerdings kaum konkret verwertbare Ergebnisse geliefert, von denen das Geographie-GIS-Konzept profitieren könnte.

Es dürfte aber einsichtig sein, dass der Systemzusammenhang Natur-Technik-Gesellschaft auch eine anthropogeographische Perspektive hoher Komplexität hat. Weichhart stellt dazu fest [Leser 1980: 46], dass zumindest „die hinter dem Landschaftskonzept stehende Intention keineswegs abgelehnt werden muss." Es wird notwendig sein, zur Operationalisierung dieser Intention, welche von der Annahme ausgeht, dass zwischen Kulturplan und Naturplan Wechselbeziehungen und Systemzusammenhänge bestehen, Beschreibungsmodelle und Hypothesen aufzustellen, die objektsprachlich formulierbar und damit einer empirischen Überprüfung zugänglich sind [vgl. Lichtenberger nach Leser 1980: 84f.].

So war die Quantitative Revolution in derselben Zeit tatsächlich nur ein Aufstand[43] gegen die Abweichung der Geographie von ihrem integrativholistischen, zweck-

[42] Während einer Diskussion mit dem Autor.

[43] Die Quantitative Revolution der 60er-Jahre der Sozialwissenschaftler, besonders in der Disziplin Geographie, die sich besonders innerhalb des Fachs gegen die Alleinherrschaft des rigorosen Theorizismus richtete, erhält 1963 durch die Entwicklung des Canada Geographic Information System (CGIS) unter Roger Tomlinson das Instrument ihrer Erweiterung in der Praxis und erfährt einige Jahre später das erste datenbankorientierte GIS seinen Einsatz in kanadischer Landinventur. Damit war der Grundstein für heutige GIS-Technologie gelegt und seine Weiterentwicklung als informationsverarbeitendes System (IS) angeregt. Die Initiierung eines integrativ systemaren Ansatzes wie Landschaftskonzept gegen die separatistischen Ansichten innerhalb des Faches kann man wohl als sinnstiftendes Prinzip für GIS-Begriff interpretieren.

rationalen Ansatz und damit gegen die damals neu entstandenen separatistischen Ansätze innerhalb der Disziplin. Diese Spaltung kostet für die Geographie als angewandte Wissenschaft über 40 Jahre horizontale Erweiterung, ohne praktische Vorteile, bis man heute anfangen muss, für GIS und seine Entwicklung benötigte klassische Ansätze der Disziplin wieder zu beleben und diese in einem GIS nach Praxisbedarf zu modellieren, zu integrieren und für die Lösung der Umweltprobleme einzusetzen.

3.2 GIS-Planung (Wissensbasis, Planungsebenen, Vorgehensweise)

„GIS-Planung“ wurde in dieser Arbeit definiert als die Planung und Organisation großer Menge von beteiligten Komponenten und Faktoren, wodurch erst ein optimaler Einsatz von GIS bei der sachgerechten Ressourcenplanung unseres Lebensraums ermöglicht wird. Zu den Hauptbestandteilen dieser Faktoren gehören GIS-Entwicklung (hinsichtlich System und Methodik), Schaffung von Dateninfrastruktur, GIS-Implementation in der Praxis, sowie dessen innovativer Einsatz und seine Fortentwicklung (Open-GIS).

Entsprechend der Dimension dieser „Megaplanung“ mit dem „Decision-Support“ der Verwaltungsarbeit als Leitbild wird die Kooperation von einigen bisher oft autonom operierenden Akteuren in der Gesellschaft notwendig, die nun zur Realisierung dieser Zielsetzung eng zusammenarbeiten müssen. Die Enscheidungsträger des unter dem Begriff „3D-Akteure der GIS-Planung“ zusammengefassten Zuständigkeitskreises kommen aus der Politik, der Verwaltung, der Praxis, Forschung und der Softwareindustrie und haben die Aufgabe, die Planung und den Einsatz von GIS organisatorisch, strategisch, normativ sowie technisch zu unterstützen.

Verbesserungen in der Wissenslogistik im IgPa-Umfeld des GIS-Einsatzes erfordern beispielsweise nicht nur praktikable und bezahlbare Wege zur neuen Datenerfassung und Integration der bestehenden Bestände, vielmehr muss die abteilungsübergreifende Nutzung von Daten und Informationsbeständen erst einmal organisationskulturell zur Selbstverständlichkeit werden.

Obwohl die erforderlichen Investitionen zum Aufbau von GIS nur bei langfristiger, strategischer Betrachtungsweise zu rechtfertigen sind, wird aus der Ist-Lage des GIS-Einsatzes ersichtlich, dass diese bisher eine informationelle Aufgabenerledigung oder Leistungserstellung in der Verwaltung (also im Sinne des GIS-Leitbilds) kaum ermöglichen, da es z. B. weder der Verwaltung gelingt, durch IT die Neugestaltung der Verwaltung im Sinne des NSM hinreichend zu verdeutlichen, noch der Politik gelungen ist, ihre Kräfte für die Bereitstellung der dringend nötigen Reformen für die Auslotung der informationstechnischen Potenziale zu mobilisieren. Dazu kommen auch die Probleme, die die Entfaltung der technischen Potenziale verhindern, da hier immer wieder die vorgelagerte Problematik der organisatorischpolitischen Ebene eine entscheidende Rolle spielt. Die marktkonforme, technokratisch kybernetische Lösung des Problems hat bisher lediglich dem Überleben der Softwareindustrie gedient. Weit schwerwiegender ist die Tatsache, dass Verwaltung, Wirtschaft und Industrie immer mehr mit nicht interoperabler und inselartig operierender systemloser Software und heterogen strukturierten Daten beliefert werden bzw. arbeiten müssen.

Dadurch wurde bisher allzu oft nicht nur die Verschrottung der mit GIS-Leitbildern legitimierten Investitionen verursacht, sondern die Belastung durch nicht bereinigte Altlasten verhindert die gesunde Entwicklung der zukünftigen Informatisierungsprozesse innerhalb der Verwaltungsarbeit. So ist noch keine Verwaltungspolitik verbreitet, die das informationstechnische Potential in Leitbilder künftigen Verwaltungshandelns einbezöge [Grimmer nach Reinermann 1995: 382].

3.2.1 Was bedeutet eigentlich „Strategie"?

Strategie wird mit Kunst oder Geschicklichkeit (geschickte Kampfhandlung und die Kunst der Heer-Führung, ger.) gleichgesetzt, wodurch ein Problem durch geschickte Kopfarbeit möglichst aufwandfrei gelöst oder der Feind durch eine Kriegslist leicht besiegt werden soll.[44] In der Marktwirtschaft ist damit ebenso geschickter Wissenseinsatz für die Erzielung einer besseren Wettbewerbsposition gemeint, welche im Idealfall durch Total-Quality-Management verfolgt wird.

In der GIS-Planung als Mega- und Metaplanung kann Strategie mit geschicktem Wissenseinsatz nicht gleichgesetzt werden, da darüber bisher weder geordnetes Wissen noch Erfahrung noch konkrete Vorstellungen vorhanden sind.

Hier ist so eher Systematik und Klugheit gefragt als Schlauheit und Geschicklichkeit. Da die Komplexität der GIS-Planung einen Entwicklungsprozess voraussetzt und keine einzelnen, voneinander unabhängigen Aktionen erfordert, ist der Einsatz von strategischen Winkelzügen eher destruktiv, wenn z. B. Kosteneinsparungen dazu führen, dass die Datenqualität vernachlässigt wird, oder Qualitätsmanagement bei der Systementwicklung auf kurzfristigere marktwirtschaftliche Erfordernisse (ein-) gestellt ist. Strategie für GIS-Planung soll als systematische Vorgehensweise für die Planung der an GIS-Planungsprozessen beteiligten Komponenten verstanden werden. Da man den Hindernissen der GIS-Planung nicht entgehen kann und sich damit auseinandersetzen muss, ist es erforderlich, dass alle Beteiligten am informativen Entscheidungsprozess beteiligt sind und zur Behebung beitragen, was im Sinne des klassischen Verständnisses von Strategie reinen Verrat bedeuten würde.

Bei der GIS-Planung ist für den späteren Einsatz in der Praxis die aktive Einflussnahme aller 3D-Akteure von großer Bedeutung, um GIS als interoperable Plattform für die gesamte IT-Infrastruktur verfügbar zu machen. Wichtig ist hierbei, dass nicht allein die Vorstellungen und Wünsche der Technokraten berücksichtigt werden, sondern durch Entwicklung von interdisziplinären Systemfunktionen für alle Basismodelle die Bedürfnisse der Praxis abgebildet werden [vgl. Roggendorf 2000: 12], da für die Beseitigung der Hürden bei der GIS-Planung die Beteiligung aller Akteure erforderlich ist und die Fragestellungen nur durch interdisziplinäre Partizipation und systematischen Wissenseinsatz gelöst werden können. Ursache der Komplexität des GIS-Problems ist, dass hier Wissen (als Vorstufe der Strategie) nicht zur Erreichung der bisher bekannten Ziele eingesetzt wird, sondern zuletzt endlich eher zur Reproduktion von Wissen, angepasst an die Erfordernisse der Informationsgesellschaft. Das Leitbild der strategischen GIS-Planung impliziert, Daten zu Informationen und

[44] Vgl. http://www.quality.de/lexikon/strategie.htm

Information zu anwendbarem Wissen zu machen. So soll GIS seine Informationsaufgabe „IgPa" für die Verwaltungspraxis erfüllen.

Drucker beschreibt Wissen in diesem Sinne als systematischen und gezielten Erwerb von Information und deren massenhaften Anwendungen. In dieser Situation wird es nun entscheidend, die Produktivität der Wissensarbeit zu steigern, und das heißt, Wissen auf Wissen anzuwenden.

Und diese Aufgabe besteht nun gerade darin, verschiedenste Arten von hochspezialisiertem Wissen zusammenzuführen und so wissenschaftliche Erkenntnis, ihre technologischen Anwendungsmöglichkeiten und die Kenntnis der bestehenden wie potentiellen Märkte miteinander zu verbinden [Drucker nach Steinbickern 2001: 27f.].

Wenn GIS als Informationssystem der Herausforderung unseres komplexen Lebensraums gerecht werden soll, müssen dazu aber von uns Menschen Voraussetzungen geschaffen werden, da aus einem System wie GIS nur herausgeholt werden kann, was einmal hinein gesteckt wurde. Um in diesem Sinne eine umfassende Planung durchzuführen, soll es für die GIS-Planung außer operativen auch strategische, normative sowie dispositive Planungsstationen geben, in denen langfristig der organisatorische Aspekt der Planung sowie ihr Controlling und die Koordination mit der operativen Ebene des Plans ermöglicht wird.

Mannheim macht eine deutliche Unterscheidung zwischen der „technischen" Qualität von Planungsprozessen, die gewährleistet sein muss, und der Frage der dispositiven Lenkung von Planungsaktivitäten durch diejenigen, die letztendlich Pläne annehmen und mit Planrealisierungen leben müssen. So kann frühzeitig auf Probleme Einfluss genommen und die Problemwahrnehmung, Problemdefinition und der mögliche Problemlösungsraum vorstrukturiert werden [vgl. Feick 1975: 257].

Die Qualität der operativen Ebene von GIS-Planung und -Einsatz steht mit der optimalen Planung der strategischen Ebene des Plans in direktem Zusammenhang. Die strategische GIS-Planung bestimmt das Leitbild, die langfristigen Perspektiven und Gegebenheiten hinsichtlich der Schaffung der Voraussetzungen, die für die Realisierung des Plans benötigt werden.

Strategie definiert aber nicht die Ziele des GIS-Einsatzes in der Praxis, da diese für die operative Ebene des Plans bestimmt sind, sie gibt dazu lediglich die Richtung vor (Effektive Leistungserstellung durch Einführung neuer Arbeitsweisen mit Unterstützung der neuen Informationstechnologie und stellt eine langfristig optimale Techniknutzung für die Verwaltung, Industrie und Wirtschaft sicher. Hier sollte es nicht um direkten Return on Investment, sondern eher um die Reproduktion des Mehrwerts gehen, der einer solchen Megaplanung Rechnung tragen möchte.

Für einen dynamischen Informatisierungsprozess in der Gesellschaft gestützt auf GIS ist so die politische Führung gefordert, nicht einfach das Organ der Betriebsführung zu sein, sondern unternehmerisch zu werden, um so die Technik zum Hebel der neuen Wachstumsimpulse zu machen und ihre Entwicklung steuernd aktiv zu unterstützen [vgl. Drucker nach Steinbicker 2001: 23]. Das Problem der fehlenden qualitativ guten Daten für den Praxisbedarf ist z. B. als Aufgabe ersten Grades der Politik zu bezeichnen. Auch auf internationaler Ebene gewinnt heute „Politische Planung" in Bezug auf Datenmanagement immer mehr an Bedeutung, was aber bisher in Deutschland nicht wirklich in politisches Agenda Setting eingedrungen ist.

Die bedeutenden Umbrüche, die durch neue Entwicklung der Informationstechnologie herbeigeführt wurden, werfen in allen Fassetten der Gesellschaft ihre Schatten voraus. So ist Technik entlang der Dynamik unserer Gesellschaft von den postmodernen Diskontinuitäten hin zur Verwirklichung des Informationszeitalters nicht in der Lage, ohne politische Steuerung ihren Weg in der Gesellschaft zu finden [vgl. Drucker nach Steinbicker 2001: 22ff.].

Im Rahmen ihrer Aufgaben hat Politik die Verantwortung, ihre Vorhaben und Pläne qualitativ und quantitativ in optimaler Form wahrzunehmen und zu praktizieren. Pläne werden nach der Problemdefinition ausgedacht und bewusst und zweckorientiert entwickelt. Strategie ist hier einerseits als Bindeglied zu betrachten, das als Netzwerk die Komponenten eines Planes miteinander verbindet und eine Interaktion zwischen den Netzwerkmitgliedern ermöglicht. Andererseits beschreibt, legitimiert und positioniert das politische Verhalten gegenüber der Organisation und gibt dem Plan einen gesamten Sinn. Es muss zwischen Absicht (Plan) und Realität (Umsetzung) eine Übereinstimmung bestehen [vgl. Weninger 2004: 26].

In vielen Fällen werden Planung und ihre Realisierung nicht nur durch die fehlende systematische Vorgehensweise, sondern auch durch nicht ausreichende Wissensbasis bzw. Brainware oder Sach- und Fachkompetenz erschwert (mehr dazu siehe S. 81). So ist bei der GIS-Planung bisher grundsätzlich die operative Ebene behandelt und eine auf guter Brainware basierende gesamtkonzeptionelle Planung mit informationellem Leitbild angestrebt worden. Es ist jedoch notwendig, die für optimalen GIS-Einsatz vorausgesetzte Komponente vorsätzlich zu entwickeln und ihre Elemente planvoll miteinander zu verknüpfen.

Auf strategischer Ebene des Plans geht es z. B. darum, den Betrieb und die Nutzung der vorhandenen Potenziale der Informationstechnologie (GIS in Verbindung zu weiteren IS wie ERP, CRM, Datenbanksysteme etc.) sicherzustellen. Zu den dringenden politischen Aufgaben gehört es, sich an diesem Planungsprozess zu beteiligen. Die bisherigen Erfahrungen mit der ordoliberalen Strategie zeigen, dass ohne Regulierungsrolle der Politik die neue IT aus ihrer heute herrschenden Krise nicht gerettet werden kann, deren Konsequenzen die gesamte Gesellschaft überschatten würden. Es gibt für optimale Techniknutzung bzw. GIS-Einsatz demnach nur Erfolgsaussichten, wenn

- auftretende neue Aufgaben mit unvertrautem Sachverhalt nicht den Technokraten überlassen und die neuen Konflikte unter den Teppich gekehrt werden;
- das geht nur, wenn die Entscheidungsorgane der Politik über die Konflikte informieren und bei der Lösung des Problems beteiligt werden,
- der Prozess als andauernder Lernprozess gesehen wird,
- die Ziele von politischer Führung getragen werden und zuletzt
- die Strategieentwicklung für die Erreichung der Ziele von allen Komponenten der Politik (Politie, Policy, Politics) getragen wird.

Übertragen auf GIS-Praxis bedeutet dies beispielsweise:

- die Analyse von Aufgabenfeldern, die durch die GIS unterstützt werden müssen,
- die Ableitung der Ziele der GIS-Einsatzstrategie aus den Verwaltungszielen,

- die Festlegung von Prioritäten bei der Umsetzung von GIS-Planung durch ein kompetentes Projektportfolio-Management, z. B. für die Entwicklung der fehlenden Methoden für sachgerechten GIS-Einsatz,
- Übernahme der Ist-Analyse der GIS-Technologie und die Festlegung von Optimierungspotenzialen,
- Anforderungen an GIS-Technologie in Form von Soll-Konzeption,
- die Schaffung von Voraussetzungen für Weiterentwicklung und Präzisierung der Arbeitsmethoden und -Tools nach Erfordernissen einer innovativen Verwaltung.

3.2.2 Dimension der GIS-Planung

Was soll das GIS alles können? – Diese einfache Frage führt häufig zu tiefem Schweigen oder konfuser Aneinanderreihung irgendwelcher Details. In der Tat hat der Anwender oft große Schwierigkeiten auszudrücken, was er von dem System erwartet [Klemmer und Spranz 1997: 248]. Er möchte aber im Idealfall durch GIS-Einsatz seine Arbeitsprozesse optimieren, in dem die Arbeit schneller und aufwandfreier erledigt wird. Es geht dabei oft um die Rationalisierung der Routinearbeit. Der Vorstellung über diese Art von GIS-Praxis entsprechen aber kaum die unter GIS-Einsatz formulierten Soll-Vorstellungen. Versucht man aber die ursprünglich formulierten Soll-Konzepte zu realisieren, lernt man gerade dann die harten Realitäten kennen. Da GIS nicht informationstauglich geplant worden ist, kann es auch zu der informationellen Aufgabenerledigung der Anwender nicht beitragen. Dies zu ändern liegt jedoch nicht in der Hand des Anwenders, er kann doch nicht für die Klärung seiner ad-hoc-Fragestellung jedes Mal Datenerfassungsprojekte starten, Arbeitsmethoden und entsprechende Softwaretools bzw. Applikationen entwickeln lassen. Lieber verzichtet er oft auf die Antwort seiner Frage und setzt GIS nur so ein, wie es klassischen Arbeitsbedürfnissen im Sinne eines mechanischen Werkzeugs entspricht. Also arbeitet er mit seinem GIS funktionsorientiert und die Studie zeigt, dass drei Viertel der Umfrageteilnehmer ihr GIS so bedienen. Warum?

Weil die nötige Vorbereitung für GIS-Praxis nicht rechtzeitig geplant, entwickelt und die Voraussetzungen geschaffen wurden. Dabei geht es übrigens auch um die grundlegenderen Modifikationen innerhalb der gesamten Arbeitsprozesse bis zur Entwicklung und Entstehung der neuen Arbeitsfelder.

Unter Entwicklung eines Konzeptes für GIS-Planung ist also eine Zusammenfassung nicht nur der vertikalen, dem Sinne nach operativen[45] Angelegenheiten, worüber in den letzten Jahren zahlreiche Publikationen entstanden sind,[46] zu verstehen

[45] Da sich in der Praxis bei der GIS-Einführung vorrangig auf die Probleme der Technik konzentriert wird, werden die damit verbundenen Fragestellungen überwiegend unter dem Aspekt der Eignung und Auswahl von Hardware und Software behandelt. Die Planungsüberlegungen werden dann häufig vor dem Hintergrund konkreter Probleme und kurzfristiger Realisierungsmöglichkeiten getroffen. Diese Planung lässt sich als „operativ“ kennzeichnen [Höring 1990: 70–112].

[46] Dieser Aspekt der GIS-Planung wird aufgrund ihres operativen Charakters nur kurz behandelt und für nähere Information auf eine gute Arbeit von Franz-Josef Behr 2001 (Strategisches GIS-Management) und weitere umfangreiche Literatur verwiesen.

[Haghwerdi 1997: 84ff.], sondern vielmehr ist über die bisher vernachlässigten horizontalen im Sinne normativ-strategischer Anforderungen an das einführende Management für eine zukunftsträchtige GIS-Technologie im Kontext der Verwaltungsziele im Sinne des NSM zu sprechen. Es geht dabei unter anderem auch darum, die für die GIS-Implementation notwendige Wissensbasis zu erwerben und diese für sachgerechte GIS-Planung einzusetzen.

Es gilt nun zu untersuchen, welches die spezifischen Probleme der GIS-Planung sind und dabei geht es wieder darum, diejenigen Problemstellungen herauszuarbeiten, die die GIS-Planung von anderen, verwandten Planungsaufgaben unterscheiden, was die Beteiligung der Politik bei der Entwicklung eines Masterplans für offenen GIS-Einsatz unentbehrlich macht.

Bei der Entwicklung des Soll-Konzepts für die GIS-Planung auf strategischer Ebene fehlen oft Wissensbasis und Orientierungsmodell. Die Fragestellungen in Abbildung 15 können einen Überblick über die erforderlichen Schritte der GIS-Planung in allen ihren Fassetten, d. h. in operativer, dispositiver und vor allem strategisch-normativer Ebene, ermöglichen.

Z. B. stellt die Verbindung von neuem informationstechnischem Einsatz und Netzwerken forschungsstrategisch ein Problem dar, da beide Bereiche offensichtliche Defi-

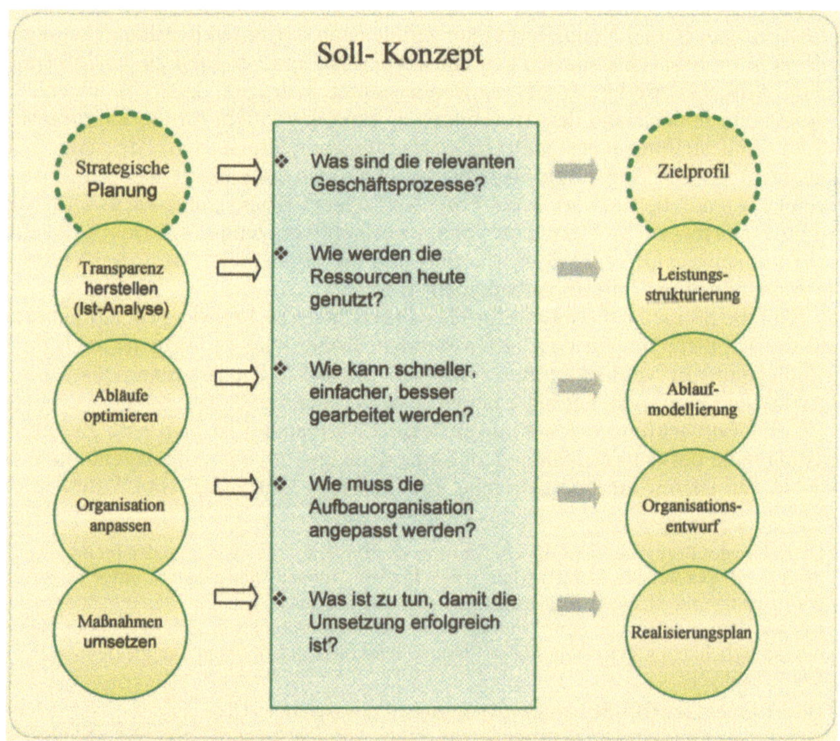

Abb. 15: Erforderliche Schritte zur Entwicklung der strategischen GIS-Planung

zite in der wissenschaftlichen Analyse haben.[47] Eine entsprechende Forschung über die Strukturierung der Leistung durch reibungslosere Datenaustauschbarkeit hätte sicherlich die Notwendigkeit von einheitlicher Basisinformation für eine reibungslosere Kommunikation innerhalb der Netzwerke für die Zuständigen im Rahmen der dispositiven Planungsebene in den Vordergrund stellen können. So fehlt es an einer systematischen Umsetzung und Analysen der Erfolgsbedingungen von GIS-Planungsprozessen.

In einem Überblick über Stand und Perspektiven der Verwaltungsmodernisierung durch den neuen informationstechnischen Einsatz in Deutschland wurde festgestellt, dass es sogar an einer systematischen Erhebung des Umsetzungs- und Reformstandes fehlt, ganz abgesehen von systematischen Analysen der Erfolgsbedingungen von Modernisierungsprozessen. Dies wird noch dadurch verstärkt, dass die Forschung zu Unternehmens- und Politiknetzwerken bislang unverbunden nebeneinander geführt wird, obwohl zwischen beiden deutliche Berührungspunkte bestehen [Gerstlberger et al. 1998].

Wissensbasis (Brainware) als Voraussetzung für die Entwicklung eines GIS-Planungskonzepts

Wie bei fast jeder auf neue Entwicklungen ausgerichteten Planung fehlt es auch für überdachten GIS-Einsatz trotz eines dekadenlangen aktiven GIS-Einsatzes in der Verwaltung an einer gut strukturierten und auf Org- und Brainware basierenden Planung.

Damit herrscht bei der GIS-Planung, die überwiegend operativen Charakter hat, ein gesamtkonzeptionelles Handikap bezogen auf Problemdefinition, Zielbestimmung und strategische Vorgehensweise bei der Problemlösung.

Viele in den letzten Jahren entstandenen Beratungshäuser im GIS-Umfeld zusammen mit Systemhäusern und GIS-Herstellern und weiteren e.V. Institutionen, welche hinsichtlich der GIS-Einsetzbarkeit Beistand und Hilfe propagiert haben, sind kurz danach ermüdet oder enttäuschend rein pragmatisch ihren gegenwärtigen Interessen nachgegangen.[48] Sie versuchen das reale Problem der Verwaltung nur inselartig im Rahmen der kostspieligeren Integrations-Projekte zu lösen. Eine endgültige Problemlösung rückt dadurch jedoch nur in immer weitere Ferne. Die bisher insular entwickelten Soll-Konzepte auf operativer Ebene seitens der Anwender und System- und Beratungshäuser haben die Lösung der Interoperabilitätsprobleme von GIS-Technologie kaum einen Schritt vorantreiben können.

Da nun das Vorhandensein einer solchen Wissensbasis bei der GIS-Planung für den Erfolg des praktischen Einsatzes dieser Technologie unabdingbar ist; da z.B.

[47] Ein grundsätzlicher Mangel der Analyse von Netzwerken besteht darin, dass es bisher wenige Untersuchungen gibt, die sich systematisch mit den Wirkungen und der Effektivität von Netzwerken sowie den potentiellen Erfolgsaussichten auseinandersetzen.

[48] In meinen Gesprächen mit Geschäftsführung zahlreicher GIS-Systemhäuser wurde oft zugegeben, dass eine grundlegende Änderung in GIS-Systemlandschaft ruinöse Konsequenzen für ihre laufenden Geschäfte mit sich bringen würde, da man nicht in der Lage ist, den neuen Richtlinien zu folgen und sich an neue Strukturen und Vereinbarungen hinsichtlich der Interoperabilität anzupassen.

alle Geodaten zusammengehören und eine heterogene Vorgehensweise bei der Erhebung, Speicherung, oder sogar Vermarktung dieser Daten ihre interdisziplinäre und freie Handhabbarkeit schwierig bis unmöglich macht,[49] wird die Entwicklung einer Methode von eminenter Bedeutung, womit GIS-Planung für die Auslotung vieler Fragestellungen, die den GIS-Einsatz auf operativer Ebene mit ernsthaften Problemen konfrontieren, Rahmen und Regel bekommt und damit eine sachliche konzeptionelle Grundlage dafür geschaffen wird.

Elementare Objekte der Wissensbasis

Wie bei allen anderen IT-Planungen werden auch für GIS-Planung die folgenden fünf elementaren Aussagekategorien beschrieben. Es muss jedoch ein Portfoliomanagement den Hebel an der richtigen Stelle ansetzen und sich nicht, wie bei einigen staatlich Beauftragten, in Bezug auf Geodaten vorerst auf Nebensächliches konzentrieren.[50] Das Wesentliche ist die Schaffung von einheitlichen Geobasisdaten, weil für die Daten, bestehend aus Sach- und Geodaten, bei GIS-Planung spezielle Sorgfalt vonnöten ist. Die Informationsaufgabe von GIS setzt die Bedachtnahme auf Wissensbasis in folgenden Bereichen voraus (siehe die Abb. 16) [vgl. Höring 1990: 105ff.]:

- Daten: faktische Aussagen über die Datenqualität, Datenfluss, ihre Verfügbarkeit in Gegenwart und im Rahmen eines Soll-Konzepts in der Zukunft. Um in Zukunft flexibel sein zu können, müssen Daten-Modell und Formate viel Offenheit bieten.
- Technik und Werkzeuge: In diesem Zusammenhang sind sowohl die gegenwärtigen als auch die zukünftigen Technologien zu beschreiben, gleichzeitig ist aber die Abgrenzung zu jenen Technologien zu ziehen, die in absehbarer Zeit nicht kommerziell sinnvoll nutzbar sein dürften.
- Strategien und Verfahren: Kenntnis darüber, welche Technik mit welchen Eigenschaften zu welchen Aufgaben besser geeignet ist.
- Konzeption: Wie, wo und weshalb neue Technik benötigt wird, welche Anwendungsmodelle für welche Anwendungsfelder konzipiert worden sind. Es sind z. B. Modellbildungen bezüglich GIS-Planung nötig, um daraus das Kommunikationssystem, das Datenbanksystem und die Verarbeitungsprogramme zu erstellen. Die Bildung eines solchen Modells setzt ein grundsätzliches Verständnis des Sachverhalts seitens der Planer voraus. Web- oder Internet-GIS als zukunftsträchtigere Art von GIS-Einsatz ist gegenüber den klassischen Desktop- oder Intranetlösungen nur dann nutzbar, wenn z. B auf einem strukturierten und standardisierten Datenbestand aufgebaut worden ist, was in erster Linie ein geodätisch fundiertes Konzept voraussetzt [Kurzwernhart 1999].

[49] Oder z. B. die Daten nicht nur für ein bestimmtes Projekt, sondern für jede beliebige Anwendung und langfristig vorbereitet werden müssen.

[50] Man soll hier vorerst eine einheitliche Datenerfassungsregel erstellen und dann aus dieser Regel entstandene Daten nach ihren Eigenschaften (Metadaten) katalogisieren. Wem nutzt das, wenn man aus über 900000 heterogenen Datenbeständen in diesem Lande Metadaten erstellt, deren Indikatoren fragwürdiger sind als die Qualität der dahinter stehenden Daten selbst.

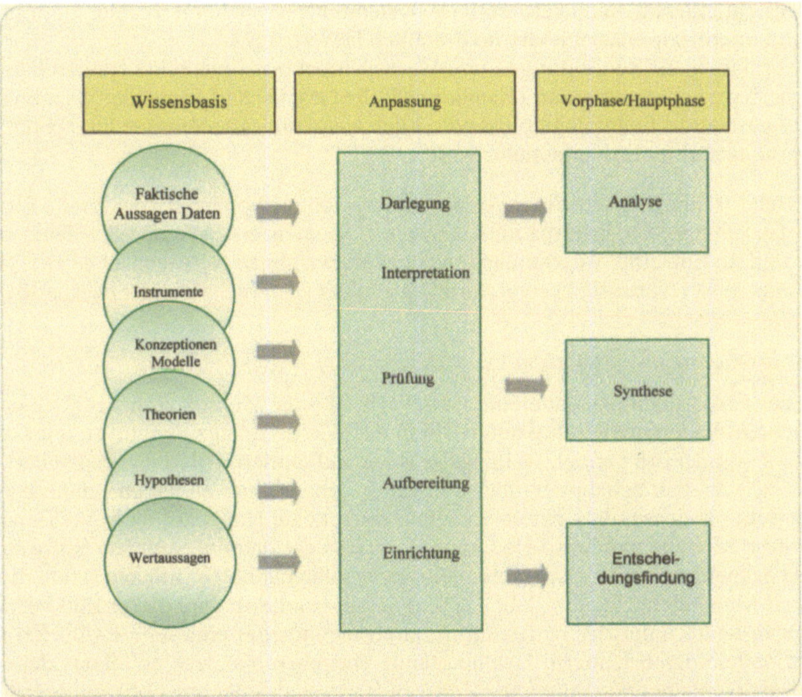

Abb. 16: Anpassung der Wissensbasis im Planungsprozess [Höring 1990: 105]

- Theorien: Die Begriffe werden unterschiedlich verwendet und es fehlt oft an Bezugsrahmen für Begriffe und Terminologien. Es wird mit den Begriffen zögerlich umgegangen, anstatt schnell zu erkennen, welches Schlagwort nicht bloß ein Modebegriff ist, sondern ein aktuelles Problem anspricht. Z. B. „Integrierte Vorgangsbearbeitung (IVB)" war gestern, heute heißt dies Enterprise Application Integration (EAI) oder Enterprise Resource Planning (ERP). Aber in der Tat geht es darum, die Arbeitsprozesse (mit Hilfe neuer Informationstechnologie) mit einander zu verzahnen.
- Erkenntnisse über Wirkungszusammenhänge: Wo wirkt sich Informationsverarbeitung aus? Die Umsetzbarkeit einer Unternehmensorganisation in der Informationstechnologie sowie die Auswirkungen auf das Unternehmen, besonders auf seine Organisation, sind in diesem Zusammenhang zu beleuchten. Uneinheitliche Vorgehensweise bei der Datenerfassung kann ihre Verwendung beschränken. Langfristig gesehen führt diese Vorgehensweise zu Chaos und volkswirtschaftlich zu irreparablen Schäden.
- Hypothesen: Diagnose und Interpretationen über Wirkungszusammenhänge, „Wenn-Dann-Aussagen" und Vorhersagen: Kosten-Nutzen-Analyse ist oft entscheidender Faktor für die GIS-Einführung. Aber wenn man sich hier mehr auf die systembezogene Wirtschaftlichkeit konzentriert, sollte diese nicht ein isoliertes

Umfeld in Betracht ziehen, weil der Systemnutzen[51] sich nur in einer Gesamtsicht und interdisziplinär objektiv und sachlich bewerten lässt.

- Wertaussagen: Beurteilungen und Wertschätzungen: Eine echte Rationalisierung durch perfekt organisierte Technik ist für die Gesellschaft sinnvoller als inkremental gesteuerte Technologieblockade. Auch wenn die erste Variante hinsichtlich der Arbeitsmarktpolitik unpopulär wirkt.

Die Beherrschung dieser Wissensbasis ist eine wichtige Voraussetzung für die Planung und Gestaltung von Informationssystemen. Die meisten Planungs-Probleme treten auf, weil im Einzelfall wesentliche Inhalte zu notwendigen Aussagenkategorien fehlen und was nicht rechtzeitig besorgt wird, wird später auch nicht leichter beschaffbar.

Die Anwendung der Wissensbasis

Die neue Informationstechnologie ist auf Grund ihrer Multidisziplinarität einer permanenten Weiterentwicklung unterworfen. Gerade bei Langzeitarchiven wird dieses Problem immer dringender. Wenn heute Daten auf moderne Medien gespeichert werden (die von sich behaupten, über 100 Jahre Lebensdauer zu haben), dann kann es sehr wohl passieren, dass bereits in zehn Jahren keine Hardware mehr verfügbar ist, die diese Medien auch abspielen kann oder dass die dann verwendete Software die heute gespeicherten Formate nicht mehr verwenden kann. Wer möchte schon die Daten auf Magnetband, das im Jahr 1980 mit Hard- und Software dieser Zeit verwendbar war, heute unter der neuen Informationstechnologie einlesen? Es dürfen nicht mehr technologieorientierte Datenbestände entstehen, sondern auf Basis der Standards entwickelte und entlang der Zeit von Hard- und Software-Entwicklungen neutrale Basisdaten.

Die Verarbeitung der Geodaten in Deutschland verweist aufgrund der historisch gewachsenen Strukturen auf Ballaststoff-Effekt. Es ist oft nicht mehr möglich bzw. wirtschaftlich lohnend, große Teile dieser Daten systemtauglich zu gestalten und ohne umständliche manuelle Eingriffe verwendbar zu machen.

Wenn man die geodatenspezifische Problematik der GIS-Technologie am Anfang des Planungsvorhabens faktisch darstellt und diese in einem Gesamtkonzept als Problem präsentiert, wird die Anpassung und Aufbereitung der Problemlösung im jeweiligen Einsatzfall erforderlich gemacht (siehe Abb. 16).

Für eine Verwendung im Einzelfall bedürfen Konzeptionen und Modelle der Darlegung, Interpretation, der Prüfung auf Anwendbarkeit und Aufbereitung. Gerade Konzepte, Theorien und Hypothesen sind häufig nur latent in den Köpfen der an den Planungsprozessen jeweils Mitwirkenden verfügbar. Um das Bewerten und Wollen dieser Personen zu verstehen, ist eine ausdrückliche Darstellung (Explifikation) der impliziten Wissensbasis notwendig. Theorien, Hypothesen und Wertaussagen erfordern in besonderem Maße eine gutachterliche Interpretation und Prüfung. Faktische Aussagen bedürfen der Prüfung und Aufbereitung, und die wenigsten Instrumente lassen sich ohne Zuschneiden und Einrichten auf den Einzelfall anwenden.

---

[51] Anschaffungskosten lassen sich leichter erheben.

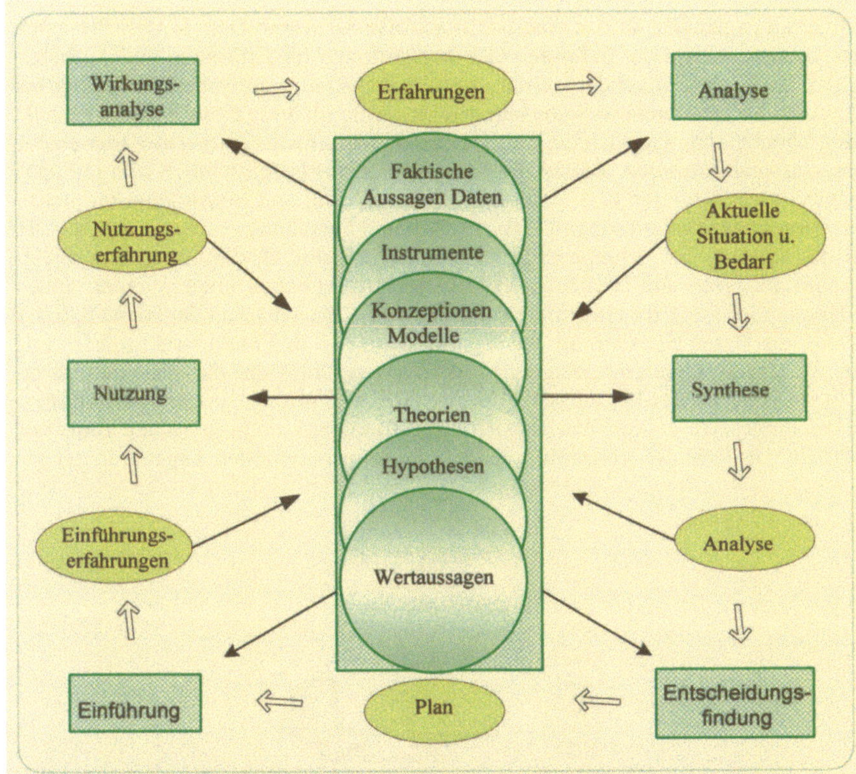

Abb. 17: Wissensbasis im Planungs- und Realisierungskreislauf [Höring 1990: 106]

Die Anpassung der Wissensressourcen findet in der Regel nicht nur für jede Planungsaufgabe, sondern auch in jeder Phase statt. In Haupt-Phasen fällt diese Anpassung länger aus als in Vorphasen (Vorstudien), in denen mit einer „Voreinstellung" gestartet wird. In der Analyse-Phase wird die Anpassung der Wissensressourcen zumeist intensiver diskutiert als im Rahmen des Entwurfs, der Bewertung und Entscheidung.

Der Kreislauf der GIS-Planung und ihre Realisierung sind in all ihren Aktivitäten von der genannten Wissensbasis abhängig und speisen mit ihren Teilergebnissen wiederum die Wissensbasis. Abbildung 17 veranschaulicht diesen Zusammenhang an Hand der oben dargelegten Planungs-Phasen und Entwicklungsstufen.

Die Wissensbasis der GIS-Planung

Die GIS-Planung benötigt ihre spezifische Wissensbasis, die sich von der Planung anderer IT-Systeme entsprechend den typischen Aufgabenstellungen unterscheidet. Diese Unterschiede beziehen sich vor allem auf die Geodaten, deren langfristig strategischem Stellungswert (als mehrwertproduzierendem Arbeitsfaktor) und ihrer Anwendbarkeit in der GIS-Praxis eine Schlüsselrolle zukommt. Dass in GIS-Projekten bisher ca. drei Viertel der gesamten GIS-Investitionen für Erfassung und Aufbereitung der Geodaten verwendet werden, spricht für aktive politische Beteiligung bei der Lösung der Geodatenprobleme bundesweit, wodurch diese Kosten rapide gesenkt werden könnten, da, wie auch die Studie belegt, über 90% der GIS-Anwender eigene Datenerfassung betreiben. Diesbezüglich gibt es historisch, rechtlich und politisch bedingte Fragestellungen bzw. Altlasten, deren Klärung und Beseitigung im praktischen Umfeld in Kooperation mit Wissenschaft und Forschung geschehen muss. Z. B. stellt die Klärung der Strukturierung, Modellierung und Bestimmung der Objekt-Elemente der Geo- und Sachdaten sowie ihrer Beziehungen untereinander zurzeit eine Herausforderung für eine informationelle GIS-Einsetzbarkeit dar (siehe S. 67f.).

Denn die Daten bestehen oft aus vage modellierten und nicht strukturierten und kaum für GIS-Anwendung geeignet klassifizierten Objekten, die systematisch erforscht und erklärt werden müssen. Werden GIS z. B. primär zu Kartenerstellungszwecken eingesetzt, so konzentriert sich die Planung auf die graphischen Tools und Merkmale. Umfasst die Konzeption jedoch die informationellen Aspekte in der ge-

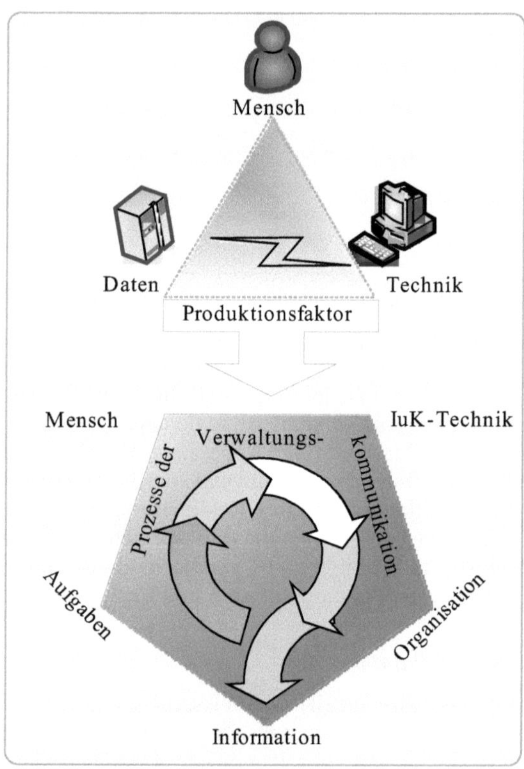

Abb. 18: Elementare Objekte der GIS-Planung

samten Verwaltungskommunikation, wird ein umfangreicheres Spektrum an Unterstützungsfunktionen in den Gestaltungsraum bzw. alle Abteilungen einbezogen.

Daten über faktische Sachverhalte betreffen entweder die situativen Gegebenheiten eines planenden Betriebes oder statistische Aussagen über eine Menge gemeinsam betrachteter Betriebe. Angebote an Geräten und Systemen sind wichtige, sich aber sehr schnell ändernde Fakten.

3.2.3 *Aufbau der GIS-Planung*

GIS-Technologie wird als informationsverarbeitendes Werkzeug gesehen, das der Unterstützung fachlicher und kaufmännischer Arbeitsprozesse dient.

Ein zukunftsträchtiger Einsatz dieser Technologie setzt die entsprechende Entwicklung ihres Implementationskonzeptes mit der Berücksichtigung und Beteiligung aller oben ausgeführten Elemente dieser Technologie wie „Menschen, Aufgaben, Informationen, Organisation und Technik" voraus.

Da die Veränderung eines Elementes zwangsläufig Folgewirkungen auf andere nach sich zieht, müssen nun diese gemeinsam geplant und organisiert werden (siehe Abb. 18).

Die Planung sucht nach einer Soll-Vorstellung aller veränderbaren Objektbereiche. Diese Suche kann entweder von grundsätzlichen Konzepten und Modellen oder von der Erkenntnis über akute Schwachstellen geleitet werden. In der Regel wird die Planung zuerst Schwachstellen identifizieren, um nachfolgend Anforderungen an ihre Überwindung zu definieren. Die Voraussetzungen sind dazu jedoch Konzepte und Hypothesen, die als Modelle (Beispiele und Denkschemata) für den Entwurf von Plan-Alternativen geeignet sind.

Planung wird so auf mindestens[52] den drei folgenden Ebenen konkretisiert:

3.2.3.1 Strategisch-normative Ebene

Strategische Planungsebene erarbeitet die grundsätzlichen Vorgaben für die anderen Planungsstufen. Auf strategischer Ebene wird also kein Tagesgeschehen erwartet, sondern sie will vielmehr grundsätzliche Chancen und Möglichkeiten der Verwaltung ausarbeiten. Hier ist die Existenzsicherung der planenden Einheit oberstes Ziel. Die Pläne sollen weniger Details als vielmehr Richtungsvorgaben und Grundsatzentscheidungen enthalten (z. B. Netzwerkprobleme, Probleme der fehlenden einheitlichen Geodaten, ihre Vermarktungsstrategie, Produktinnovationen, Überlegungen für die Masseneinsetzbarkeit der Technologie und daraus resultierende Konsequenzen wie interpersonelle Spannungen wegen Macht- und Arbeitsplatzverlusten).

---

[52] Ozbekan sieht hier die oberste Ebene der Planung in ihrer Normativität und lässt dispositive und operative Ebenen unter „operative Planung mit administrativen Implementationsfunktionen" zusammenfassen.
Der umfassende Wandel des Weltbildes, um die normative Planung erst zu ermöglichen, ist die Aufgabe von Planern, die in „Look-out -Institutionen" als Avantgarde Werte, Normen und Ziele entwickeln und erzieherisch vermitteln sollen [Feick 1975: 244].

Auf dieser Ebene sollen sogar die praktischen Realisierungsmöglichkeiten des GIS-Einsatzes berücksichtigt werden und dazu Voraussetzungen geschaffen werden. Wie die operative Ebene der Planung wird auch die strategische Ebene ständig überarbeitet. Die dispositive Ebene übernimmt hier zwischen beiden die Rolle einer Verknüpfungsschnittstelle.[53]

Bei der strategischen Planung handelt es sich zwar um eine Grobplanung, in die Erkenntnisse der operativen Planung einfließen, aber die entsprechenden Überlegungen und Maßnahmen können zum Teil nur aus sehr detaillierten Untersuchungen erkennbar werden. Aus diesem Grund bieten sich systematische und gründliche Analysen und Planungen auch auf der strategischen Stufe an.

Angesichts der langfristigen Konsequenzen, die die GIS-Planung nach sich zieht, und aufgrund vielfältiger Verflechtungen mit der Unternehmungsplanung kann die GIS-Planung heute nicht mehr ohne strategische Leitlinien auskommen, die unternehmerische und grundsätzliche Ziel- und Wertvorstellungen enthalten, und die allen weiteren Bewertungen und Entscheidungen die Orientierung geben. Dies ist umso wichtiger, als sich viele Nutzenbetrachtungen nicht in einfachen Wirtschaftlichkeitsrechnungen behandeln lassen, sondern eine intensive Auseinandersetzung mit den betrieblichen Zielen erfordern.

3.2.3.2 Dispositive Ebene

Falsche Umsetzung der Pläne beruht oft auf der Vernachlässigung der Maßnahmen wie Controlling, in der die beschlossenen Ziele nicht verfolgt oder vorgesehene Maßnahmen nicht mit dem nötigen Nachdruck durchgeführt werden.[54] Für die GIS-Planung bedeutet dies beispielsweise, sich Gedanken über die dringend notwendigen gesetzlichen Rahmenbedingungen, Datenschutz und Informationsrechtsmaßnahmen oder einheitlichen Geodaten zu machen und diese taktisch umzusetzen.

Die dispositive Planung ergibt sich aus der Notwendigkeit, die im Rahmen der strategischen Planung bestimmten Aktions- und Zielräume zu konkretisieren und einen Schritt der Realisierung näher zu bringen. Falsche Umsetzung der Pläne beruht oft auf der Vernachlässigung dieser Ebene von Planung durch fehlende Maßnahmen wie Controlling, in der die beschlossenen Ziele nicht verfolgt oder vorgesehene Maßnahmen nicht mit dem nötigen Nachdruck durchgeführt werden.

Dispositive Rahmenpläne gehören zu den unmittelbar realisierbaren Zielen. Die Konkretisierung dieser Planungsaufgaben reicht bis zur Auswahl einzelner Hardware-Komponenten, zur Festlegung organisatorischer Maßnahmen und zur Aufstellung eines verbindlichen Zeitplanes für die Systemimplementation, sowie Schaffung der Voraussetzungen für seinen Einsatz durch z. B. Schulung des Personals, Schaffung benötigter Daten und ihr Controlling. Dazu wird ein Management der kommunalen Informationen und des kommunalen Wissens benötigt [Kassner 1999: 38]. Es

---

[53] http://www.unternehmerinfo.de/Gruendung/Allgemein/Existenzgruendung_Controlling.htm

[54] http://www.unternehmerinfo.de/Gruendung/Allgemein/Existenzgruendung_Controlling.htm

soll durch Daten- bzw. Qualitätsmanagement eine schlagkräftige Datenstruktur aufgebaut werden. Datenmanagement zielt auf die System- und informationsflussorientierte Betrachtung und Gestaltung der Verwaltung.

Unabhängig davon, ob eine zentrale, dezentrale oder eine Mischform von Datenhaltung vorgenommen wird, muss es immer jemand geben, der für die Datenqualität (siehe S. 139) und ihre Sicherheit die Verantwortung und Garantie übernimmt.

Datenmanagement folgt den Regularien des Produktionsbetriebs für die Daten und bestimmt die geeigneten Vorgehensweisen für deren Aufbereitung.[55] Dies bedeutet konkret eine Reihe von Aktivitäten wie Organisation der Datenbeschaffung, Benennung und Strukturierung der Daten-Objekte, Entwicklung von Datenmodellen, Wartung und Pflege der Datenbestände bis zu ihrer Aufbereitung für die operative Ebene bzw. GIS-Praxis und ihre Bereitstellung für weitere Verwendungen (Abb. 19). Zu den weiteren Aufgaben gehören Benutzerbetreuung, Erkennen und Beseitigen jeder Art von Störungen des Produktionsbetriebs und Systemmonitoring.

Im Umfeld der Datenversorgung für die Verwaltung hat das Datenmanagement den Datenschutz und die Sicherheit der Daten zu übernehmen.

Für die Vermeidung des Datakratie-Effekts sind hier die Begriffe „Schutz" und „Sicherheit" von Daten getrennt zu betrachten. Ganz allgemein ist zu sagen, dass unter „Sicherheit" das Schützen der Informationen vor Verlust, vor Unbrauchbarwerden sowie vor Fehlinterpretation verstanden wird.

Es sind organisatorische Maßnahmen notwendig, um die Sicherheit zu gewährleisten. Der Angelpunkt aller weiteren Überlegungen ist auch hier die Frage der Verantwortung. Erst wenn allen Beteiligten klar ist, dass Informationen auch mit viel Verantwortung verbunden sind, kann man erreichen, dass mit den Informationen ihrem Wert entsprechend umgegangen wird [Weninger 2004].

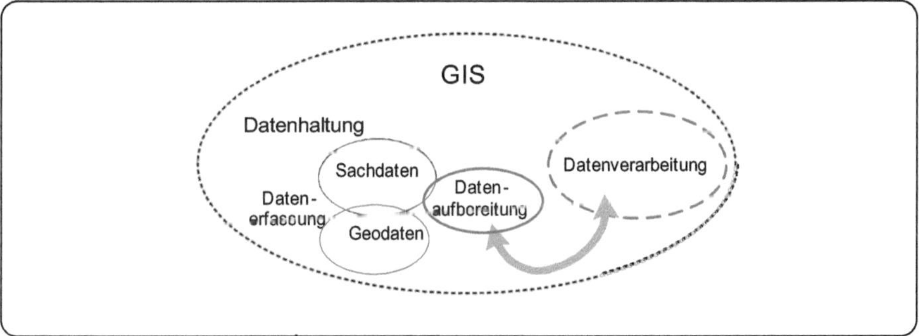

Abb. 19: Datenmanagement in GIS

[55] Das Informations- bzw. Datenmanagement als strategische Aufgabe im Rahmen einer GIS-Planung befasst sich vor allem mit den Erfassungs- und Gestaltungsmethoden für Geodaten, mit der Art und Weise ihrer Erfassung durch die Datenerfassungsinstitute, wie z. B. Vermessungs- und Statistikämter, Datenanbieter aus dem Privatsektor oder Datenbenutzer

3.2.3.3 Operative Ebene

Die operative Planung konkretisiert die strategischen Zielvorstellungen und setzt diese über den dispositiven Rahmenplan in die Tat um.

Bei der GIS-Implementation hat man sich bisher grundsätzlich mit dem Problem der Technik befasst [Haghwerdi 1997] und hat ein für die gesündere Entwicklung der Technologie notwendiges Kontraktmanagement mit anderen Planungsebenen vernachlässigt. Da Anteil der Hard und Software-Investitionen bei der GIS-Implementation ca. nur 10 bis 20 Prozent der gesamten GIS-Investitionen ausmachen, hatte eine Überbetonung des technischen Aspekts die Vernachlässigung von datenspezifischen Problemen, deren Lösung von strategischer Bedeutung ist, zur Konsequenz.

Planungsüberlegungen hat man in dieser Ebene zwar häufig vor dem Hintergrund konkreter Probleme und kurzfristiger Realisierungsmöglichkeiten getroffen, aber da man diese Technologie nie richtig eingesetzt und ihre Potenziale erschöpft hat, hat man sich ebenso mit latenter Problematik nie ausreichend auseinander setzen können.

Der Versuch einer Präzisierung und Operationalisierung der Abgrenzung geschieht ansonsten durch die Festlegung von Planungshorizonten – etwa langfristig (3 bis 5 und mehr Jahre) für die strategische Planung bzw. mittelfristig (1 bis 2 Jahre). Strategische Grundsatzentscheidungen können unmittelbar wirksam werden und alle anderen Planungsebenen zu einer sofortigen Neuorientierung zwingen. Für die dispositive Planung wird kurzfristige Zeit (1 Monat bis 1 Jahr) berechnet und für die operative Planung ist diese in ein paar Monaten zu setzen. Dass GIS-Projekte als operative Planung viele Jahre in Anspruch nehmen, ist ein Zeichen dafür, dass diese ohne die entsprechenden beiden Vorplanungsstufen realisiert werden und dafür die Voraussetzungen fehlen.

Zusammengefasst lässt sich hinsichtlich der GIS-Planungsebenen sagen: Während sich die strategische Planungsebene vorwiegend auf Gesamtziele der Verwaltung erstreckt, enthält eine dispositive Ebene der GIS-Planung die Angelegenheiten über die grundsätzlichen Ziele der Gestaltung und das Controlling der Planung über die Anwendungsfelder, Einsatzbereiche und Zwecksetzungen, sowie auch darüber, wie die Informations-Beschaffung, die Kommunikation und die Versorgung mit den benötigten Infrastrukturen für die Zukunft sichergestellt werden kann.

Die strategische Planungsebene hat betriebswirtschaftlich-organisatorische Aspekte und versucht Chancen und Probleme auszuloten und im Vergleich zu den anderen Planungsstufen in stärkerem Maße Entscheidungs- und Kompetenz-Träger aus mehreren Bereichen der Unternehmung in die Planung einzubeziehen. Operative Ebene der Planung findet in der Verwaltungspraxis statt und realisiert die Konzepte und Ziele der gesamten Planung.

Kontraktmanagement

Alle Planungsebenen sollen mit einander verzahnt werden. Strategische Planung wird, falls vorhanden, häufig isoliert von den anderen Planungsebenen durchgeführt und damit findet operative Planung ohne entsprechende Überlegungen und Controllingmechanismen statt. Auch werden die klassischen hierarchischen Controlling-Systeme nur stabsorientiert und inselartig eingesetzt, so dass in den gesamten Planungsprozessen keine organische Einbindung in die Verwaltung erfolgt. Autoren, die den Begriff „Strategisches Management" verwenden, wollen daher den Focus der Betrachtung insbesondere auf den vernetzten Prozess von Planung, Strategietransformation in Mitarbeiteraufgaben und Ziele sowie Strategierealisierung über Maßnahmen und Korrekturzündungen legen.[56] Mit dieser Nahtstelle zwischen strategischer und operativer Planung beschäftigt sich das Kontraktmanagement. Dabei soll nicht nur die strategische Entscheidung der Planung in politischer Ebene stattfinden, sondern es soll auch die politische Ebene aus der operativen Planung und dem täglichen Agieren Impulse für die strategische Planung erhalten. Nur so kann dem Fehler mangelnder Verzahnung zwischen Strategiebeschluss und operativer Realisierung vorgebeugt werden.

Es sollen also einerseits mit der Strategieentwicklung für GIS-Planung auch Programme verabschiedet werden, damit die Strategie tatsächlich realisiert wird. Andererseits sollen die „operativen" Mitarbeiter in der Strategieentwicklung herangezogen werden. In dieser Weise kann die Motivation der Mitarbeiter gefördert und ihre Erfahrung und Detailwissen für eine realitätskonforme Strategie eingebracht werden.

3.2.3.4 Spektrum der Fragekategorien bei der GIS-Planung

Planungsobjekte lassen sich unter zahlreichen Kriterien betrachten, von denen viele erst bei detaillierter Kenntnis des Gegenstandsbereiches auswählbar sind. Grundsätzlich lassen sich die in Betracht kommenden Kriterien anhand der „W-Fragen" aufzählen[57] [vgl. Höring 1990: 70ff.].

- Wer soll GIS planen und wer soll durch GIS unterstützt werden? (Akteur)
- Was kann als GIS eingeplant werden und was ist organisatorisch zu verändern? (Gegenstand)
- Wie viel? (Quantität)
- Wie? (Qualität)
- Wann? (Zeit)
- Wo? (Ort)
- Warum? (Nutzen)

Konkret bedeutet dies z. B. bezogen auf Datenfragestellungen:

- Wer entwickelt GIS als Informationsverarbeitendes System?
- Wer koordiniert die GIS-Partner?
- Wer definiert verbindlich die Datenmodelle?
- Wer kontrolliert die erfassten Datensätze?
- Wer verwaltet die Daten?
- Welche Stellen dürfen die Daten erfassen und diese öffentlich zur Verfügung stellen?
- Wer verwaltet die Daten systemunabhängig und wer führt die Daten fort?

---

[56] Von Manfred Grotheer. In: http://www.my-controlling.de/aufsaetze/strategisch-operativ/strop.htm Controller Magazin 3/95, S. 137

[57] Es gehört zu den schwierigsten Aufgaben des Planers, die geeignete Abstimmung der jeweils zu behandelnden Fragen zu finden.

Diese Fragen sind ein formales Kriterien-Gerüst, das je nach Sachverhalt differenziert werden muss. Dabei gilt es insbesondere zu beachten, dass die Fragen hinsichtlich der jeweiligen Planungsstufe angemessen sein müssen. Beispielsweise dürfen technischen Detailfragen wie Zugriffszeit des GIS auf Datenbestände bzw. Transaktionsraten keine strategische Bedeutung bei der GIS-Einführung eingeräumt und als Entscheidungsmerkmal bei der Systemauswahl mit Vorrang behandelt werden.[58] Sinnvolles Kriterium wäre hier dagegen die Offenheit des Systems gegenüber den auf dem Markt existierenden Daten und Interoperabilität mit anderen IS.

3.2.3.5 Vorgehensweise bei der Entwicklung der Fragestellungen

Die Planung sucht nach einer strategischen und operativen, dispositiven Soll-Vorstellung aller veränderbaren Objektbereiche. Diese Suche kann entweder von grundsätzlichen Konzepten und Modellen oder von der Erkenntnis über akute Schwachstellen geleitet werden. Hierzu sind Konzepte notwendig, die als Modelle und Denkschemata für den Entwurf von Plan-Alternativen geeignet sind [Höring 1990: 74].

Im Rahmen eines formalen Kriterien-Gerüsts wird hier der in fünf Objektelemente untergliederte Objektbereich der GIS-Planung zusammen mit anderen Objekten der GIS-Planung in Form einer multivariaten Kreuztabelle beschrieben, wodurch in der strategischen Planungsstufe Ziel- und Aktionsräume festzulegen sind und in der dispositiven und operativen Planungsstufe konkrete Handlungsanweisungen entstehen müssen (Abb. 20).

Diese voneinander unabhängigen Objekte (Gegenstand der Planung und zwei Planungsstufen „Strategische" und „Dispositive, Operative") werden nun über W-Fragen mit einander in Korrelation gesetzt. Explorativ wird nach den im Rahmen einer GIS-Planung notwendigen Elementen gesucht und die gefundenen Sachverhalte in Richtung der operativen Planung immer weiter konkretisiert, damit ihre Umsetzung nicht interpretationsabhängig bleibt und für die Realisierung die entsprechenden Verantwortlichen findet.

Es ergeben sich somit also zumindest zehn Planungsfelder, zu denen Aussagen getroffen werden können. Jedes Planungsfeld kann unter sieben grundsätzlichen W-Fragestellungen beleuchtet werden, wobei wiederum im Einzelfall die Notwendigkeit zur Differenzierung festgestellt werden muss. So kann man also mit anderen Worten bezüglich aller Objektbereiche die Beeinflussbarkeit prüfen und die zu bewältigenden Planungsprobleme finden und definieren.

Abbildung 20 kann hierfür als Grundmuster und Prüfliste dienen. Die einzelnen Felder sind im Einzelfall zu hinterfragen und ggf. mit Inhalten zu belegen, die die Planungsaufgaben beschreiben. Die W-Fragen können hier beispielsweise wie folgt formuliert werden:

[58] Dieser Aspekt wurde in letzter Zeit von führenden GIS-Anbietern zu Marketingzwecken ausgenutzt, indem z. B. zwei GIS-Anbieter das jeweils eigene System als „schneller" als den Konkurrenten propagierten [BG 2003b: 20/21].

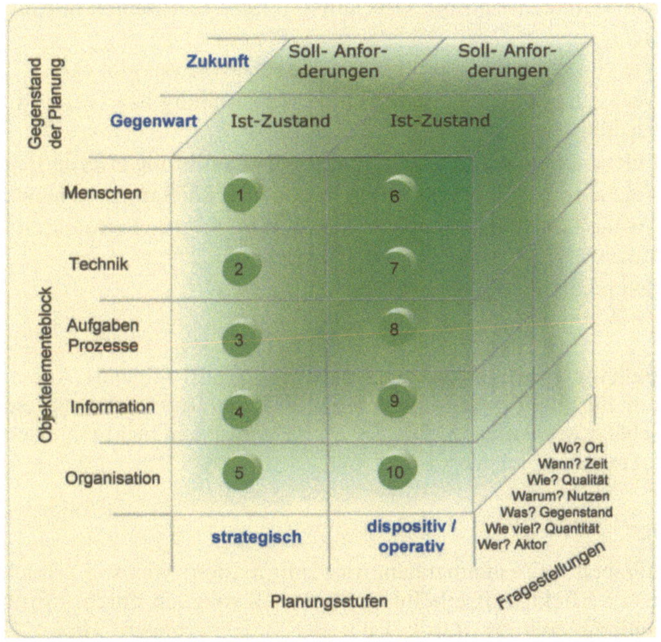

Abb. 20: Dimension der GIS-Planung[59]

3 und 8	Was soll gemacht werden?
5 und 10	Wie will man die Lösung in Angriff nehmen?
5 und 10	Welchen Aufwand wird es verursachen?
5 und 10	Wie lange wird es dauern?
3 und 8	Wo liegt der Bedarf für den GIS-Einsatz in Verwaltung?
3 und 8	Wie lauten die wichtigsten Anwendungsfelder für GIS in Kommunen?
3 und 8	Welche kommunalen Aufgaben können Ihrer Meinung nach durch GIS unterstützt werden (Gemeinden, Landkreise, Städte)?
5 und 10	Was hindert kleinere Gemeinden und Zweckverbände häufig daran, GIS einzusetzen?
3 und 8	Welche Leistungen sind für den Kunden zu erbringen?
3 und 8	Welche Geschäftsprozesse sind erforderlich?
3 und 8	Wie viele Varianten für einen Geschäftsprozess existieren?
3 und 8	Wie laufen die Geschäftsprozesse ab?
5 und 10	Zu welchen Kosten können die Leistungen erbracht werden?

[59] Neu entworfen und erweitert in Anlehnung an [Höring 1990: 74ff.].

3 und 8 Wie verhalten sich die Geschäftsprozesse in Hinblick auf die gesetzten Ziele?
3 und 8 Wie viele Abteilungswechsel und Medienwechsel gibt es?
1 und 6 Wer ist für welche Geschäftsprozesse zuständig bzw. verantwortlich und wer führt sie aus?
1 und 6 Welche Qualifikationen sind für die Durchführung erforderlich?
4 und 9 Welche Informationen werden für die Geschäftsprozesse benötigt?
3 und 8 Welche Geschäftsprozesse lassen sich in welcher Form durch GIS unterstützen?
5 und 10 Und nicht zuletzt, wie wird es weitergehen?
etc …

Durch Behandlung derartiger Fragen ergeben sich z. B. folgende Aussagen, deren Bedeutsamkeit für GIS-Planung hinsichtlich der operativen oder strategischen Aspekte eingeschätzt werden kann (Die u. g. Aussagen stehen nicht in gezielter Verbindung zu o. g. Fragebeispielen).

Zum Beispiel:

3 und 9 (Aufgaben in Zusammenhang mit Information) Was soll erreicht werden? strategisch (St.): Effektivitätserhöhung: Hier z. B. möglich durch informierte Entscheidungsfindung operativ (Op.): Effizienz-Verbesserungen: Hier z. B. möglich durch Minimierung des Arbeitsaufwands.

St. – bessere Transparenz
St. – höhere Auskunftsfähigkeit gegenüber Kunden
St. – Reduzierung der nichtwertschöpfenden Funktionen
Op. – bessere Terminabstimmung
Op. – Reduzierung des Personalaufwandes
St. – kurze Regelkreise
St. – höhere Verfügbarkeit umfassender Informationen
St. – kürzere Entscheidungswege
St. – Vorverlagerung und Limitierung von Verantwortlichkeiten
Op. – Reduzierung z. B. bezüglich der Daten
St. – Nutzung einer einheitlichen Datenbasis für alle Prozessbeteiligten und Anwendungen
Op. – aktuelle/schnelle Verfügbarkeit aller relevanten Daten
St. – Plausibilitätsprüfungen bzgl. der vollständigen Abwicklung aller notwendigen Aktivitäten
Op. – Ermittlung von statistischen Kennzahlen zum Vorgang (Liegezeiten, Bearbeitungszeiten)
Op. – höherer Anteil automatisierbarer Funktionen
St. – automatische Kontrollfunktionen

Op. – Verringerung der manuell zu führenden Belege
St. – Daten und Informationsaustausch
etc …

Im technischen Gesamtkonzept werden die aus Ist- und Soll-Konzept gewonnenen Informationen auf die Technik umgelegt. Diese und zukunftsorientierte Bedarfsüberlegungen bestimmen die Kriterien der Systemauswahl. Dabei sollen beispielsweise folgende operative Fragestellungen geklärt werden:

- Wie flexibel reagiert der Systemanbieter auf Anfragen und kurzfristige Änderungen?
- Wie kompetent ist der Systemanbieter bei der Beantwortung technischer und fachlicher Fragen?
- Wie teuer sind die Kosten für Installation, Umstellung, Betrieb, Wartung und Schulung?
- Wie skalierbar ist das System? Wenn man mittel- bis langfristige Aspekte wie Skalierbarkeit und Möglichkeiten zur Umsetzung innovativer Zukunftsszenarien vernachlässigt, kann dies langfristig negative Auswirkungen auf den Erfolg der Folgeprojekte haben. Im schlimmsten Fall muss man das komplette System, für das man sich mittelfristig entschieden hatte, vollständig ablösen, da es in eine technologische Sackgasse führt [TLC 2000: 30ff.].
- Wie sieht es mit der Performance aus?
- Wie sicher ist das kommunizierende System (Sicherheitsvorgaben)?
- Wie leicht lässt sich das GIS in die bestehende IT-Landschaft integrieren?
- Wie viele der Standardkomponenten des Systems können für die laufenden Arbeitsprozesse verwendet werden? Welcher Teil der Applikationen ist mit Hilfe von Standardkomponenten realisierbar und wie viele sollen zusätzlich entwickelt werden?
- Mit welchem Aufwand kann der Rest an die Aufgabenvielfalt angepasst werden?
- Wie sieht es mit der Verteilung der Daten (Datenmodell) mit charakteristischen Merkmalen, Gültigkeitsbereichen, Wechselwirkungen, Lebensdauer aus?
- Wie transparent ist Code-Review entwickelt worden? (Ist der Code klar und lesbar kommentiert und gut strukturiert worden?)
- Wie belastbar ist das System eigentlich? (Bis zu welcher Last bleibt das System stabil?)
- Wie verhält sich die Response Time des Systems bei steigender Last?
- Wie sieht es mit der Verarbeitungskapazität aus?
- Wie oft und schnell sind Transaktionsraten und Antwortzeiten?
- Wie hoch ist die Speicherkapazität, Mengengerüste (also benötigte und erwartete Speicherkapazität) für Informationen?

3.2.3.6 Dezentralisierung als strategische Entscheidung

Dezentralisierung wird heute als notwendige Bedingung einer leistungsfähigen und entwicklungsorientierten öffentlichen Verwaltung in einem demokratischen Rechtsstaat betrachtet:[60] Die Loslösung von zentralistischen Organisationsmodellen hin zu

[60] Jörn Altmann, Dezentralisierung, Demokratie und Verwaltung, Zu hohe Erwartungen an einen langfristigen Prozess, http://www.dse.de/zeitschr/ez1000-4.htm

dezentralen vernetzten Einheiten, Einbindung der Beschäftigten in kommunikative und partizipative Arbeitsstrukturen, verbunden mit dem Abbau von Hierarchien, Umstellung der Verwaltung von der Misstrauens- zu einer Vertrauensorganisation.

Dezentralisierung soll Leistungserstellung in der Verwaltung fördern. Das Betriebsmittel dieser Leistung ist neue Informationstechnologie. Diese soll zentrale oder verteilte Ressourcen der Verwaltung für eine aufwandfreie sachliche Entscheidung auf den Schreibtisch der Sachbearbeiter bringen.

In der NSM-Bewegung besteht Konsens darin, dass die Grundvoraussetzung für eine bessere Ressourcensteuerung im öffentlichen Sektor die Schaffung organisatorisch abgrenzbarer Einheiten im Sinne von Verantwortungszentren ist (dezentrale Ressourcenverantwortung). Bei der Dezentralisierung unter NSM handelt es sich also nicht bloß um ein alternatives Verwaltungskonzept, sondern um einen sehr politischen strategischen Prozess der Veränderung des politischen Systems und seine Demokratisierung.[61]

3.2.3.6.1 Disziplinabhängige Bedeutung der Dezentralisierung

Dezentralisierung kann in zwei Ebenen betrachtet werden: die Re-Integration von dispositiven und administrativen einerseits sowie ausführenden und Reingeneering der Tätigkeiten im Sinne informationstechnischer Infrastruktur andererseits.

Der Begriff von Dezentralisierung wird nach Sprachgebrauch der Informatik und Verwaltung unterschiedlich wahrgenommen [vgl. Dollenbacher 1995: 361ff.]:

Informationstechnische Dezentralisierung wird als Zentrale Datenhaltung[62] und dezentrales und föderales Handeln verstanden. Bei der zentralen Datenhaltung (siehe Abb. 21)[63] und dezentralen Datenverarbeitung werden Schnittstellen zur Verfügung gestellt, mit denen eine verteilte Datenverarbeitung realisiert werden kann. Logisch zusammengehörige Teilaufgaben werden dabei auf mehrere Computer verteilt, die über ein Netz miteinander kommunizieren. Dies führt zu einer Dezentralisierung betrieblicher Aufgaben, die an ihrem Entstehungsort unmittelbar und besser gelöst werden können, ohne dass eine zentrale Verarbeitung erforderlich wäre [SAP 2005]. Das System kann Daten, die an unterschiedlichen Orten gespeichert sind, ggf. auch anderen Rechnern zur Verfügung stellen.

[61] Jörn Altmann, http://www.dse.de/zeitschr/ez1000-4.htm

[62] Zentralisierung oder Verteilung von Systemkomponenten und Daten schließen sich nicht notwendigerweise gegenseitig aus. Keines von beiden kann als der vorherrschende Trend bezeichnet werden. Durch Web-Technologie ist der Anwender in der Lage, von seinem Arbeitsplatz auf verschiedene Datenbanken oder Informationen in unterschiedlichen Orten zuzugreifen. Demzufolge werden Unternehmen sinnvoller Weise sowohl zentral verwaltete als auch dezentrale Server in den Geschäftsbereichen haben [Thomas 1998: 17ff.].

[63] Produktionswirtschaft 2000: http://www.produktionswirtschaft.de/ein6.htm, Informationsrevolution und Industrielle Produktion

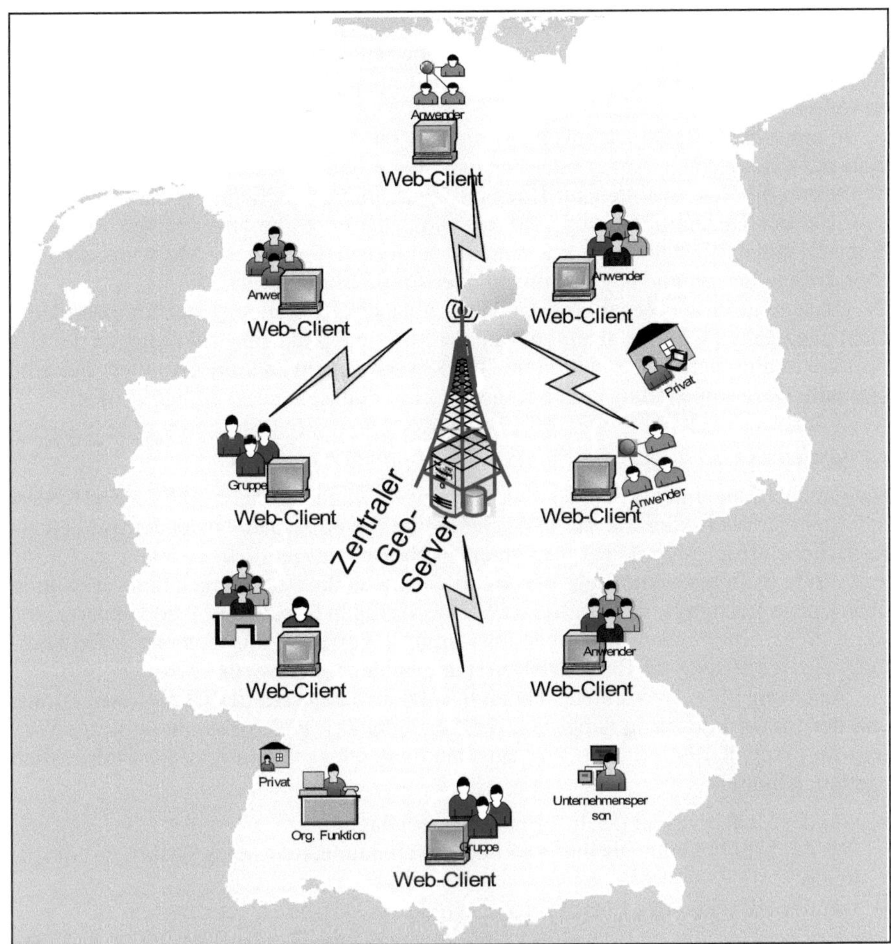

Abb. 21: Zentrale Datenhaltung für eine vernetzte Verwaltung

3.2.3.6.2 Voraussetzungen für einen dezentralen Verwaltungsvollzug

Konzeption und Realisierung der Dezentralisierung

Dezentralisierung ist eine Führungsaufgabe und soll in einem ganzheitlichen Umfeld stattfinden. Eine halbherzige Dezentralisierung kommunaler Datenverarbeitung kann zu weiterem Aufwand, Mehrarbeit führen.

Die Verselbstständigung einzelner Aufgabenträger unter einer dezentralisierten Arbeitsweise kann zu mehr Intransparenz bei komplexeren Problemlagen führen, deren Bewältigung die Kooperation mehrerer Einheiten voraussetzt [Brinckmann und

Wind, 1999: 19]. Für die Leistungseinheiten wird es daher notwendig sein, sich für bestimmte Problemlagen flexibel zu koordinieren, also ein jeweils fallspezifisches Netzwerk aufzubauen und dem Klienten als Problemlösungsverfahren zur Verfügung zu stellen.

In einer dezentralen Datenverarbeitung ist die Wahrnehmung eines breiten, vormals auf verschiedene Ämter oder Personen verteilten Aufgabenspektrums nur möglich, wenn die Beschäftigten auf Datenbestände unterschiedlicher Art zugreifen können. Bei der Dezentralisierung sind allerdings oft noch die angestrebten Ziele und längerfristigen Einstellungen nur selten operational formuliert. Meist drücken sie eher diffuse Erwartungen, Hoffnungen oder Empfehlungen aus.

Diese sind in der Regel anspruchsvoll, aber die Realisierung der Visionen kann nicht ganz ohne Probleme ablaufen, weil die Soll- und praktischen Wirkungen der Dezentralisierung nicht klar definiert und die Konsequenzen kalkuliert wurden. Für eine optimale Dezentralisierung sollen folgende zwei Punkte berücksichtigt werden:[64]

Vorhandensein benötigter Informationsquellen und Datenbanken

Die ganzheitliche Integration der Aufgaben im Rahmen der Dezentralisierung fordert unternehmensweit koordinierte IT-Systeme, um die einzelnen Anwender mit den erforderlichen Informationen zu versorgen. Technisch ausgedrückt bedeutet dies: Eine dezentrale Systemstruktur liegt vor, wenn einerseits die Abteilungen der Verwaltung über eigene Leistungs- und Leitungssysteme verfügen (Netzwerke), und andererseits wenn diese Abteilungen über Leistungs- und Steuerflüsse mit einander offen kommunizieren können (auf Basis der Daten und Fakten) [Bierwirth 1998].

Steuerung als zielgerichtetes Handeln setzt also das erforderliche Wissen voraus und der Steuerungserfolg hängt von der Verfügbarkeit und Anwendung dieses Wissens ab [Trutzel 1999b: 50f.]. Wie entscheidungsrelevant Informationen tatsächlich werden, hängt ab:

- von der Verfügbarkeit der Informationsgrundlagen,
- von der Möglichkeit, aus ihnen ad hoc entscheidungsrelevantes Wissen zu „destillieren",
- von der Fähigkeit des Entscheiders, sich dieses Wissen zu verschaffen.

Für eine dezentrale Steuerung schaffen nicht die unterschiedlichen fachspezifischen operativen Verfahren, sondern die projektübergreifende, standardisierte Custodialdatenhaltung z. B. in Data-Warehäusern diese Voraussetzungen.

Entwicklung von konkreten Rahmenregeln für dezentrale Kommunikation und notwendige Ergebnisverantwortung

Dezentralisierung hat zwar die Anforderung zu Schnelligkeit und Flexibilität bei der Entscheidungsfindung, es kann jedoch die Dezentrale Ressourcen- und Ergebnisverantwortung nicht im rechts- und regelfreien Raum stattfinden. Da die Entscheidung

---

[64] Jörn Altmann, Dezentralisierung, Demokratie und Verwaltung, Zu hohe Erwartungen an einen langfristigen Prozess, http://www.dse.de/zeitschr/ez1000-4.htm

zwischen zentraler Steuerung und dezentraler Verantwortung aufgrund der unterschiedlichen Steuerungsinteressen von Verwaltungsführung und Fach-/Servicebereichen in vielen Fällen konfliktbeladen ist, sollen dazu unter Beteiligung aller Interessengruppen Rahmenregeln entwickelt werden.

Um die angestrebte Ergebnisverantwortung und Flexibilität der Fach-/Servicebereiche nicht zu behindern, müssen sich jedoch die Rahmenregeln auf das notwendige Minimum beschränken, ergebnis- und wirkungsorientiert sein und für die Fach-/Servicebereiche Gestaltungsfreiräume erhalten [Vollhardt Hans 2001: 2].

Dezentrale Ressourcen- und Ergebnisverantwortung funktioniert nur dann, wenn sich niemand in den Verantwortungsbereich der agency (Beauftragter) einmischt. Die Verlagerung operativer Entscheidung in verselbstständigte Verantwortungszentren muss konsequent eingehalten werden. Die strikte Trennung von Politik und öffentlicher Dienstleistung steht somit in einem engen Zusammenhang mit der Bildung von Verantwortungs- und Ergebniszentren. Nur so können die Dezentralisierungsprozesse aktiv durch Einsatz der neuen Informationstechnologie den neuen Strukturen angepasst und gesteuert werden.

3.2.3.7 Strategische Bedeutung der integrierten Vorgangsbearbeitung IVB

Wettbewerbsdruck gegenüber dem Privatsektor zusammen mit der Eröffnung der neuen technischen Möglichkeiten treiben seit der zweiten Hälfte der 90er-Jahre die Verwaltungen in einen grundlegenden Erneuerungsprozess [Biagosch et al. 2001: 49f.].

Sie wollen die Chance, durch neue Informationstechnologie ihre Wertschöpfungspotenziale neu zu definieren. Zum Gedankengut gehört dabei die Einführung der IVB in der Verwaltungslandschaft. Bei IVB-Konzept in der Verwaltung geht es allgemein darum, die Dienstleistung an Bürgern/Kunden zu verbessern. Die Bedienung eines Kunden soll damit nicht von mehreren Sachbearbeitern nacheinander, sondern möglichst nur von einer Person erledigt werden (siehe Abb. 22, S. 106).

Diese muss die verschiedenen Arbeitsprozesse beherrschen und zu der Erledigung dieser Aufgaben benötigte Daten vom eigenen Arbeitsplatz aus erreichen können. Man spricht in diesem Zusammenhang von „Reintegration der Arbeitsabläufe“ [Höring 1990: 87].

Im Rahmen des IVB-Modells soll durch Zentrale Datenhaltung z.B. für die Beteiligten der Baugenehmigungsverfahren in der Verwaltung die Möglichkeit gegeben werden, einen Bauantrag soweit wie möglich von wenigen Sachbearbeitern erledigen zu lassen, in dem die vorhandenen Softwareinseln miteinander verbunden werden und die Daten der Datenbanken aus unterschiedlichen Disziplinen sowohl innerhalb als auch außerhalb der Verwaltungsabteilungen in einer offenen Plattform ohne Zeit- und Ortsgebundenheiten für den Sachbearbeiter verfügbar gemacht werden. In dieser Weise soll die nach Bürokratiemodell entstandene Zersplitterung der Arbeitsprozesse auf Basis der neuen Informationstechnologie wieder zusammengefügt werden.

Diese Reorganisation im Sinne IVB ist ohne flexible informationstechnische Möglichkeiten undenkbar, weil die entstandenen Massendaten und die Informationsversorgung verbesserte Kommunikationsprozesse benötigen. Basierend auf Intra-

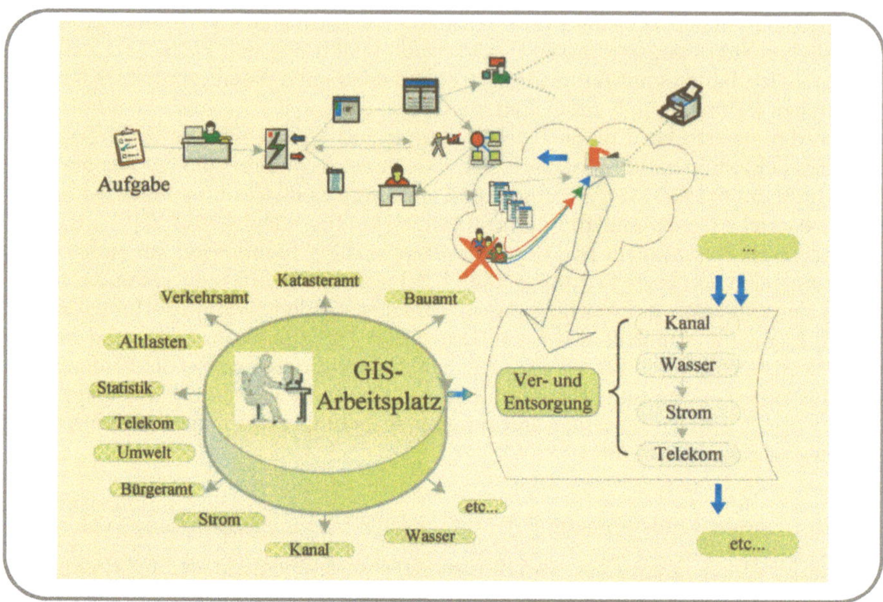

Abb. 22: GIS-zentrierte IVB für die Verwaltungsarbeit

und Internet lassen sich immer mehr Arbeitsprozesse verzahnen. Diese Verzahnung, die in verschiedenen Ebenen möglich ist, kann auch eine beliebige Anzahl von Institutionen mit einander vernetzen.

Das Problem ist nun hinsichtlich der Vernetzung jedoch weniger die technische Verzahnbarkeit der Arbeitsprozesse, sondern vielmehr Durchführung eines verwaltungsinternen Change-Managements einerseits, was in der Praxis eine große Herausforderung darstellt [Liikanen 2003], und Errichtung einer kompetenten bundesweiten Geodatenzentrale andererseits. Für eine funktionierende IVB ist übrigens eine intensive Unterstützung durch die Politik und eine enge Zusammenarbeit aller im Netzwerk verbundenen Institutionen von entscheidender Bedeutung, wenn diese von einer grenzenlosen Nutzung von GIS-Technologie profitieren wollen.

Vernetzung in Form der IVB für Optimierung der Arbeitsprozesse

Bei IVB als Grundlage einer integrativen Informationsplattform innerhalb der Verwaltungsarbeit handelt es sich konkret um sowohl die konsequente Optimierung aller vorhandenen Glieder in der Wertschöpfungskette als auch um ihre effizientere Verknüpfung durch die neuen Kettenglieder und Ketten innerhalb einer Netzorganisation. So ist es möglich, durch GIS-Einsatz in Form der IVB die „Abteilungs- und Ämtergrenzen" zu überschreiten und in noch größeren Ebenen Querschnittplanungen durchzuführen. Die IVB-gestützte Integration von GIS-Komponenten bringt folgende Vorteile für die Verwaltungsarbeit mit:

- Optimierung des Datenflusses: IVB verbindet alle IS und beteiligte Datenbanken zu der freien verwaltungsweiten Datenaustauschbarkeit. Heterogene IT-Ausstattungen werden dabei soweit wie möglich durch entsprechende Schnittstellen oder Middleware miteinander verknüpft. Data-Warehouse-Konzepte extrahieren aus heterogenen Quellen gewünschte Daten und stellen diese den Benutzern zur Verfügung. Damit ist die Aktualität der Basisdaten aller Beteiligten gewährleistet.
- Ganzheitliche Sachbearbeitung: Über die Integration der Teilschritte eines Vorgangs hinaus werden ganze Prozesse durch IT verkettet.[65]
- Parallelisierung der Arbeitsabläufe: Unproduktive Arbeitsschritte werden eliminiert und geeignete Teilschritte werden automatisiert. Der Notwendigkeit von Absprachen bei der Prozessverkettung steht der Vorteil der Integration bisher unkoordinierter Einzelaktivitäten gegenüber.
- Beschleunigung der Verwaltungsverfahren und Verringerung des Kommunikationsaufwandes: Durch die Optimierungsverfahren der Arbeitsprozesse zusammen mit Vorbereitung des Zugangs an benötigte Daten kann Datenfluss und damit die aufwandfreie Kommunikation sichergestellt werden [Hermann 1996].

Kommunikationsdimension der Verwaltungsarbeit von einer ämterübergreifenden IVB (IVB in Mikroebene durch Intranet) zu einer IVB in Mesoebene (Länderebene über Intranet/Internet) oder diese in einer mittelfristigen Planung in einer Makroebene für die Bundesverwaltung (durch Internet) zu erweitern, verlangt von Arbeitsprozess-Redesign bis zu der kulturtechnischen Bereitschaft nach einem strategischen Gesamtkonzept für das Vorhaben, damit alle drei Ebenen aufeinander abgestimmt werden (Abb. 23, S. 108). Diese Neugestaltung im Sinne der IVB muss sowohl die operativen Verfahren als auch die Entscheidungsfindung einschließen und diese mit Information versorgen. Die Voraussetzung dazu ist vor allem Vollzug von einem Arbeitsprozess-Redesign innerhalb der gesamten Verwaltung.

Es gibt zahlreiche Beispiele, die zeigen, dass es mit den IVB-Lösungen, die in den letzten fünf Jahren praktiziert wurden, möglich ist, diesmal nicht mehr die Bürger von einem Amt zum anderen, sondern die Daten zum Laufen zu bringen [Pulusani et al. 2003].

Das Kölner Strategische Informationssystem (SIS) stellt hier ein bewährtes Beispiel dar. Damit wurde es möglich, aus den Daten des Kommunalen Einwohnerinformationssystems (KEWIS) ein zuverlässiges und aussagekräftiges Bild über die Einwohnerstruktur der 85 Kölner Stadtteile zu erhalten oder stadtteilbezogene Daten des Einwohnermeldeamtes mit denen anderer Ämter (z. B. Kfz-Stelle oder Sozialamt) zu Planungszwecken miteinander zu verknüpfen.

---

[65] Ruckriegel und Garstka machten auf die Unterschiede einer solchen Integration verfahrensnotwendiger Arbeitsschritte zu frühen Integrationsvorstellungen aufmerksam, die auf das beliebige Zusammenziehen personenbezogener Daten mittels eines Identifikationsmerkmals gerichtet waren.

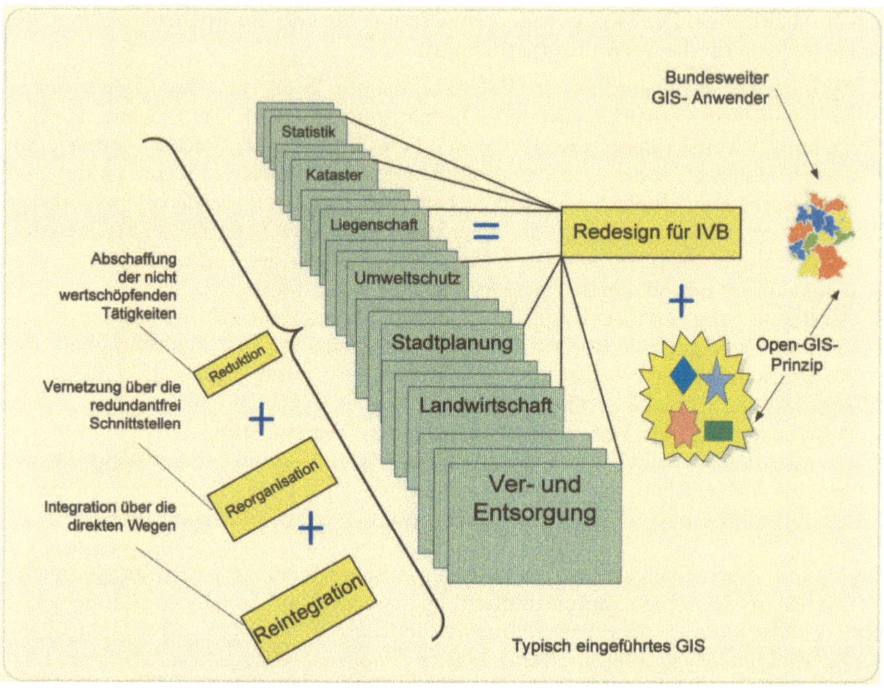

Abb. 23: Arbeitsprozess-Redesign für die Ämter in einem IVB-Verbund durch GIS-Einsatz

IVB als Methode für die dezentrale Fortführung der GIS-Daten

Reine technische Vernetzung von IS bzw. Arbeitsplätzen in der Verwaltung reicht nicht aus, um im Umfeld einer IVB arbeiten zu können, was bei bisherigem informationstechnischem Einsatz grundsätzlich der Fall ist. Es sollen auch entsprechende Datenbestände zur Verfügung stehen.

Eine vielversprechende Entwicklung zur Verbesserung von Datenerzeugung, -aufbereitung und -Zugriff stellt das Konzept des Data Warehouse[66] in Verbindung mit IVB dar. Damit können durch systematisches Durchforsten der Datenbestände die bislang nicht erkannten Sachzusammenhänge herauskristallisiert werden.

Die Planungs- und Entscheidungssicherheit eines automationsgestützten kommunalen Bauleitplan- oder Baugenehmigungsverfahrens ist nur durch die höchst-

[66] Kernelement eines Data Warehouse ist eine eigenständige Datenbasis, die umfangreiche Datenbestände aus verschiedenen Fachsystemen, aber auch Daten aus externen Quellen zusammenführt und für Auswertungszwecke bereithält. Data Warehouse enthält Clearing- bzw. Filterungsmechanismen, welche die eingehenden Bestände auf form- und sachliche Fehler überprüfen, um diese bedarfsgemäß zu den unterschiedlichen Anwendungszwecken zur Verfügung zu stellen.

mögliche aufgaben- und ablauforganisatorische Integration der Katasterverwaltung in die Kommunalverwaltung zu erreichen. Um die aktualisierten Daten dieser beiden Ämter, die für GIS Betriebsmittel bedeuten, zusammenzubekommen, ist Workflow-gestützte IVB die schnellere, sichere und wirtschaftlichere Netzstruktur.

Workflow als Instrument der IVB

Die Verwendung von Workflow-Management-Systemen in Unternehmen wird von Fachleuten unterschiedlich bewertet. Einige sprechen von der Einführung der Fließbandarbeit im Verwaltungsbereich, andere von einer intelligenten Rohrpost. Also gilt Workflow methodisch betrachtet als Ader der IVB-Lösungen, die ein prozessunterstützendes Netz der beschleunigten Erledigung und des Durchlaufs solcher Vorgänge und deren Bearbeitung über mehrere Stationen beinhaltet. Bei der Nutzung von IVB-unterstützenden Systemen wie Workflow ist die Vorgehensweise so, dass der elektronische Posteingang die elektronische Weiterleitung, Bearbeitung, Verschickung und Archivierung eines Vorgangs automatisch vom System übernehmen lässt. Auf diese Weise verschwinden unproduktive Medienbrüche [Achterberg 2000: 22]. Workflow wird sogar als Schnittstelle für die externe Verknüpfung der installierten Insellösungen verwendet.

Controlling als strategische Aktion

Informationsverarbeitung ist komplex und lebendig. Lebendige Systeme haben lebendige Zielstrukturen. Es ist deswegen notwendig, immer wieder die ursprünglich definierten Ziele zu betrachten. Und nachzufragen, ob und wie weit diese Ziele erreicht wurden. Ziel des Controllings ist es daher, die Abläufe und Darstellung der wesentlichen Probleme einer zeitgemäßen und leistungsorientierten Verwaltung für die Entscheidungsorgane bereit zu stellen.

Im Kontext der Verwaltungsmodernisierung lässt sich jedoch eine starke Zersplitterung der Controllingansätze feststellen. „Strategisches Controlling beschränkt sich – im Gegensatz zum operativen Controlling – nicht allein auf die Ausschöpfung eines gegebenen Handlungsrahmens, sondern will dessen Entwicklung antizipieren und mitgestalten“ [Kopatz 2006: 119]. Das operative Controlling entspricht eher einer institutionalisierten Effizienzkontrolle (Soll-Ist-Vergleiche).

Datenspezifisches Controlling im Sinne Datenmanagement bedeutet z. B. Qualitätsmanagement und das bedeutet wiederum die Abweichungen, die Qualität beeinträchtigen können, rechtzeitig zu vermeiden. Nur wenn aus diesem Qualitätsmanagement ein Total-Quality-Management wird, ist die Basis gelegt worden, durch GIS-Einsatz Mehrwert zu generieren. Controlling unterstützt die Führung bei der Planung und Steuerung, damit z. B. für die frühzeitige Erkennung der Probleme der Verwaltung Zahlen zur Verfügung gestellt werden können,[67] da eine professionelle Steuerung ein tief gegliedertes und fein differenziertes Kennzahlensystem voraussetzt. Das

---

[67] http://www.unternehmerinfo.de/Gruendung/Allgemein/Existenzgruendung_Controlling.htm Januar 2007

grundlegende Kennzahlensystem (Berichtswesen) ist jedoch zu erweitern um jene Kennzahlen, die Politik, Verwaltungsführung und Fachbereichsleitung über die routinemäßig für Steuerungsentscheidungen zur Verfügung stehenden Informationen hinaus benötigen [Kassner 1999: 41f.]. Dafür muss dem Controller von der Verwaltungs- bzw. politischen Führung volle Unterstützung zugesichert werden, da er in der Regel nicht über Weisungsbefugnis verfügt.

Ich definiere das neue Controlling heute als Richtungs- und Orientierungszeiger für die Entscheidungsfindung, das sich durch neue IT-Möglichkeiten in Massenanwendungsfeldern am Anfang seiner Geburtsphase befindet. Seine Hauptaufgabe ist die Koordination von Planung und Steuerung durch Bereitstellung von Entscheidungsgrundlagen für die Führung. Controlling hat die Aufgabe, für die Unternehmenssteuerung die benötigten Daten zu beschaffen und mit ihrer Auswertung für Transparenz im Verantwortungsbereich der Führungskraft zu sorgen. Durch neue GIS-Technologie wird erst für eine konstruktive Controllingmöglichkeit Sorge getragen. Man kann hier in diesem Zusammenhang von einer Renaissance des Controllings sprechen.

In der Diskussion um das neue Steuerungsmodell nimmt das Controlling eine wichtige Rolle ein. Hintergrund der Einführung des Controllings in die Verwaltung ist einerseits das Bedürfnis, Kundenzufriedenheit messbar zu machen, andererseits Kosten- und Leistungsrechnung im Haushaltsplan entsprechend zu gestalten und z.B. nach Paragraph 7 Landeshaushaltsordnung die Grundsätze der Wirtschaftlichkeit und Sparsamkeit zu beachten [Prange et al. 1997]. Controlling der Eckdaten aus Ergebnissen der Kosten- und Leistungsrechnung (KLR)[68] soll z.B. die Erfolgsrichtung bestimmen, in der der Grad der Wirtschaftlichkeit erhöht, Einsparungspotentiale ermittelt, als Grundlage bei der Erstellung von Zielvereinbarungen genutzt wird und als Basis für die Erstellung des Geschäftsberichts fungiert.

[68] http://de.wikipedia.org/wiki/Kosten-_und_Leistungsrechnung Februar 2007

Kapitel 4

4 Implikation

„Was“ sich als Beschränkung und Hindernisse für die Entfaltung der GIS-Potentiale identifizieren ließ, wurde in Kapitel 3 unter systemaren, methodischen, infologischen sowie datalogischen Problemen beschrieben und die Lösung des Problems, also „Wie“ durch eine Einführung der Vorgehensweise für die strategische GIS-Planung in ihren Schritten dargestellt.

Wie in Kapitel 3 ebenso ausführlich beschrieben, erkennt diese Arbeit für die GIS-Planung nicht nur eine operative Ebene, wie bisher in GIS-Einführungen durch Planer berücksichtigt wurde, sondern weitere zwei Ebenen, die aufgrund ihrer strategischen und dispositiven Prägung als wichtige Aufgabe der Politik und Führungsebene zu bezeichnen sind und so überdacht konzipiert und sachgerecht praktiziert werden müssen. Entsprechend der unterschiedlichen Planungsebenen bekommt GIS-Planung so weitere Akteure wie Politik, Praxis und Forschung, anstatt diese wie bisher nur der Fachdisziplin (Geo-)Informatik zu überlassen.

Es wurde in den bisherigen Ausführungen zwar über die unterschiedliche Art von Problemen der GIS-Technologie im Sinne von Ursache und Wirkung weitgehend im Detail berichtet, aber diese nicht konkret zu den Betroffenen bzw. Opfern, welche bisher auch mehr als Täter dastehen, in Bezug gesetzt und die für diese Arbeit formulierte Grundhypothese nach „organisatorischer Vernachlässigung der GIS-Planung“ diskutiert.

Im folgenden Kapitel wird über die Handlungsweisen berichtet, die die gesündere Entwicklung der GIS-Technologie negativ beeinflusst haben, und über die Alternativstrategien gesprochen, die sie aus Barrieren befreien und für ihre Potenziale offenen Aktionsraum ermöglichen können.

Der Hauptgrund für die ernüchternden Resultate des zehnjährigen aktiven GIS-Einsatzes ist nach der vorliegenden Studie in der Praxis darin zu sehen, dass der organisatorische Aspekt der GIS-Planung, der zahlreiche strategische überdachte Planungen als Gegenstand trägt, in seiner Dimension mit der Planung im Sinne industrieller Prägung mit insularem Charakter[69] gleichgesetzt und im Rahmen eines bürokratischen Organisationsprozesses seitens der Politik zum Teil delegiert, zum Teil ignoriert und nur bruchstückhaft realisiert wird. Dieses Vorgehen reicht nicht aus, um die Komponenten dieser Technologie, die in der gesamten Gesellschaft ver-

---

[69] Eine Organisation mit Makro-Dimension mit ihren Akteuren aus dem breit gefächerten Umfeld wie z. B. aus der Politik, Verwaltung, Industrie und Forschung sowie Wirtschaft ist anders zu koordinieren, als dies für den Bau einer neuen Siedlung oder Produktion einer neuen Automarke vorausgesetzt ist. So findet im GIS-Umfeld in dieser Hinsicht nach wie vor eher eine Verallgemeinerung statt, obwohl die Sache ein Überlegungsmoment verdient. Dies führt zu strategisch schwerwiegenden Problemen, deren Behebung über die softwaretechnischen Mittel angestrebt wird.

streut liegen und oft eine bundesweite Koordination benötigen, zusammenzubringen. Insgesamt rückt aber die GIS-Planung immer mehr an den Bereich der Organisationsentwicklung heran und erst dadurch werden die Hindernisse des informationellen Einsatzes von GIS für die Anwender bewusster.

So laufen die entscheidenden und kostbaren Momente für die Lenkung der GIS-Entwicklung für sich allein weiter. Kaum Vorbereitung, Konzepte, kaum Organisation und Verantwortliche und damit keine strategische Lenkung dieser breit gefächerten und auseinander laufenden Entwicklungen. Sowohl die Entwicklung selbst („Was"), als auch ihre Art und Weise („Wie") und ihre Richtung („Wohin") wird grundsätzlich technokratisch durch nur fallspezifisch temporäre Lösungen bestimmt. GIS-Industrie operiert weitgehend unkoordiniert und GIS-Systemhäuser stehen in harter Konkurrenz zu einander, ohne dass kooperativ einer systematischen Lösung der vorhandenen Problematik wie fehlender Interoperabilität sowie Daten- und Informationsaustauschbarkeit nachgegangen wird. Die Systemhäuser versorgen aber die informationstechnische Infrastruktur der Gesellschaft und so werden ihre vor allem systemaren Probleme in der Praxis weitergegeben. Solange die organisatorische Dimension der GIS-Planung in ihrem Umfang nicht erkannt wird, wird diese Technologie für die Praxisbedürfnisse nicht bereitgestellt sein können.

4.1 Akteure der GIS-Planung und Probleme der GIS-Praxis im Überblick

Die einzelnen elementaren Bestandteile des optimalen GIS-Einsatzes wie Information, Aufgaben, Softwareindustrie und Forschung, Verwaltung[70] als Organisation und Politik[71] als Entscheidungsträger ziehen zwangsläufig Folgewirkungen auf andere nach sich, soweit nicht alle Elemente gemeinsam strategisch geplant, vorbereitet und zur operativen Planung zur Verfügung gestellt werden (siehe Abb. 24). Die Realisierung eines Zusammenspiels der 3D-Akteure[72] stellt für die Reproduktion der Information für die optimale Erledigung der Verwaltungsaufgaben eine neue Herausforderung dar. Dabei geht es im Vordergrund um die Konkretisierung folgender Fragestellungen:

[70] Unter dem Begriff der Verwaltung versteht man hier nicht nur Körperschaften des öffentlichen Rechts, d. h. Kommunen, die weder Gesetzgebung (Legislative) noch Rechtsprechung (Jurisdiktion) ausüben, sondern auch die Organisationseinheiten des Privatsektors, die unmittelbar zu der Praxis als operierende Organe fungieren.

[71] Eingeschlossen ist somit der gesamte öffentliche Sektor, bestehend aus Legislative, Exekutive Führung (siehe „Verwaltung") und Jurisdiktion sowie öffentlichen Unternehmen.

[72] Die Reihenfolge für die Beschreibung der Problematik und die Vorstellung des entsprechenden Zuständigkeitskreises für ihre Lösung in Kooperation mit anderen Akteuren wird aus „Verwaltung bzw. Praxis", „Informatik bzw. Forschung und Softwareindustrie" sowie „Politik" ausgewählt, da die Problemwahrnehmung und die entsprechenden Lösungsvorschläge seitens der Verwaltung geschehen müssen. Nur so können andere Akteure zielgerichtet einbezogen werden.

Was ist das Problem, wer ist davon betroffen und wessen Aufgabe wäre es, im Rahmen der GIS-Planung die bisher versäumte Aufgabe wahrzunehmen und diese in einem kooperativen Umfeld mit anderen Verantwortlichen ans Ziel zu führen?

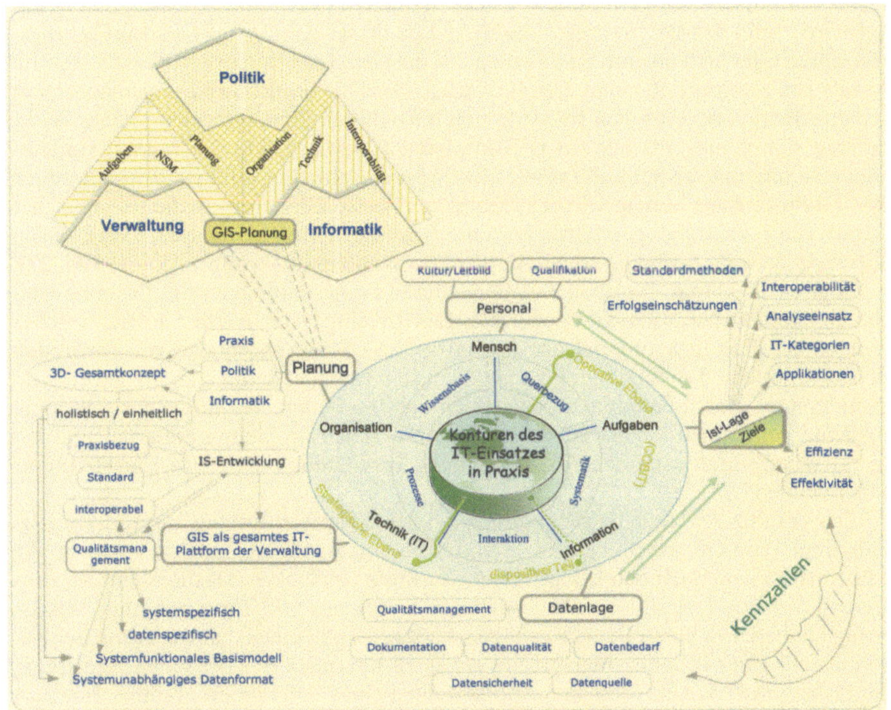

Abb. 24: Dimension der politischen GIS-Planung und ihre Netzwerk-Infrastruktur und Akteure (Politik, Verwaltung, Forschung und Softwareindustrie)

An einen sachgerechten GIS-Einsatz werden hier von mindestens drei verschiedenen Seiten Anforderungen gestellt [GLOBUS-IS 1999]: Von Fachleuten in den Ämtern, die Sach- und Fachentscheidungen für den öffentlichen Raum treffen und die konkret planen müssen, und von Forschung und Softwareindustrie, die durch Neu- bzw. Weiterentwicklung der Technik und Durchführung der Reenginierungsmaßnahmen das Betriebsmittel liefern müssen, sowie von Politikern, die regionale Entwicklungen beherrschen und zukünftige Entwicklungen aufzeigen müssen. Ein kommunales GIS anzubieten heißt somit nicht nur, GIS-Basissoftware und GIS-Fachkomponenten (Datenmodelle) in Kommunen zu platzieren, sondern auch deren Einsatz zu begleiten, deren Anpassung an die klassischen und neuen Anforderungen zu ermöglichen und dazu die benötigten Komponenten bereitzustellen.

4.1.1 Verwaltung (Probleme und Ursachen)

4.1.1.1 Probleme der Praxis bei der Bedarfsermittlung

Trotz vorhandenen Bewusstseins über die strategische Bedeutung einer informationsgestützten Entscheidungsfindung – was auch durch diese Studie grundsätzlich bestätigt wird – und des Bewusstseins darüber, dass dieser Aspekt bei GIS-Einführungskonzepten eine bedeutsame Rolle spielt, ist ausgerechnet in diesem Punkt kaum im Ansatz das erwartete Resultat erzielt worden. Dass die ernüchternde Errungenschaft der informationstechnischen Investitionen hinsichtlich ihrer informationellen Wirksamkeit sich keinesfalls nur auf GIS-Implementationsprojekte beschränkt, verdeutlicht eine internationale Studie vom Marktforschungsinstitut Infratest Borke, wonach über 60 Prozent der Manager trotz vorhandener kostspieliger informationstechnischer Infrastruktur kritische geschäftliche Entscheidungen treffen müssen, ohne davon überzeugt zu sein, dafür auch die richtigen Informationen zu besitzen [BG 1999d: 22].

Hier ist zu klären, für noch welche weiteren Fragestellungen oder für noch welche weiteren verwaltungsinternen Abläufe GIS eingesetzt werden kann, welches Problembewältigungspotential auf operativer und Steuerungsebene zur Verfügung steht und welche Randbedingungen gegeben sein müssen, damit sich im administrativen System dieses Potential reformerisch entfalten kann. Wo dieser Einsatz nicht zustande gekommen ist, ist zu fragen, unter welchen problemorientierten und IS-spezifischen Voraussetzungen die öffentliche Verwaltung durch GIS-Einsatz unterstützt werden kann.

Das passive Verhalten der Verwaltung bei der Bedarfsermittlung und Konkretisierung ihrer Wunschvorstellung an GIS-Industrie und Forschung macht es schwer, die GIS-Entwicklung nach den Bedürfnissen der Praxis zu lenken. Das Resultat ist, dass die ursprünglich formulierten Ziele und der Zweck des GIS-Einsatzes ohne Praxisbezug bleiben. Ein Vorstellungsvermögen darüber zu gewinnen, hat weder mit der Beherrschung einer Programmiersprache etwas zu tun, noch mit der guten Bedienung der bisher entwickelten Tools und Applikationen eines Softwareprogramms. Sondern dies setzt die interdisziplinäre Wissensbasis voraus, um innovative und praxistaugliche Anwendungen entwickeln zu können. Um also zu sagen, welche Funktionalitäten, Analysetools und Anwendungen GIS anbieten soll, damit die kaum effektivere und wenig effizientere Aufgabenerledigung durch GIS-Einsatz optimiert werden kann. Obwohl z. B. ein Haushaltsplan an Hunderten von Stellen aufführt, wie viel Geld die Dienststellen ausgeben dürfen, kommt es in den Pflichtheften der eingeführten GIS kaum zu konkreten Einträgen hinsichtlich des GIS-Soll-Konzepts, also z. B. darüber, welche Produkte durch GIS-Einsatz in der Verwaltung erzeugt werden sollen.[73]

Die Frage nach dem, „Was" GIS in der Verwaltung leisten soll, wird oft kaum überzeugend beantwortet und überfordert das Vorstellungsvermögen der Anwender (siehe S. 85). Oder es scheint diese Frage an Anwender kaum eine Relevanz zu ha-

[73] Dabei soll es nicht nur um die passive Einschätzung der Bedeutung einer Funktion gehen (siehe Abb. 7 und 8), sondern auch um konkrete Wunschäußerungen mit praktischen Einsatzfeldern und Messkonzepten.

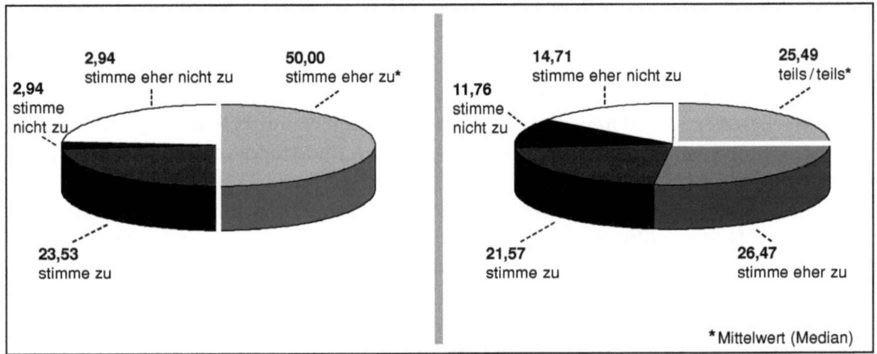

Abb. 25:
Die Arbeitsprozesse werden oft an die neuen Möglichkeiten, die sich durch den GIS-Einsatz ergeben, nicht angepasst.

Abb. 26:
Eine Ermittlung von Schwachstellen im GIS-Umfeld (Verbesserungsvorschläge der GIS-Anwender) findet nicht statt.

ben, da die Anwender in der Verwaltung nicht als Initiatoren dieser Technologie anzusehen sind, wenn auch die Verwaltungsreformen der letzten Jahre eher laienhaft an den Potenzialen der neuen Informationstechnologie ausgerichtet formuliert wurden (siehe S. 37). Ebenso ist GIS-Entwicklung kaum seitens der Verwaltungspraxis bzw. Anwender bei der Informatik in Auftrag gegeben worden. Schlimmer noch, selbst der Ermittlung von Schwachstellen im GIS-Umfeld (Verbesserungsvorschläge der GIS-Anwender) wurde kaum eine Bedeutung beigemessen (Abb. 26). Es kommt übrigens nicht selten vor, dass der Auftraggeber nach der Lieferung mit der Software allein gelassen bleibt, ohne dass diese an die Bedürfnisse der Anwender angepasst wird.

Resultat des Fehlens eines Feedbacks seitens der Anwender Richtung Informatik oder ernsthafterer Anbindung der Anwender an implementierte IS führt dazu, dass das Machbare oft hinter dem Versprochenen zurückbleibt.

So wird GIS, wenn überhaupt, vorwiegend in der Fachverwaltung für Probleme eingesetzt, deren Bewältigung bisher kein allzu drängendes Problem darstellte und mit etwas mehr Arbeit sich auch in analoger Form erledigen ließe.

Die große Bedeutung der Bedarfsermittlung für GIS ist in der Notwendigkeit begründet, die Einsatzmöglichkeiten der Technik nicht nur von Vornherein abzuschätzen und dazu Voraussetzungen zu schaffen, sondern auch im Nachhinein basierend auf den tatsächlichen Anwendungserfahrungen die kritischen Erfolgsfaktoren auszuloten. Die Aufgabe der Verwaltungspraxis für die GIS Planung liegt also darin, den Stand der Dinge hinsichtlich des gewünschten Instrumentariums in Richtung Politik, Forschung und Softwareindustrie weiterzugeben.

4.1.1.2 Hemmnisse der Arbeitsprozessoptimierung

„Die Frage nach dem Computer ist nicht die Frage nach der Automatik, sondern vor allem anderen die Frage nach der Organisation menschlicher Arbeit“ [Streich 1998 nach

Brunzel 1999: 61]. Dieser wichtige Aspekt auch für den optimalen GIS-Einsatz scheint nach wie vor nicht in seinen gesamten Fassetten erkannt zu sein (siehe Abb. 25, S. 117).

Mit GIS sollen die isolierten Abteilungen der Verwaltung durch Vernetzung der Arbeitsprozesse in Form der integrierten Vorgangsbearbeitung (IVB) zusammengebracht werden. Dies wird allerdings nur dann möglich, wenn systematisch konzipierte Informationssysteme mit im System integrierten und standardisierten Applikationen und einheitlichen Daten innerhalb der gesamten Infrastruktur entwickelt und zur Verfügung gestellt werden können (siehe S. 46). Das herrschende Bürokratiemodell, überflüssige Hierarchien, ungleichmäßige Arbeitsverteilung, hierarchische Arbeitsprozesse sind nicht im Sinne des NSM und entsprechen damit nicht dem Aktivitätsumfeld des GIS-Einsatzes.

4.1.1.3 Fehlende zukunftsorientierte Kriterien bei der Systemauswahl

Nicht nur fehlendes innovatives Einsatzkonzept für GIS, fehlende benötigte Daten, weil unterschiedliche GIS oft nur mit bestimmten Datenformaten umgehen können, sondern auch nicht sachgemäße Systemauswahl (z. B. durch nicht mehr zeitgemäße und formallogische Ausschreibungsverfahren) und fehlendes qualifiziertes Personal gehören zu den Problemen der Verwaltung beim GIS-Einsatz, um dessen Potenziale auszuloten und im Rahmen der Entwicklung von kritischen Erfolgsfaktoren dessen Weiterentwicklung zu fördern. So wird nicht selten die Erweiterung des GIS-Wirkungsbereichs auf klassische Arbeitsfelder beschränkt.

Im Rahmen einer GIS-Einführung und der Realisierung des dazu entwickelten Soll-Konzepts kommt einer gut überlegten, strategischen Entscheidung besonderer Stellenwert zu, um später eine möglichst reibungslose Ausrichtung des GIS an Bedürfnisse (Alignment) zu ermöglichen. Wer hier auf schlechte Karten setzt, hat später bei der Legitimierung der Investitionen allzu oft, wie aus dieser Studie zu entnehmen ist, nur die Gelegenheit, das Alignment vorzutäuschen (siehe Abb. 27).

Als wesentliche Problematik der GIS-Einführung wird also sowohl die fehlende konkrete Absichtsäußerung hinsichtlich ihrer Zielsetzung seitens der GIS-Interessierten gesehen, als auch die Diskrepanz zwischen der Notwendigkeit eines kompetenten GIS-Beratungsunternehmens, welches nicht nur die eigenen GIS-Produkte vermarktet, sondern in Kenntnis des gesamten Marktes die Objektivität seiner Beratungs-Dienstleistung in den Vordergrund stellt, und der Tatsache, dass dieser Anspruch bis vor wenigen Jahren kaum von den wie Pilze aus dem Boden gewachsenen Beratungshäusern der zweiten Hälfte der 90er-Jahre erfüllt werden konnte. So stellt z. B. noch heute eine bedarfsgerechte und innovative System-Auswahl für GIS-Interessenten trotz der Inanspruchnahme der Dienstleistung der System- oder Beratungshäuser ein Problem dar. Das Motto „Wer die Wahl hat, hat die Qual" gilt hier sogar in zweifacher Weise, da man sich zuerst auch für einen dieser Dienstleistungsanbieter entscheiden muss.

4.1.1.4 Akuter Datenbedarf trotz der Datenflut

Trotz der mittlerweile gewaltig angewachsenen Datenflut sind die Wünsche nach Daten besonders in Bundesebene groß (siehe Abb. 28). Dabei geht es in erster Linie um die Verteilungsprobleme der Datenbestände, um der Verwaltungsarbeit eine quantitative Dimension zu geben. Im Zuge der Demokratisierung betrieblicher Entscheidungsprozesse und der notwendigen Offenheit für neue Problemstellungen steigt zwar die Bereitschaft, die Daten zu verteilen, erfordert die Kanalisierung ihrer Ströme heute unter der herrschenden intransparenten Lage im Datenumfeld jedoch ausgewogene Kompromisse zwischen Datenflut und Mangel, zwischen Flexibilität und Starrheit der Versorgung sowie standardisierte Aufbereitung der Datenbestände [vgl. Höring 1990: S. 81ff.].

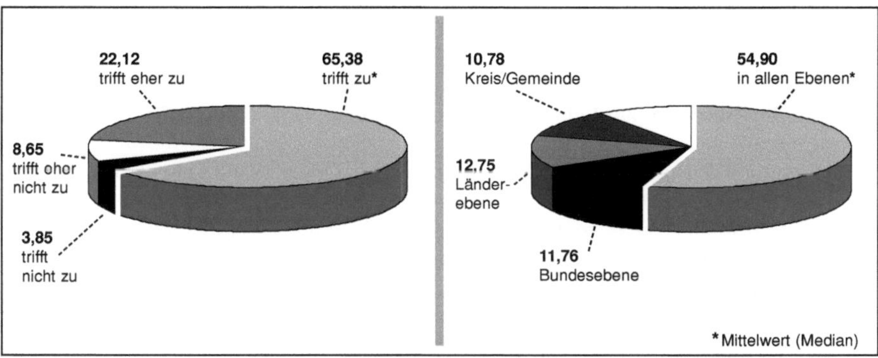

Abb. 27:
Jedes auf dem Markt befindliche GIS besitzt ein eigenes Datenmodell und -format, was einen sicheren und reibungslosen Datenaustausch mit fremden GIS und mit der ERP-Software erschwert.

Abb. 28:
In welcher der folgenden Ebenen wäre Ihnen die Anwendung der Geodaten von wünschenswerter Bedeutung?

Beim GIS-Einsatz für die ökonomisch-ökologische Planung sind flächendeckende Geodaten die Grundvoraussetzung. Je umfassender die Topologie raumbezogener Daten erfasst wird, desto größer sind die Möglichkeiten für Datenanalysen [Schilcher et al.: 2001]. In Deutschland wird dies jedoch durch das uneinheitliche Datenangebot der öffentlichen Anbieter behindert, deren Daten selten flächendeckend und aktuell vorliegen. In anderen föderalen Staaten wie Österreich, Schweiz, USA oder auch in England als unitarem Staat gibt es hier einheitlichere Regelungen. Bis heute lassen sich in Deutschland die sehr variablen Geodaten häufig nur eingeschränkt oder nur mit hohen Kosten fachübergreifend verwenden [BG 2001b: 2 u. 8]. Das ist sinnvoll, wenn z.B. auf Basis flächendeckender einheitlicher Geo-Daten die Kommunen für mögliche Wertschöpfungen auf eine bundesweit einheitliche Planzeichenverordnung hinarbeiten, wonach benachbarte Kommunen ohne Probleme gemeinsam Flächennutzungs- und Bebauungspläne entwickeln können.

Die Datenaufbereitung und ihre Aggregation für die gezielte Information zu solchen und anderen Zwecken der Nutzergruppe Politik und Öffentlichkeit findet jedoch meist auf konventionellem Wege personenabhängig über temporäre Projekte oder periodisches Berichtswesen statt. Bei keiner der Kommunen gibt es eine direkte technikgestützte Information der Führungsebene [Fürst et al. 1996: 168]. So ist es z. B. nicht einfach, zu einem Ratsbeschluss themenspezifisch statistische, raumbezogene sowie Kosten- und Leistungsdaten auszuwählen und weiterzuverarbeiten. Ohne ein ständiges, hierauf ausgerichtetes Informations- bzw. Datenmanagement wird dies nicht zu erreichen sein (mehr dazu siehe S. 133).

4.1.1.5 Fehlende Sicherheit für die Datenverfügbarkeit

Die Publizität der Information bedeutet heute nicht mehr nur ihre Verfügbarkeit für die sie konstituierende Fachgemeinschaft, sondern im Sinne von Freedom of Information soll diese über zeitgemäße Strategien der interessierten Öffentlichkeit zur Verfügung gestellt werden können. So beinhaltet „freedom of information" seit einiger Zeit die freie Zugänglichkeit auf erdräumliche Daten auch für die gesamte Öffentlichkeit.

Erfassung und Bereitstellung der Geodaten ist in Deutschland gemäß Grundgesetz allerdings (föderal strukturiert) eine Ländersache [Rainer 2000], und so stellt man seit einiger Zeit fest, dass die dezentrale und föderale Struktur der Hoheit über Daten nicht nur für ihre einheitliche Produktion und Aufbereitung hinderlich wirkt, sondern auch ihre Verfügbarkeit aufgrund länderspezifischer Befugnisse problematisiert (siehe Abb. 29). Es herrscht im GIS-Umfeld in Bezug auf den Datenaustausch Ständedenken vor. Solange 16 Bundesländer über die Erhebung, Bereitstellung und Vermarktung von Geodaten einzeln bestimmen, solange wird es für ihren bundesweiten Austausch, Verfügbarkeit und Verwendbarkeit keine aufwandfreie Lösung geben [Wetzel 2001: 2].

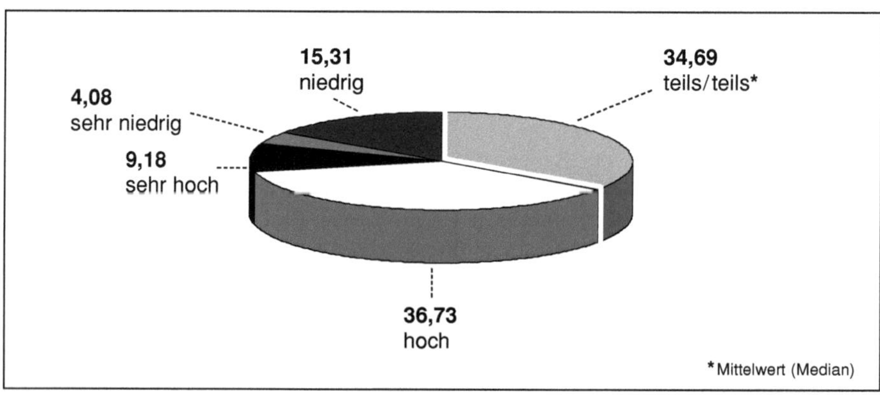

Abb. 29: Verfügbarkeit von Geodaten der Öffentlichen Hand

Die Verfügbarkeit der Daten bringt aber auch Sicherheitsprobleme mit sich, was nicht selten bewusst oder unbewusst gegen den freien Zugang an die Daten instrumentalisiert wird. So ist die Datensicherheit seit langer Zeit ein parater Verhinderungsgrund, wenn es darum geht, vom Aufbau z. B. eines sogar abteilungsübergreifenden IS über Intranet zu sprechen. Jede Institution oder Organisation will ihre eigenen Daten halten und vor allem behalten [Frerk et. al. 1999: 70]. Eine abteilungsübergreifende

Vernetzung mit Landesämtern, dem Umweltbundesamt, Versorgungsunternehmen oder gar mit dem Internet wird so oft aus Datenschutz- und Sicherheitsgründen durchweg abgelehnt [Fürst et al. 1996: 165] Dies führt zur Beschränkung des Aufgabenvollzugs durch die Verwaltung und so auch zu Wettbewerbsnachteilen für die regionale Wirtschaft.

Am Anfang der 90er-Jahre löste die steigende Zahl der GIS Einführungen einen hohen Datenbedarf aus und stellte hinsichtlich des Geodatenmarketings neue Perspektiven in Aussicht. Ein günstiger Moment für den Masseneinsatz der öffentlichen Datenbestände, dem seitens der Zuständigen nicht entsprechend begegnet werden konnte. In dieser Zeit waren nur wenige Behörden bereit, ihre Geodatenbestände weitsichtig an die Kunden zu bringen und so GIS-Anwender langfristig an den öffentlichen Datenmarkt zu binden. Die mit Steuergeldern finanzierten Datenbestände hätten durch interessante Preispolitik[74] und strategisch überdachte Regulierungen der Gesellschaft zur Verfügung gestellt werden können, was sich durch Steuereinahmen hätte zurück zahlen lassen und außerdem die GIS-Anwender rechtzeitig an den öffentlichen Datenmarkt gebunden hätte.

Diese passive Haltung bzw. Datenenthaltsamkeit[75] wurde nicht selten unter dem Label „Datenschutz" legitimiert, nach dem Motto, die Daten vor Missbrauch schützen zu wollen. Das hat den öffentlichen Geodatenmarkt tatsächlich in ein ungünstiges Licht gerückt und ihre dynamische Entwicklung für die unterschiedlichen GIS-Einsatzfelder in einer ubiquitären Dimension blockiert. Viele der genannten Probleme zeigen, dass GIS-Planung und -Einsatz nur dann sachgerecht gelingen können, wenn die institutionell-organisatorischen Barrieren mehr berücksichtigt werden und die Verwaltungsführung durch Steuerung und Engagement die Durchsetzbarkeit des GIS-Konzepts gewährleistet.

Hinsichtlich Versäumnisse der Vermessungs- und Katasterämter und der heute eher als Altlasten fungierenden Regeln des Öffentlichen Dienstes werden hier folgende Punkte erwähnt, deren endgültige Lösung eine nachhaltige Unterstützung der Politik voraussetzt:

- Die erfassten Daten sind für zeitgemäßen bundesweiten Einsatz nur mit großem Aufwand geeignet. So müssen z. B. die GIS-Hersteller ihre Applikation auf der Basis von amtlichen Daten konzipieren. Sie müssen dabei auf die länderspezifischen Ausprägungen (Datenstrukturen, Datenredundanzen und Datenkonsistenz) mit nicht unerheblichem Aufwand Rücksicht nehmen [AdV 2000: 251]. Dies führt zu z. T. komplexen Softwarestrukturen und bedeutet eine weitere Verschwendung von volkswirtschaftlichen Ressourcen, die für zukunftsträchtige Entwicklungen blockiert sind.

---

[74] Geodaten sind, wie die Erfahrungen der letzten Jahre gezeigt haben, als Handelsware oder sogar Wettbewerbsinstrument nicht geeignet. So soll die sachgerechte Geodatenproduktion und ihre Vermarktung oder sogar kostenlose Weitergabe vorerst beim Staat verbleiben, bis nach einer Konsolidierungsphase allmählich privatisiert werden kann.

[75] „Das sind meine Daten"-Mentalität regierte die Szene.

- Aufgrund länderspezifischen Charakters weisen bundesweit die Datenbestände trotz gleicher Ausgangslage (!) verschiedene Strukturen auf. Innerhalb der Länder sind die Daten gekennzeichnet von Redundanzen und Inkonsistenzen, da gleiche Informationen in ALK, ALB und ATKIS zum Teil mehrfach und unabhängig voneinander erfasst wurden. Dies macht deren Nutzung in Bundesebene schwierig oder unmöglich [Born 1999: 10ff.].
- Der internationale Wettbewerb, verbunden mit neuen und preiswerten Technologien der Datengewinnung und -aufbereitung, sorgt für Konkurrenzdruck bei klassischen Datenanbietern. Geodäsie ist bisher nicht in der Lage, mit den rascheren Entwicklungen der Zeit Schritt zu halten.
- Für das Datenmanagement innerhalb der dispositiven Ebene der GIS-Planung bedeutet dies beispielsweise, sich Gedanken über die dringend notwendigen gesetzlichen Rahmenbedingungen, Datenschutz und Informationsrechtsmaßnahmen oder Einheitlichkeit der Geodaten zu machen und diese taktisch umzusetzen. Falsche Umsetzung der Pläne beruht oft auf der Vernachlässigung der Maßnahmen wie Controlling, in der die beschlossenen Ziele nicht verfolgt oder vorgesehene Maßnahmen nicht mit dem nötigen Nachdruck durchgeführt werden.

Nur so wird es möglich, die Doppelarbeit zu vermeiden und die Wiederverwendbarkeit der qualitativ guten Basisdaten für mindestens ähnliche Anwendungen zu gewährleisten. Wenn man in Deutschland von Datenmanagement spricht, ist oft von Datenmanagement in Mikroebene die Rede, womit man trotz der Erreichung guter individueller Datenqualität (wenn auch diese Aussage grundsätzlich auf die klassisch insulare Aufgabenerledigung beschränkt bleibt) nicht in der Lage sein wird, diese aufwandfrei auch für Dritte nutzbar zu machen und so das Problem des bundesweiten Datenaustausches endgültig zu beheben.

4.1.2 Forschung und Softwareindustrie

Dass Klärung der systemaren und methodischen sowie methodologischen Grundfragestellungen von GIS als Informationssystem (siehe S. 73–79) nicht wie bisher von Softwareindustrie verlangt werden darf und dies eher eine interdisziplinäre Forschungsarbeit voraussetzt, stellt im Rahmen der GIS-Planung noch kaum ein Thema dar. Ebenso unzulänglich ist bislang die konsequenzreiche Tatsache, dass die unorganisierten und eigenständig operierenden Programmierer zur Entstehung von größerem Schaden als Nutzen ihrer Softwareprodukte in der Praxis führen, ins Bewusstsein der GIS-Planungsveranwortlichkeitskreise eingedrungen.

Das führt dazu, dass die Konsequenzen der fehlenden rechtzeitigen Problembekämpfung sich in unterschiedlicher Form in Verwaltung und Wirtschaft entladen. Dadurch entstehen in den gesamten Fassetten der Gesellschaft Probleme, die man in der Praxis verzweifelt (grundsätzlich von unten, d.h. in operativer Ebene) an ihren Symptomen zu bekämpfen versucht, weil die Ursachenbekämpfung und endgültige Behebung des Problems für die Betroffenen selbst unmöglich ist und ihre Lösung (wenn auch nun zu spät angemerkt) in anderen Händen liegt (verursacht durch die Überlagerung der GIS-Planung mit der operativen Ebene). Da z.B. die Softwareindustrie in Deutschland, bestehend aus ca. 250 Unternehmen der Primärbranche und 700 Firmen der Sekundärbranche, sich nicht koordinieren lässt und außerdem jeder auf seine Kompetenz pocht.

Die Hauptaufgabe der politischen Führung in Zeiten rapiden technologischen Wandels und Paradigmenwechsels zu einer Informationsgesellschaft in einer vernetzten und kontinuierlich globalisierenden Welt ist dann, eine Gruppe von Wissensarbeitern in einer Weise aufzubauen und zu führen, dass diese Wissensarbeiter das „Neue" erahnen und es in Technologie, Produkte und Prozesse umsetzen. „Die Kopfarbeit produktiv zu machen wird die große Aufgabe der Führungsspitzen unseres Jahrhunderts sein – genauso wie es die große Aufgabe der Betriebsorganisation des vergangenen Jahrhunderts war, die manuelle Arbeit produktiv zu machen". Die Organisation ist damit in erster Linie eine Organisation von Wissen, denn sie „ist dazu da, um viele hundert, oft tausend Arten von Spezialkenntnissen produktiv werden zu lassen" [Drucker nach Steinbickern 2001].

4.1.2.1 Grundlegende Fragestellung und ihr Verantwortungskreis

Die grundlegenden informationstechnischen und konzeptionellen Probleme der GIS-Technologie (siehe S. 65) und die symptomatische Problembekämpfung der Softwareindustrie machen deutlich, dass die an dem GIS-Konzept beteiligten Disziplinen trotz ihrer verbalen Ansprüche an das GIS in dessen Entwicklung in der Tat nur am Rande beteiligt sind und die bisherigen GIS-Entwicklungen ausschließlich von Geoinformatik bzw. Softwareindustrie getragen und ihre Anwendungsfelder aus der Sicht der Funktionsorientierung bestimmt werden (siehe Abb. 30). Diese aus Wildwuchs entstandene und von den raschen Entwicklungen der letzten Zeit in Hard- und Software begünstigte horizontale Entwicklung hat GIS immer mehr aus seinem systemaren Ansatz entfernt und durch die losen Applikationsentwicklungen im Prinzip GIS nicht nur aus seiner informationellen Wirksamkeit heraus gerissen und seinen Einsatz auf die Erledigung der Fachaufgaben beschränkt, sondern auch dadurch das Problem der Interaktion und Kommunikation bzw. Interoperabilitätsprobleme von GIS in der gesamten IT-Landschaft konsolidiert.

4.1.2.1.1 „systemological problem"

Für GIS-Entwicklung- und Weiterentwicklung fehlt es an konkreten Forschungsperspektiven. Dies bedeutet, dass die Modellierung der Ebenen und Einflussfaktoren von Natur und Umwelt kaum oder ohne gezielte Verfolgung von einer Strategie und einem Weltbild[76] stattfindet.

Der Hauptgrund dafür kann darin liegen, dass im GIS-Umfeld einzeldisziplinär geforscht wird und GIS so auch in einseitigen Hypostasierungen gefangen bleibt und in dieser Weise seine Interdisziplinarität und Interoperabilität vereitelt wird.[77] Die un-

[76] Mit holistisch systemarem oder systematisch reduktionistischem Bezug zur Erschließung der Welt.

[77] ES sollen bei der GIS-Entwicklung Querbezüge zu anderen Disziplinen wie z. B. der Informationstheorie, Geodäsie, Mathematik, Statistik, Geographie, Soziologie und Computerwissenschaften hergestellt werden.

gleichgewichtigen Forschungen im GIS-Umfeld sind über die verschiedenen Bereiche der GIS-Disziplinen verteilt, deren Schwerpunkt unabhängig von einander z. B. in Geodäsie, Umweltbelangen, Ver- und Entsorgung liegen. Resultat der fehlenden Interdisziplinären Forschung ist, dass die Fragestellungen nicht querbezugsmäßig behandelt werden können und so atomistisch enzyklopädische Gebietsmonographien entstehen. Mit anderen Worten sind die von GIS unterstützten Projekte oft fachlich beschränkt, geodätisch, topographisch, additiv, statisch, ideographisch, deskriptiv und monodisziplinär (siehe Abb. 30).

Die Entwicklung eines Systemfunktionalen Basismodells setzt aber interdisziplinäre Forschungen voraus, wodurch sowohl die methodologische als auch die methodische Dimension des GIS-Konzeptes bestimmt werden kann und dies seitens der Fachleute wie Informatiker, welche die wissenschaftlich formulierten Theorien, Konzepte, Modelle und Methoden in der Kooperation mit der Praxis zu programmieren wissen und nicht wie bisher selber Sinnstifter der GIS-Idee werden sollten, da dieses Konzept methodologisch methodisch das Vorhandensein von Qualifikationen voraussetzt, die im Rahmen von Softwareentwicklungsprojekten kaum in kurzer Zeit zu erlangen wären.

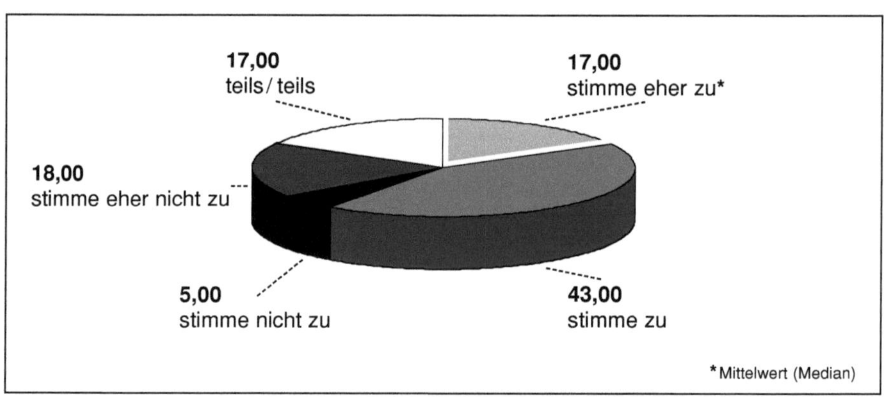

Abb. 30: Für universell einsetzbares GIS fehlt es an interdisziplinären Schlüsselkompetenzen in der Reihe der GIS-Entwickler.

4.1.2.1.2 „methodological problem“

Für GIS-Einsatz in kritischen Bereichen ist die Entwicklung von innovativen Tools und Applikationen nötig, die konzipiert, entwickelt und in Verbindung zu GIS-Grundmodell für die Praxisbedürfnisse einsetzbar wären. Die Realität der GIS-Entwicklungsprozesse ist allerdings, wie die Ausführungen belegen, von einer Version zur anderen grundsätzlich von temporären und fallspezifisch betriebenen Entwicklungsprojekten überschattet, anstatt dass diesen eine Systematik zugrunde gelegt wird.

Nachweislich hat das Instrumentarium der GIS-Technologie in seinem Einsatz in der Praxis, wie Analyse Tools mit statistischen Verfahren, Kennzahlen, Koordinatensysteme, geographische Modelle, Algorithmen, grundsätzlich mindestens ein halbes

Jahrhundert auf dem Buckel, welche für die Spatial Analysis, Geo-Simulation, räumlich explizite Multi-Agenten-Systeme etc. die Grundlage liefern. Diese Algorithmen und Modelle stoßen in der Praxis aber auf die Schwierigkeiten, die ihre Weiterentwicklung und Präzisierungen nötig machen.[78] So sind aufgrund der fehlenden entsprechenden Tools und Applikationen die bisweilen hohen theoretischen Ansprüchen der Geographie in GIS unrealisiert geblieben,[79] wodurch die gewonnenen Erkenntnisse praktisch geprobt, modifiziert, verfeinert und angewandt werden könnten.

So fehlt es heute aber auch an neuen Ansätzen, die als Grundlagen des GIS-Konzepts dessen langfristige Entwicklung prägen können. Es wird z.B. die Erstellung räumlich expliziter Modelle und damit ausgearbeiteter Simulationsstudien seit Erfindung des Computers unter dem Namen der „Locational oder Spatial Analysis" in der Geographie betrieben. Der durchschlagende Erfolg dieses Forschungsansatzes ist aber in den letzten Jahrzehnten ausgeblieben [vgl. Strauch 2003].[80]

Der Hauptgrund liegt in unzureichender Repräsentationsgenauigkeit der vorhandenen Modelle für die zu bearbeitenden raumbezogenen Fragestellungen. Es fehlt an Forschung und wissenschaftlichen Ansätzen, diese Art Analysen in GIS zu integrieren und ihren Praxisbezug zu optimieren, bevor diese Kenntnisse im Rohstadium in Form der oft übereilig herausgegebenen Software-Version die Anwender erreichen und aufgrund der Schwerbedienbarkeit oder nicht sachgemäßen Parametrisierungen kaum sinnvoll eingesetzt werden können.

Eine Bestandsaufnahme von Schulze Ende der fünfziger Jahre (1957) stellt auf markante Weise dar, wie groß doch das Unvermögen war, komplexgeographisch zu quantifizieren [Schulze 1957 nach Lerser 1980: 94]. Hier geht es sicherlich um eine sehr komplexe und für sich hinsichtlich ihrer Dimension bis vor wenigen Jahren unerfüllbare Vision, die heute durch neue Informationstechnologie greifbare Realität geworden ist, wenn man an die vorerst als Internet-Suchmaschine bekannt gewordene „Google"[81] denkt, die durch grundsätzlich maschinelle Arbeit weltweit noch heute Informationsretrieval von erstaunlicher Dimension ermöglicht, wenn es sich auch hier grundsätzlich um die explizitere Art von Informationsvermittlung handelt

[78] Selbst der Aufsatz „Quantitative methods in physical geography", der sich vor allem auf Klima, Eis und Relief bezieht, enthält mehr Absichtsbekundungen als konkrete Messkonzepte [Leser 1980: 94].

[79] Leser kritisiert zwar (hinsichtlich des Länderkunde- und Landschaftskunde-Konzepts als Grundlagen der geographischen Forschung) die fehlende Bereitschaft und Engagement der Forschungs- und Lehrpraxis, aber er kommt gleich zum Schluss, dass das Problem an der Unerfüllbarkeit des Konzepts liege. Dies mag aus dem Zeitgeist verständlich zu sein, ist aber keinesfalls visionär (siehe Leser 1980: 32).

[80] Strauch, Dirk (2003): Ein neuer mikroskopisch-dynamischer Modellansatz für eine integrierte Flächennutzungs- und Verkehrsplanung: das Simulationsmodell ILUMASS. In: Andreas Koch und Peter Mandl (2003): Multi-Agenten-Systeme in der Geographie. Institut für Geographie und Regionalforschung der Universität Klagenfurt. Klagenfurter Geographische Schriften, Heft 23. (http://multiagentensysteme.uni-klu.ac.at oder kurz mas.uni-klu.ac.at)

[81] Google setzt nach einem Bericht in „arte" (Wer hat Angst vor Google? 20.4.2007, 22.17 Uhr) um 450.000 synchronisierte Server und Rechner (Mikroprozessoren) ein, um weltweit die beliebigen Such-Anfragen zu bearbeiten.

als die impliziert erzeugten neuen Informationen, was im Sinne dieser Arbeit von einem GIS im IgPa-Umfeld erwartet wird. Auch hier setzen die Suchmaschinen des Internet ein deutliches Zeichen, um Theorizisten von der Macht der Quantitativen Methoden zu überzeugen, da die Dienstleistung der Suchmaschinen grundsätzlich auf Algorithmen und Automatismus basieren und diese sich trotz ihres Anfangsstadiums als praxistauglich erweisen. Bei dem methodologisch-infologischen Problem der GIS-Technologie geht es genau um diesen Punkt, nämlich Prozeduren, Kennzahlen und damit neue Arbeitsverfahren zu entwickeln, die in der Lage sind, aus den rohen und brachliegenden Ressource-Daten nun neue Informationen zu explorieren, die die Basis neuer Kenntnisse bilden können.

Es ist hier aber Vorsicht angesagt, die Methode unabhängig von methodologischem Kontext anzuwenden. Das kann die Ergebnisse verzerren und zu der Absurdität führen, durch die wilde Quasiquantifizierung von Einzelgeofaktoren oder deren Einzelmerkmalen Aussagen über den gesamten „Raum" oder die ganzen „Landschaft" zu erschließen, da erst durch die Modelldarstellung in der Praxis deutlich wird, was von den Einzelsystemelementen, Subsystemen, Prozessen und Kräften quantifizierbar ist und was nicht.[82]

So hängt die Erfüllbarkeit des GIS-Konzepts[83] von den Bedingungen ab, die vorerst beschafft werden sollen (z. B. Vorhandensein von Unmengen von brauchbaren[84] Datenbeständen und Entwicklung von sachlich-, fachlich- und praxis-tauglichen Arbeitsmethoden), bevor man von einem optimalen GIS-Einsatz sprechen kann. Dies zu ermöglichen wird die wichtige Aufgabe der Forschung, Softwareindustrie sowie der Praxis dieses Jahrhunderts sein.

4.1.2.1.3 „datalogical problem"

Ein GIS ohne entsprechende Daten wirkt in der Praxis eher dekonstruktiv und bringt mehr Ärger und große Enttäuschungen mit sich. Dieses Problem ist allerdings nicht neu, so dass heute weniger der Theorienmangel als der Mangel an Daten zum Hauptproblem der Forschung bei den Bemühungen um eine Quantifizierung zählt (siehe S. 66f.).

In der z. B. Umwelt- und Landschaftsplanung ist die Frage, wie Natur und Umwelt „richtig" oder „angemessen" zu erfassen sind, nach wie vor kaum allgemeingültig befriedigend zu beantworten. Die Konsequenz dieses fehlenden einheitlichen Datenerfassungs- und Aufbereitungsverfahren trifft die Qualität der Daten hart. Durch die fehlende entsprechende Datenqualität können so oft die entwickelten Analyse- oder Simulationstools nicht eingesetzt werden.[85]

---

[82] Selbst diese Kenntnis ist ein wichtiger Teil der Wissensbasis, die für Entwicklung einer Methode vorausgesetzt ist.

[83] z. B. Länder- und Landschaftskunde orientiert

[84] Was nutzen Terabyte große Datenladungen auf Magnetbändern, wenn diese sich kaum aufwandfrei aufrufen und sinnvoll verwenden lassen.

[85] Ebenso stellt fehlendes entsprechend qualifiziertes Personal hier ein schwerwiegendes Problem dar, wie auch durch diese Studie bestätigt wird.

Noch existieren kaum anerkannte und erprobte Verfahrensweisen, wie diese Frage im Einzelfall unter den an der Planung Beteiligten zu klären ist. Hieraus ergeben sich erhebliche Probleme u. a. bei der Festlegung von methodischen Konventionen bezüglich der Erfassung, Prognose und Bewertung von Natur und Umwelt innerhalb einzelner Planungsverfahren, wie beispielsweise für die Eingriffsregelung. Dieses führt dazu, dass die inzwischen unbestritten als notwendig erachtete Harmonisierung und Standardisierung der Datenerfassungsverfahren bis heute nicht im gewünschten Maße erreicht wurde. Die im Rahmen der Umwelt- und Landschaftsplanung erforderliche Zusammenarbeit verschiedener naturwissenschaftlicher Fachrichtungen und nutzungsbezogener Interessen hat zur Folge, dass Natur und Umwelt im konkreten Planungsprozess aus verschiedenen wissenschaftlichen und nutzungsbezogenen „Blickrichtungen" betrachtet werden und dadurch bedingt verschiedene Vorstellungen oder Bilder des Planungsgegenstandes aufeinandertreffen. Dieses wiederum führt zu unterschiedlichen Auffassungen darüber, wie der Planungsgegenstand ‚richtig' zu erfassen sei [Peters 1998: 225].

4.1.2.2 Technische und technokratische Steuerung ins Leere

In der gesamten Softwareindustrie steht keine Branche unter so kontinuierlichem Modifikationszwang ihrer System-Architektur wie GIS.[86] Mit diesen Veränderungen sind jedoch keinesfalls konzeptionelles Inventar und Umstellung ihres systemfunktionalen Basismodells gemeint, sondern es beschränkt sich auf die marktstrategisch bedingte Mode-Erscheinung, d. h. lediglich auf die oberflächliche Integration der losen Applikation (siehe S. 52). So lässt sich die GIS-Entwicklung mit folgendem Satz kurz beschreiben: GIS-Tüftler schaffen nur noch Individuallösungen und Programmierer sind Helden. Diese Art Heroismus führt die GIS-Entwicklung in die Sackgasse bzw. Ziellosigkeit, zwingt die GIS-Praxis zu insularer Reaktion gegenüber den komplexen Problemen der Praxis und macht den GIS-Anwender zum Software-Sklaven. Trotzdem ist von Innovation die Rede. Obwohl die entwickelten Anwendungen oft nur oberflächlich in GIS integriert bzw. nur verlinkt sind. Dies macht aus dem GIS so etwas wie ein Gerät, das nachgerüstet wird – oder vergleichbar mit einem Gebäude, das neue Räume an der Außenseite angebaut bekommt. Wie weit kann ein Gerät die Nachrüstungen verkraften, ohne dass es in seinen Hauptfunktionen beschränkt wird, bzw. kann ein Gebäude erweitert werden, ohne dass dadurch raumplanerisch Probleme entstehen und seine Funktion davon beeinträchtigt wird? Wenn ein System oder ein Gerät, das zu einem bestimmten Zweck konzipiert bzw. gebaut wurde, keinen Einfluss auf neue, nachgerüstete Funktionen hat, d. h., die „Interaktion" zwischen Ursprung und neuen Elementen nicht funktioniert und dadurch innerhalb der Nachrüstungen die Ursprungsfunktionalitäten ins Hintertreffen geraten, kommt es selten zu einer systematischen Verzahnung, aber allzu oft zu Software-

[86] Dieser Trend ist seit der zweiten Hälfte der 90er-Jahre zu betrachten in Produktpaletten z. B. bei INTERGRAPH, ESRI, SMALLWORLD u. a.

Ruinen. Wird ein GIS im Sinne dieser Metapher jemals in der Lage sein, die Planer unserer Umwelt in ihren Entscheidungen beratend zu unterstützen?[87]

Die Softwareindustrie ist hinsichtlich der Softwareentwicklung hauptsächlich von wirtschaftlichem Interesse gelenkt und dieses ist, den Marktzyklen entsprechend, nicht langfristig angelegt, da der hier implizite Überlebenskampf bzw. der Kampf um Marktanteile der Systemhersteller oft auf Kosten der sachgerechten Systementwicklung und mit dieser direkt in Verbindung stehenden Applikationsentwicklung ausgetragen wird.

Die GIS-Systemhäuser führen schon längst keine konstruktive Diskussion über die Zukunft der GIS-Technologie mehr, wie es nach meiner eigenen Erfahrung durch Gespräche mit Insidern der Branche Ende der zweiten Hälfte der 90er-Jahre noch der Fall war. Strategische Überlegungen, warum dies für eine Informatisierung der Gesellschaft notwendig ist, und die Entwicklung eines Konzepts über die Zusammenführung entwickelter Stücksoftware sind völlig aus dem Blickfeld der aktuellen Diskussion geraten. Einerseits fehlen für ein universell einsetzbares GIS interdisziplinäre Schlüsselkompetenzen in den Reihen der GIS-Entwickler und andererseits mangelt es an Lösungsansätzen seitens der Systemhersteller, die beispielsweise die Problematik der Systemweiterentwicklung im Sinne einer Top-Down-Strategie als Neuentwicklung gemeinsam angehen könnten, um im Nachhinein die Interoperabilität der Syste-

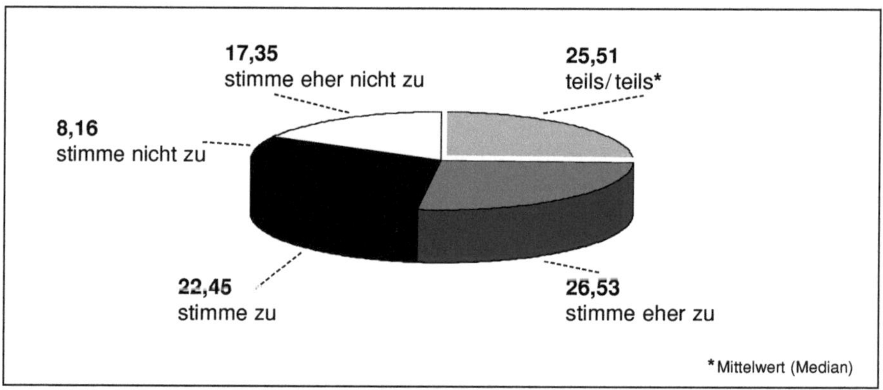

Abb. 31: Die rasante technische Entwicklung und die andauernde Krise der New Economy verhindern die Informationssysteme fordernde Aufräumarbeit (Altlasten) des GIS-Herstellers in Richtung Open-GIS.

---

[87] Im Hinblick auf die GIS-Welt ist eine solche Situation überraschender Weise nicht selten Auslöser für die Entstehungsphase eines neuen GIS, welches oft von GIS-Anwendern als „Eigen-GIS" propagiert wird – und dies zu recht, da ein solches GIS nur vor Ort, nur von den Entwicklern selbst und auch nur für dieselben Zwecke einsetzbar wäre. Wie bereits hinsichtlich der eingesetzten GIS-Kategorien erwähnt wurde, beträgt der Anteil von Eigen-GIS innerhalb der Umfrageteilnehmer ca. 16%, das entspricht fast der Anzahl der installierten Desktop- und funktionsorientierten GIS zusammen, woraus vor ca. zehn Jahren grundsätzlich die installierten GIS in ihrer Gesamtheit bestanden.

me zu gewährleisten. Stattdessen wird das Rad im Trend des Wildwuchses an unterschiedlichen Systemhäusern und bei den Anwendern ständig neu erfunden.

Seit Ende der 90er-Jahre ist so einerseits eine eher stagnierende Phase in gesünderer Entwicklung von GIS eingekehrt, die jede konstruktive Entwicklung (allein aus finanziellen Gründen[88]) für die GIS-Systemhäuser unterbindet. Andererseits hat jedoch absurder Weise die starke Nachfrage an GIS (mit eher simplen Funktionalitäten für grundsätzlich (Geo-)Datenerfassungs- und Haltungszwecke (siehe S. 118) auf dem Markt in diesen Jahren in GIS-Praxis eine horizontale Verbreitung ausgelöst, die für redundante Entwicklung der Technologie mitverantwortlich gemacht werden kann. Diese übereilig verkehrte Entwicklung hat die notwendigere vertikale Entwicklung der Technologie (systematische Entwicklung und Interaktionsfähigkeit) übertönend vernebensächlicht. GIS zieht so eine horizontale Entwicklung weiter und gewinnt an Länge, indem es immer mehr an Höhe verliert. Die GIS-Systemhäuser betreiben damit nur ein Tagesgeschäft, anstatt ein zukunftsorientiertes systematisch modelliertes, für Praxis geeignetes informationsverarbeitendes und damit entscheidungsunterstützendes Werkzeug zu bauen. Was hier interessant erscheint, ist, dass trotz der Masseneinsatzwelle die GIS-Hersteller weiterhin eher in einer finanziellen Krise stecken, obwohl dies nach außen nicht gleich ersichtlich wird (siehe Abb. 31). Dies kann als deutliches Indiz für oberflächliche GIS-Implementation und damit nicht sachgerechten GIS-Einsatz gesehen werden, was ohne systemaren Bezug, überdacht konzipierte Arbeitsweisen gestützt auf die Custodial Databases, kaum den Kern der Sache treffen und zweckdienlich wirken kann. Damit bleiben die Hauptgeschäfte mit ernsthafteren Investitionen für die Erreichung der strategisch bedeutsamen Ziele in Richtung „Decision-Support“ aus. Mit reinem Softwaregeschäft ist heute kaum ein Systemhaus überlebensfähig,[89] und die Forschung ist nicht bereit, die neue Disziplin „Informatik“, die lange Zeit als Held gefeiert wurde, bei der Haltung ihrer Versprechungen ernsthaft zu unterstützen.[90]

So lässt sich GIS-Praxis heute im Kontext der Verwaltungsreform auf die einfache Formel bringen: „Vertikale Verwaltungsstrukturen treffen auf horizontale IT-Verbindungen“ [Frerk et al. 1998: 30]. Unter diesen Umständen scheint es kaum eine endgültige Lösung der Interoperabilitätsbarriere im GIS-Umfeld zu geben, da ihre Lösung mit der starken Berücksichtigung und Realisierung des systemaren An-

[88] Ein GIS-Hersteller aus USA bezeichnet die etablierten GIS-Unternehmen als aussterbende Dinosaurier [BG 2002a: 11].

[89] Hard- und Software gilt selbst bei Fachmessen wie CEBIT als kaum mehr vermarktbar und man versucht, diese Art von Messen als Veranstaltung für Geschäftsleute und Experten der Branche sowie „Orgware-Strategen der Neuen IuK-Technologie“ (siehe S. 87) umzugestalten.

[90] Ein Sicad-Sprecher sagte einmal in einem Interview mit Business Geomatics: „Nennen Sie mir doch bitte ein Geoinformatik-Unternehrnen, das im Brustton voller Überzeugung verkündet, seine Zahlen aus dem reinen GIS-Spektrum seien tiefschwarz. Ich bin mir sicher, Ihnen fällt keins ein. Wer nicht gerade an der Börse notiert ist, schweigt dazu gewöhnlich. Ich glaube im Übrigen, dass die Lage generell nicht so rosig ist, wie es die einschlägigen Publikationen von Data Research und Gartner Dataquest regelmäßig verkünden.“ [Gotthardt 2001: 2].

satzes in engem Zusammenhang steht, was sich nur im Rahmen eines top-down-strategischen Kontraktmanagements der Politik in Richtung der Forschung und Softwareindustrie langfristig beheben lassen wird.

4.1.3 Politik (GIS-Planung als politischer Prozess?)

Nach langjährigen GIS-Investitionen ist heute viel deutlicher geworden, dass GIS als Informationssystem nur dann effizient und effektiv eingesetzt werden kann, wenn alle Ebenen der GIS-Planung, besonders die strategischen Aspekte dieses Plans, überdacht und die Bedarfsfeststellung für die operative Ebene sorgfältig und rechtzeitig geplant und vorbereitet wurde (siehe Abb. 32).

Kein Planungskonzept kann darauf verzichten, der Institutionalisierung verlässlicher Informationsinputs einen hohen Rang einzuräumen. Da am Anfang jedes Planungsprozesses eines adäquaten Informationssystems und in seiner Implementierung aufgrund ihrer gesellschaftsübergreifenden Dimension die Politikvorbereitung zugrunde liegt [vgl. Feick 1975 S. 293]. Politikvorbereitung ist ein kreativer, kommunikativer und kooperativer Akt, Vollzug primär ein Prozess der hierarchischen Steuerung unter Ausübung von Rechtsregelungen[91] [Fürst 1999].

So setzt die Komplexität der Planung von GIS eine Reihe von Verantwortlichen voraus, welche hier unter dem Begriff Politik subsumiert wird, da der Mega-Charakter dieser Planung sie zur Chef-Sache macht. Das fehlende bis halbherzige Engagement der Politik bei der GIS-Planung bewirkt, dass dessen Einsatz in der Praxis mit verschie-

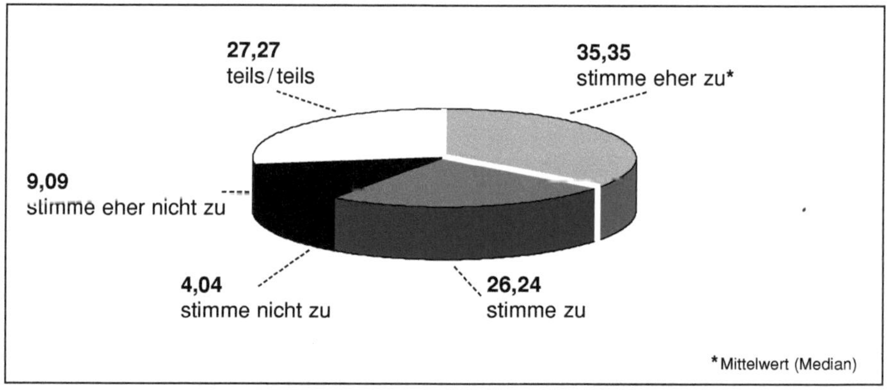

Abb. 32: Der starken Berücksichtigung der operativen Ebene der GIS-Planung steht ihre strategische Vernachlässigung gegenüber.

---

91 Der Stellungswert der aktiven politischen Beteiligung bei der GIS-Planung ist außerdem aus rein machtpolitischen Gründen für diesen Plan von besonderer Bedeutung, da die politischen Entscheidungen in der Regel in der gesamten Gesellschaft respektiert werden müssen, sonst hält das System Sanktionen für abweichendes Verhalten bereit (Es geht also um sanften Druck).

denen Problemen behaftet wird, die politisch organisatorische Relevanz haben und deren Behandlung die Strategisch-Normative Ebene der GIS-Planung ausmachen.

Im Rahmen einer sachgerechten GIS-Planung (als politischer Prozess) sind die Wahrnehmung und Berücksichtigung von folgenden Schritten seitens der Politik von großer Bedeutung (siehe S. 86f.), bevor ihre Gegenstände durch die segmentierten Kontraktmanagements[92] mit entsprechenden Akteuren der GIS-Planung wie Verwaltung, Forschung und Wissenschaft sowie Softwareindustrie behandelt werden, um über den Leistungserstellungsgrad dieser Akteure Vereinbarungen zu treffen:

- Problemwahrnehmung,
- Beschreibung der IST-Lage,
- Problemdefinition,
- Planungsdiskussion,
- Zielformulierung,
- Alternativenentwicklung und Prognose der Wirkungen der Alternativen,
- Entscheidung für eine Alternative,
- Fortführung und Controlling bis zumindest Konsolidierungsphase des Plans (GIS-Planung als Prozess).

GIS-Praxis liefert uns nun zahlreiche Indizien, die zeigen können, dass die o. g. Fragestellungen im Rahmen der GIS-Planung von kaum einer Institution planmäßig wahrgenommen werden können, was als unbeabsichtigte Folge der Entmachtung von Politik aus ihrer dynamischen Rolle in Planungsvorhaben bis Anfang der 70er-Jahren angesehen werden kann (siehe S. 134).

Zu denken ist dabei z. B. an die vernachlässigte Rolle der Politik als Regulierungsorgan innerhalb der Geoinformation, da die Hoffnung auf die Regulierungskraft der Marktwirtschaft sich nicht nur kaum bewahrheiten kann, sondern auch eher dekonstruktiv gewirkt hat, so dass es hinsichtlich der freien Datenaustauschbarkeit und Kommunikation der IS unter einander nach dieser Studie durch parasitäre[93] Datenanbieter eher zur Dramatisierung der Lage gekommen ist (siehe www.azer.de/gis: Auswertung/kritische Betrachtung der Datenqualität).

Fehlende politische Präsens bei der Konzeption, Durchführung, Controlling der GIS-Planungsprozesse sowie die Unterstützung seines flächendeckenden Einsatzes in der Praxis, oder auch Schwierigkeiten der politischen Führung, ihre diesbezüglichen Aufgaben sach- und fachgerecht zu delegieren, haben in der GIS-Praxis zur Entstehung der Stolpersteine geführt:

- Durch rasante technische Entwicklung hat Politik hinsichtlich GIS-Planung die rechtzeitige Orientierungsrolle versäumt (z. B. bei der Vermeidung der hetero-

---

[92] Es gibt kaum eine einheitliche Terminologie zum Kontraktmanagement. Leistungsvereinbarung, Leistungsauftrag, Departements- oder Beschaffungsauftrag, Kontrakt etc. werden weder begrifflich streng voneinander unterschieden, noch sind Indikatoren vorhanden, um ihren Erfüllungsgrad zu definieren.

[93] Vgl. Computerwoche 1998 Ausgabe 38, S. 7: Telekom-Chef gegen „parasitären Wettbewerb".

genen Daten- und Systemlandschaft). Zu wenig Zeit und Wissensbasis für strategisches Denken und Handeln hinsichtlich der GIS-Planung seitens politischer Führung hat für GIS-Praxis die fatalen Konsequenzen als Resultat.

- Der Politik fehlt die nötige Schlüssel- und Fachkompetenz, sich konstruktiv bei der Sache einzumischen und Einfluss auszuüben. Technokraten bestimmen hier den Verlauf von GIS-Planungsprojekten und unterschätzen dabei die Risiken ihrer sektoralen Vorgehensweisen. So laufen GIS-Projekte grundsätzlich ohne strategische, normative und dispositive Dimension und beschränken sich auf Sektororientierte Aufgabenerledigung der operativen Planungsebene.
- Föderalismus und Stützung auf bürokratisch hierarchische Handlungsweise erlaubt für Politik keinen raschen und wirksameren Umgang mit der Problemdefinition und ihrer Lösung im GIS-Umfeld. Die enge Zusammenarbeit innerhalb der gesamten Verwaltung ist hier die wichtige Voraussetzung für die Entstehung eines fächerübergreifenden GIS.
- Geo- und Sachdatenbestände sind bisher durch problemorientierte Erfassungsprojekte entstanden. Ihre Zusammenführung und Aufbereitung stellen für den optimalen GIS-Einsatz in IgPa-Umfeld weiterhin eine Herausforderung dar. Diese lassen sich aufgrund methodischer, inhaltlicher, maßstäblicher und zeitlicher Unterschiede nicht ohne weiteres zu einem generellen Rauminformationssystem zusammenführen. Zur Unterstützung der raumbezogenen Steuerungsaufgaben müssen GIS durch ein bereichsübergreifendes Informationsmanagement mit den übrigen Informationsbereichen so verbunden werden, dass die Sachdaten der verschiedenen Bereiche jederzeit mit den Raumbezugsdaten verknüpft werden können [Trutzel 1999a].

Die größten Probleme der GIS-Praxis sind so kaum von technischer Natur. Die halbherzigen politischen Anstrengungen für die Lösung oder gar Reduzierung ihrer Behinderungen wirken in der Praxis bisher nicht effektiv genug. Es müssen hier im Rahmen eines vom modernen Ansatzes der Staatslenkung geprägten Kontraktmanagements die Aspekte der Aufgabenteilung und der Kooperation betont werden und nicht die Aspekte der marktwirtschaftlichen Konkurrenz und Selbstheilung. Der Autor hält es hinsichtlich der GIS-Planung für unentbehrlich wichtig, mittel- und langfristige Planungen (Planung der GIS-Komponenten) durch direkt politisches Engagement zu stärken und die kurz- und langfristigen informationstechnologischen und datenspezifischen Bedürfnisse der Gesellschaft seitens der Politik zu artikulieren und aktiv zu steuern.

4.1.3.1 Kontraktmanagement als Vorgehensweise für die GIS-Planung?

Die GIS-Planung benötigt im Verständnis dieser Arbeit als Megaplanung das direkte politische Engagement. Ob dies nun in Form der seit den 90er-Jahren heiß diskutierten und laut propagierten neuen Handlungsweise der Politik in Richtung Verwaltung im Sinne eines „Kontraktmanagements“ ausreicht, eine GIS-Planung durchzuführen, kann nicht eindeutig bejaht werden,[94] da die gesamten Aspekte einer Megaplanung

[94] Einbeziehung von dieser neuen Handlungsweise bzw. Kontraktmanagement in der Sache GIS-Planungs-Diskussion kann aber für die Verdeutlichung der unentbehrlichen Vermeidung einer politischen Planung in der Sache GIS von großer Bedeutung sein.

wie diese abzudecken, kaum seitens der Politik mit ihren Parteipatronagen in Form eines qualifiziertes Soll-Konzepts formuliert werden kann.

Was nutzt es außerdem, über die Ziele Vereinbarungen zu treffen, die in der Tat selber als Mittel zum Ziel konzipiert werden (GIS ist kein Produkt, sondern eher Werkzeug der Leistungserstellung in der Verwaltung). Das bedeutet, dass GIS-Planung kein Ziel, sondern einen offenen Prozess darstellt, dessen Modalitäten kaum in einem Pflichtheft zusammenzubekommen sind, was auch nicht in einem halben Jahr seiner Durchführung abzuschließen wäre[95] (siehe S. 81).

Dass ein Kontraktmanagement für die Lösung der GIS-Problematik nicht ausreicht, zeigt das IMAGI-Projekt, trotz siebenjähriger Anstrengungen fängt man erst an, das Problem für sich zu definieren und ist so noch von den ursprünglich formulierten Ziel weit entfernt[96] (siehe S. 70f.). Warum nun hier eine Direkt-Politische Planung als Kontraktmanagement in der Sache GIS funktionell erscheint, wird durch Mannheims Definition über Planung verdeutlicht, in dem er hinsichtlich der Planung nicht nur einerseits ihren analytischen und auf anderer Seite politischen Prozess betont, sondern auch gleichzeitig von ihrer Anwesenheit als im Grunde Struktur und Prozesse einer gesellschaftlichen und politischen Ordnung bestimmend [Feick 1975: 162] spricht, was für „GIS-Planung“ die bisher fehlenden gesamtkonzeptionellen Gesichtszüge zu geben in der Lage wäre.

So fehlt es nun an fundamentalen Konzepten, worauf GIS neu aufgebaut werden soll und ihre Entwicklung ist die dringendste Aufgabe vor allem der Wissenschaft. Dabei sollten folgende Fragen beantwortet werden:

- Wie schafft man es, eine offene Datenlandschaft mit offenen Kommunikationsmöglichkeiten aufzubauen?
- Wie schafft man es, ein gegenseitiges Verständnis, Kooperation und Kontraktmanagement zwischen Verwaltung, Politik und Informatik herzustellen?
- Wie bringt man die Anforderungen der Politik in die Realisierung eines Technischen Informationssystems mit ein?
- Wie gelingt es, wirklich praxistaugliche Konzepte zu entwickeln und damit die Datenverarbeitung zum Nutzen aller einzusetzen?

Hier ist es erforderlich, durch Potenzialanalyse innovative Projekte zu fördern und die Informatik mit entsprechenden Wunschvorstellungen der Verwaltung vertraut zu machen, damit man die Lücke zwischen Marktpotential und vorhandenen Lösungen und Verwaltungsbedürfnissen schließen kann. Es ist dabei von Bedeutung, dass die innovativen Arbeitsweisen entwickelt werden müssen, welche den Potenzialen der GIS-Technologie entsprechen.

---

95 Kontraktmanagement fängt nicht mit der Problemwahrnehmung und ihrer Definition an, sondern setzt klare Ziele und Absichten voraus und ist so eher für die klassisch bekannten Aufgabenerledigungen von Relevanz.

96 Allein sagen zu können, wo welche Daten liegen (wahrscheinlich Hauptidee und ausschlaggebend für das IMAGI-Konzept stellt sich im Nachhinein als laienhaft heraus). „Metadaten“ über die Datenbestände zu regeln, gehörte nicht zu den ersten oder letzten Stufen des Plans und es wäre auch unmöglich, diese Stufe des Plans ohne die Realisierung der zwei weiteren Stufen funktionell abzuschließen.

4.1.3.2 Planung als politischer Prozess und Planungsprobleme

Parlament vs. Staatliche Planung

In der Zeit 1968–1974 war man von der Zauberkraft der Planung bei der Modernisierung von Wirtschaft und Gesellschaft so begeistert, dass man diese Phase als „Zeit der Planungseuphorie" bezeichnete. Ölkrise 1973/74 und Dollarabwertung zusammen führten jedoch bald zum Ende der Planungseuphorie und dem Wandel der Planung.

Dieser Wandel hatte ein spezifisches Merkmal, beeinflusst von politischer Demokratisierungsbewegung der Zeit, nämlich den Entzug der Planungskompetenz des Staats (Policy) und damit seine Entmachtung gegenüber der Legislative (Polity). Es sollten freie marktwirtschaftliche Prinzipien die Entwicklung der Gesellschaft bestimmen. Das führte aus heutiger Sicht zu einer Art Verantwortlichkeitsdefizit in der Sache Planung. Planungskompetenz des Staats stieß immer mehr auf Widerstand der Parlamente. Was sollte ein Parlament noch entscheiden, wenn perfekt abgestimmte „integrierte Entwicklungspläne" die Politik der nächsten fünf Jahre bestimmen sollten? Die Parlamente reagierten darauf mit „Planungsgesetzen", die dem Parlament mehr Kontrollrechte in der staatlichen Planung einräumen sollten. Der Bundestag setzte 1970 eine Enquete-Kommission „Verfassungsreform" ein, welche die notwendigen Verfassungsreformen diskutieren sollte, um dem Parlament die Entscheidungsmacht zuzuführen. Diese auf reinem Machterwerb beruhende Aktion des Parlaments, ohne dazu die notwendige fachliche Kompetenz mitzubringen, führte nicht nur zu einer Verantwortlichkeitskrise in der Sache ambitionierter Planungsvorhaben, sondern, wie die zumindest letzten ca. zehnjährigen Versuche für die Lösung der Geoinformationsproblematik zeigen, ihrer mächtigen Überforderung, in dieser Hinsicht konstruktiv entscheiden zu können.

Die Planungen, die die Multidimensionen des Handelns, nämlich die sachliche, fachliche, die zeitliche, die räumliche und die finanzielle (relevant für die dispositive Ebene des Plans) festlegen, sind aber hochgradig inflexibel gegenüber Änderungen und folglich hochgradig störanfällig. Alle Änderungen müssen aber wieder aufwändig politisch abgestimmt werden.

In den 80er-Jahren wurde die Planung in Deutschland mit „Sozialreform" verbunden. Je mehr der Staat in die Steuerkrise geriet, umso mehr stieß Planung auf Widerstand aller Interessen, die gerade im Rückbau des Wohlfahrtsstaats die notwendige Umstrukturierung der Gesellschaft sahen.

Die Folge dieser Entwicklung war, dass die Planungsansätze abrupt eingestellt wurden. Auf Bundesebene wurde die Planungsgruppe „Regierungs- und Verwaltungsreform" beendet, in den Ländern wurden alle Ansätze integrierter Entwicklungsplanung abgebrochen.[97] So spielt die mittel- und langfristigere Investitionsplanung und deren Bedeutung nun für das politische System in Deutschland praktisch fast keine Rolle mehr [Fürst 2000]. Denn die Demokratie lebt von ad-hoc-Kompromissen und operiert folglich mit projekt- und problemgebundenen Einzelentscheidungen. Sie ist aber kaum in der Lage, ein mittel- oder langfristigeres Zielsystem systematisch abzuarbeiten. Das gilt umso mehr, als in solche Planungen nur die Interessen eingehen, die sich gut organisieren und artikulieren können.

Nach jahrelangem Überlassen der Lösung des Problems in der Hand der freien Marktwirtschaft ist eins sicher, dass die Politik selbst in dieser Hinsicht nicht tatenlos geblieben bzw. von den Lobbyisten der Branche zumindest zu einer halbherzigen

[97] Ausgenommen Bayern und Niedersachsen, die ein Rudiment beibehielten.

Reaktion im Sinne „Kontraktmanagement in der Sache Geoinformation" gezwungen wurde, was bisher nicht ausreichte, von der Entspannung der Situation zu sprechen.

Nun lautet die Frage, ob GIS nicht nach einer staatlichen Planung im Sinne der 60er-Jahren[98] verlangt und ob die Erfahrungen dieser Zeit hinsichtlich der Planung als geeignete Handlungsstrategie nun für die Lösung der Interoperabilitätsprobleme im gesamten informationstechnischen Umfeld nicht herangezogen werden kann.[99]

Hier handelt es sich zwar um eine direkte Aufgabe der Politik, aber das politische Umfeld ist heute kaum in der Lage, selbständig zu operieren, in dem die Problemdefinition eigenständig angefertigt wird, und so benötigt man dazu die Spezialisten, welche oft selbständig agieren und ohne Beamten-Status mit der Politik kooperieren.

Fürst stellt in seinem prägnanten Artikel über „Planung als politischer Prozess" den Verlauf der Planung unter Ministerialbürokratie an den Pranger, die hinsichtlich der Klärung von GIS-Planungsrealität hier sehr treffend erscheint und ist in der Lage, die seit Ende der 90er-Jahre im GIS-Umfeld getroffenen sporadischen staatlichen Maßnahmen zu durchleuchten und die Hintergründe ihrer schwachen Resultate besonders in der Sache Geodaten zu zeigen. In dem die Spannung zwischen formallogischer Planung (ausgerichtet an wissenschaftlichen Abläufen) und politischem Planungsprozess (Konsensfindung an politischer Rationalität) verdeutlicht wird, wobei hier die fehlende zeit- und sachgemäße politische Kompetenz das Hauptproblem darstellt:

> Das Vertrackte der Planung liegt darin, dass Planung zugleich ein Prozess der Informationsverarbeitung und der Konsensfindung ist. Beide – (technische) Informationsverarbeitung und (politische) Konsensfindung – sind so eng miteinander verwoben, dass sie zwar heuristisch, aber nur schwer empirisch zu trennen sind. Jedoch folgen sie unterschiedlichen Logiken. Politische Rationalität behandelt Probleme und Problemlösungen als „Mittel" für Interessen und definiert solche Probleme und Problemlösungen als „gut", die die Ziele (Interessen) mit den geringsten politischen Kosten befriedigen. Planer neigen so dazu, sich den Begrenzungen (z. B. finanzieller Art nach principle of least effort) vorschnell zu unterwerfen, weil sie die Kooperation der Verwaltung brauchen oder weil sie meinen, die Begrenzungen nicht testen zu können (häufig trifft das zu, weil ihnen die politische Unterstützung für offensives Planen versagt wird) [Fürst 1999: 14].

Einerseits sieht er Planung politisch, die in einem politischen Umfeld operiert, andererseits wird diese unter der politischen Schwere flach gepresst, entdynamisiert bzw. ihr nötiger Elan neutralisiert. So dass die Planung seitens der Politik nicht nur ihre strategische, normative und dispositive Unterstützung versäumt, sondern auch in ihrer operativen Ebene (Schaffung der Voraussetzungen für optimalen Technikeinsatz, z. B. als Standard-Bezwinger) durch die fehlende Regulierungsrolle der Politik

[98] Kanzlerdemokratie vs. Ministerialbürokratie.

[99] Dabei geht es nicht um die damals populären Managementmethoden sog. „Planungs-, Programmierungs-, und Budgetierungssysteme" (PPBS), wodurch versucht wurde, Ziele präzise zu definieren, Zielhierarchien aufzubauen, (Kosten-) Alternativen der Zielerreichung zu ermitteln und eine mittelfristige Finanzplanung zu installieren.

zu redundanter Entwicklung der Technik beiträgt (z. B. durch redundante Schnittstellen und Applikationen).

Die Einhaltung von Standards bei der GIS-Entwicklung und dessen Einsatz garantiert einen hohen und langfristigen Schutz der Investitionen. GIS-Systeme basierend auf properitären Entwicklungsumgebungen und Datenbanksystemen erfahren im Zuge der vermehrten anwendungsbezogenen Datennutzung einen hohen Akzeptanzverlust, da ihre Integrationsfähigkeit in die IT-Umgebung mit erheblichen Problemen und hohen Investitionskosten verbunden ist. Das heißt, nicht nur die modernsten, sondern vielmehr standardisierte Methoden minimieren das Investitionsrisiko [Fünfer, H. 1995: 105ff.].

Um eine sichere, dauerhafte, konstruktive sowie faire Kommunikation zwischen den GIS-Herstellern für das Vorantreiben von Standardisierungsversuchen zu ermöglichen, soll Politik hier eine hochsensible Aufgabe übernehmen, nämlich zwischen den Kontrahenten, die alle in einem Boot sitzen, aber ihre allzu oft redundante Individualität und sich isolierende Souveränität schätzen und über historisch gewachsene Informationssysteme verfügen, zu vermitteln und Träger ihrer Geheimnisse und Interessen zu werden,[100] um eine Gemeinschaft nun politisch zu kollektivem Handeln zu bewegen. Bisher wurde es nämlich trotz vieler Versuche seitens der Standard- und Normierungsinstitutionen nicht möglich, alle Mitglieder der GIS-Gemeinschaft, wie Systemhäuser, Datenanbieter, Verwaltung, etc. wirklich konstruktiv und langfristig an einen Tisch zu bringen.

Feick drückt diese Herausforderung in Richtung der Politik wie folgt aus: „Es wird hier nach geschulten Politik-Analytikern, neutralen Stadt-Managern, neuen Experten und Planern gesucht, welche mit der Verheißung gehört werden möchten, eine rationale oder rationalere Politik zu ermöglichen [Feick 1975].

So sind es übrigens Politiker, welche die strategisch normativen Inhalte (Validität, Machbarkeit, Zweckmäßigkeit, Verwendbarkeit und Wertungen) in die Planung eingeben sollen. Wo sonst sollen solche Sicherheit, Lenkungsfähigkeit, Objektivität und Einschätzungen über das Planvorhaben herkommen, wenn die Politiker sie nicht bestimmen. Software-Industrie ist (nachvollziehbarerweise!) dringend darauf angewiesen, für ihre Produkte zu werben und diese abzusetzen, ohne dass jemand wagen würde, sich darüber zu vergewissern, „wie lange noch" es sich bei IT-Projekten um „Milliarden-Boom oder Seifenblase" [GeoBiT 2005: 1] handeln wird. Die andauernde Krise der New Economy resultiert allerdings in der Tat aus vielerlei entstandenen Altlasten, die die Vorteile des Technikeinsatzes neutralisieren und ihren informationellen Einsatz immer mehr blockieren. Hier wird nun besser verständlich, wieso für Geodatenprobleme in Deutschland, die ca. vierzigjährige Wahrnehmungspotenziale bei den Zuständigen aufweisen, bisher kaum ein Durchbruch erzielt wurde.

---

[100] In solchen Situationen dürfen sich die Systemhäuser jedoch z. B. bei der Entwicklung der Standard-Kennzahlen, Schnittstellen oder Applikationen, wo eine enge Zusammenarbeit aller GIS-Hersteller vorausgesetzt ist, beim Austausch von Projektinformationen gegenseitig nicht zu tief in die Karten schauen. Anders formuliert, müssen die GIS-Hersteller in solchen Situationen sensibles technisches Know-how in die Zusammenarbeit einbringen, wollen aber natürlich nicht gleichzeitig wichtige Betriebsgeheimnisse preisgeben, wo nur Schnittstellenspezifikationen ausgetauscht werden müssen [Dieterle 2004: 35].

4.1.3.2.1 Wahrnehmung und Definition der schlecht strukturierten Probleme

Während die Technik der Datenverarbeitung in Bereiche der Lichtgeschwindigkeit eindringt, beginnt sich bisher die hierarchisch orientierte Organisation erst sehr langsam an moderne Fakten anzupassen [Höring 1990]. In einem hierarchischen System eine dezentrale Netzstruktur zu planen, führt oft zu Spannung und widersprüchlichen Interessenkonstellationen. Dezentralisierung verlangt nach netzwerkartiger Organisation als Ort der Produktion sowohl flexibler Entscheidungsprozesse als auch der organisatorischen Integration aller Elemente im Produktionsprozess [Castells 2001: 94].

Der entscheidende Schritt für die Informatisierung der Gesellschaft stellt heute eine ernst zu nehmende Herausforderung für die Politik dar, das Geodatenmanagement wie in den USA, nach dekadenlangen Fehlversuchen der Technokraten, welche immer wieder eine technische Lösung des Problems angestrebt haben, nun selber in die Hand zu nehmen. In den USA wurde die Datenmanagementsaufgabe 1994 durch die sog. „Clinton-Order" geregelt (siehe S. 4), in dem durch politische Initiative ein Incident-Prozess ins Leben gerufen wurde, um Störungsmeldungen des Managements zu bearbeiten. Damit sollen die Geodaten in der Erfassung, Zusammenführung und Haltung reguliert und als Mehrwert generierendes Produkt kostengünstig jedem zur Verfügung gestellt werden.

Die Praxis zeigt, wie wichtig es ist, dass die Datenbestände den Erfordernissen der Praxis entsprechen, weitgehend einheitlich und redundanzfrei sind. Unter „Planung als politischer Prozess" hinsichtlich der Deckung der Datenbedürfnisse der Gesellschaft sollte man nicht nur verstehen diese zu liefern, sondern auch ihre Qualität bzw. Tauglichkeit zu kontrollieren. In Deutschland leidet die politische Vorgehensweise in der Sache Daten nicht nur an föderaler Zersplitterung, sondern eher an lobbyistischem Charakter der bisher getroffenen Entscheidungen, hinter denen weitblickender politischer Wille und Deduktionen fehlen. Nach dem Motto, derjenige, der das Thema einbringt und vorstrukturiert, hat bereits einen Teilsieg gewonnen (Privileg der Problemdefinition) [Fürst 1999: 6f.]. Diese (Lobbyisten) schienen in GIS-Umfeld allerdings von Anfang an die Sieger zu sein, da für die Lösung des Problems vom ersten Tag an die qualifizierten und praxistauglichen Strategiekonzepte fehlten, und so hat das Problem der Geoinformation seit über zehn Jahren selbst für klassische Anwendungen kaum an Intensität verloren. Diese lobbygesteuerte Problemwahrnehmung und Definition scheint inzwischen einen festen Platz in den politischen Entscheidungsprozessen erobert zu haben[101] und die wichtigen gesellschaftlichen Themen werden so in der Regel nicht vom politischen Establishment (Referatsleiter, Amtsleiter) oder den Vertretern großer Organisationen oder gesellschaftlicher Funktionssysteme aufgeworfen.[102] Die Protokolle der parlamentarischen Abende hinsichtlich der Geoinformation

[101] Durch die Lobbyisten getragen, ist es in den letzten Jahren auf Kosten des Staats zur Entstehung der zahlreichen (mindestens eine je Bundesland) immer komplexer werdenden Organisationen in Bund- und Länderebene gekommen.

[102] Konzepte und Konstruktionsweisen regionaler Geographien im Wandel der Zeit, von Hans Gebhardt, Paul Reuber und Günter Wolkersdorfer. Auszug aus: Berichte zur Deutschen Landeskunde, H. 1, 2005.

[DDGI 1998] dienen so kaum der Lösung des Problems und werden eher als Mittel zum Zweck der Hauptsieger instrumentalisiert.

Nun hier in dieser komplizierten Lage Organisation zu betreiben, die zahlreichen sichtbaren und die noch zahlreicheren unsichtbaren Verflechtungen zu berücksichtigen und zu handeln, ist schwer. Ganz schwierig wird es aber, Organisationsformen zu finden, die dem Denken, das Datenverarbeitungssystemen zugrunde liegt, entsprechen. Der Grund für diese Schwierigkeit liegt oft bei der fehlenden Wissensbasis über die Planung und den Einsatz der Technik und ihrer Potenziale für die optimale Erledigung der Verwaltungsaufgaben. So findet Planung oft unstrukturiert, konzeptlos und ohne realen Bezug zu Soll-Vorstellungen statt. In einer solchen Situation bleibt die Antwort auf die wichtigen Fragen, wie welches und wie viel Wissen über das betrachtete System und sein Umfeld notwendig, und ob es in ausreichendem Maße verfügbar ist, oft ein schwieriges Unterfangen

Die qualitativ guten Daten haben in der Verwaltungspraxis im Wesentlichen zwei Dimensionen. Sie dienen einerseits als Produktionsfaktor zur Abwicklung des operativen Geschäfts (Fachaufgaben) und andererseits als Managementfunktion für Monitoring, Planung, Steuerung und Kontrolle (IgPa).

Alles, was hinsichtlich der Geodaten in Deutschland getan werden muss, damit diese Daten zeitgemäßer Datenverarbeitung gerecht werden, scheitert allerdings nach der Studie oft im Ansatz daran, dass man ohne eine Definition über die Qualität der Daten abgeben zu wollen, über eine Qualität schweigt, die in bundesdeutschen Geodatenbeständen aufgrund der fehlenden oder nicht ausreichenden Datenpflege bzw. Datenmanagement insgesamt nicht vorhanden ist, wenn man versucht, zwei Daten aus unterschiedlichen Quellen für die Erledigung einer Querschnittaufgabe zusammenzuführen. Es wird oft über eine Qualität spekuliert (wie diese Studie deutlich macht), die grundsätzlich mit falschen bzw. Fehlerwartungen verknüpft wird. Die Qualität der Daten ist nur bei ihrem entsprechenden Einsatz festzustellen, wofür Konzepte und praktische Erfahrungen fehlen.

Das Problem resultiert vor allem aus dem fehlenden Geo-Datenerfassungskonzept hinsichtlich der Frage „Was wir crfassen" und andererseits der Methode „Wie sollten wir dieses tun". Wenn es der Arbeitsgemeinschaft der Vermessungsverwaltungen der Bundesrepublik Deutschland (AdV) seit Beginn ihrer Aktivitäten im Jahre 1965 als einer ständigen Einrichtung der Innenministerkonferenz der Länder, die als Aufgabe hat, die Abstimmung von einheitlichen Vorgehensweisen im föderal organisierten deutschen Vermessungswesen zu fördern, gelingen würde, in ihren dekadenlangen Aktivitäten diese zwei banalen Fragen praxistauglich zu klären und massenübergreifend zu praktizieren, hätte man diese auf Basis einheitlicher Vorgehensweise erfassten Daten zumindest auf Spagettistruktur aufwandfrei zusammenführen können.[103]

[103] Es sind insgesamt rund 44.000 der 49.000 deutschen Vermessungsfachkräfte (Geodäten, Vermessungsingenieure, Vermessungstechniker/innen) im Öffentlichen Vermessungswesen beschäftigt [Schroder 1998 nach Kummer 2007]. Laut AdV-Angaben arbeiten nur 2% von dieser Masse in der Forschung und Lehre. So lässt sich nun die Frage stellen, ob es nicht möglich war, durch innovative Ansätze AdV rechtzeitig zum Gegenstand von Kontraktmanagement zu machen, um zeitgemäß dem Datenbedarf der Gesellschaft entgegen zu kommen?

Von Geobasisdaten in ihrer ersten Stufe erwartet man vorerst nicht mehr als dies.[104] Probleme inhaltlicher Art sind allerdings vielfältiger Natur, von der Einheitlichkeit und Verständlichkeit des verwendeten Vokabulars bis zum Raumbezug. So müssen für ihre Einsetzbarkeit an mehreren Stellen Veränderungen, Bereinigungen und Korrekturen durchgeführt werden, oder es muss ganz einfach alles wieder neu erfasst werden. Dass um 90% der Umfrageteilnehmer eigene Daten erfassen, zeigt, dass die GIS-Anwender hinsichtlich der Daten nun ihren eigenen Weg zu gehen gelernt haben und dies leider zu Gunsten reibungsloserer Kommunikation schwer wieder verlernen werden.

Die Studie zeigt so hinsichtlich der Datenlage eine paradoxe Situation: Einerseits müssen die Anwender ein vermehrtes Aufkommen an Datenflut bewältigen. Andererseits haben diese Anwender einen hohen Bedarf an beliebigen bundesweiten Daten, der oft nicht ausreichend, nicht zeitgerecht oder nur unter hohem Aufwand abgedeckt werden kann. Daher werden existierende GIS-Prozesse und -Systeme oft als unbefriedigend und offensichtlich ineffizient empfunden, insbesondere wenn parallel mehrere, bereichsorientierte, isolierte und teils redundante GIS oder ERP-Lösungen existieren, die nicht ausreichend in die Geschäftsprozesse integriert sind.

Wie Daten im Hinblick auf das Nutzen in einem GIS strukturiert sein sollen, stellt für die Praxis eine Herausforderung dar. Über die Lösung des „datalogical problem" gibt es im gesamten IT-Umfeld kaum ein umfassendes Konzept. Durch die technische Entwicklung sind zwar in letzter Zeit für die Archivierung der Daten gute technische Lösungen in Form der Datenbanksysteme entwickelt worden. Diese lösen jedoch das Problem der Datenmodellierung nicht, da sie selber davon abhängen. Das „datalogical problem" im GIS-Umfeld ist kein reines Datenhaltungsproblem, sondern eher „wie" diese dokumentiert werden, d.h., dies ist ein strukturelles Problem, was vorerst die Entwicklung eines Modells voraussetzt, dessen Wurzeln wiederum im Systemfunktionalen Basismodell von GIS verankert sind, wofür sich aber seit dem Abbruch der Neuorientierungszeit hinsichtlich des GIS-Architekturmodells angefangen seit 1985 bis ca. 1995 kaum jemand mehr interessiert. Ansätze für die technische Lösung der aus ähnlichen Versäumnissen resultierenden Probleme hat es bis dato zwar öfter gegeben, diese waren aber bisher noch nicht endgültig überzeugend; unter den gegebenen Umständen kann es diese auch nicht geben.

Somit liegt die Herausforderung auf dem Weg zur Wahrnehmung der IgPa von GIS darin, tatsächlich wirkungsvolles Datenmanagement zu betreiben, damit Geodatenbestände soweit wie möglich breiteren Anwendungsfeldern in der Praxis gerecht werden können.

[104] Wenn auch inzwischen das Problem des Datenaustausches in Spagettieebene durch Middleware-Einsatz und Normierungsschritte relativiert wurde, bleibt das größte Problem des Datenaustauschs weiterhin in semantischer Ebene vorhanden, wofür es eine technische Lösung nicht gibt. Die allgemeinen Systemschnittstellen (z.B. DXF) erlauben häufig nur die Übertragung der Geometriedaten. Bei weitergehenden Konzepten (z.B. spezielle Konverter oder auch die EDBS) gibt es Probleme bei der Implementation der Ausgangsdaten in das Modell des jeweils fremden Systems. Verschiedene Konzepte sind daher kaum 1:1 übertragbar.

Alternativensuche

Aber selbst, wenn das Problem definiert ist, ist noch lange nicht gesagt, dass es dafür eine richtige Lösung gibt. Man kann sich lange streiten,

- was die Ursachen des Problems sind,
- welche Wirkungen mit dem Problem verbunden sind,
- was das Kernproblem und was eher abgeleitete Probleme sind,
- ob man mit den Maßnahmen nicht nur Symptome, sondern auch Ursachen bewältigen kann etc.

„principle of least effort“

Finanzielle Begrenzungen spielen eine erhebliche Rolle im politischen Prozess, weniger der Wirtschaftlichkeit wegen als wegen der damit verbundenen Verteilungskonflikte. Für Planer – die ja die Entscheidungen vorbereiten müssen – kann darin der zentrale Engpass liegen. Weil sie keine Finanzen für externe Gutachter haben, weil ihnen Personal fehlt, sind sie nur begrenzt in der Lage, Problemlösungen zu entwickeln. Sachliche Begrenzungen ergeben sich daraus, dass in Politik und Verwaltung im Grundsatz auch das Prinzip der Aufwandsmininierung („principle of least effort“) gilt, sodass sachliche Widerstände gern als „technische Sachzwänge“ deklariert werden (z. B. aufgrund fehlenden entsprechenden Personalschulungsplans bleibt GIS-Einsatz auf die klassischen bekannten Aufgaben beschränkt), oder auf langfristig bedeutsame Detailarbeit verzichtet (z. B. bei der präziseren Erfassung und Aufbereitung der Daten vernachlässigt) und dadurch Datenqualität oft von den Zuständigen auf die leichte Schulter genommen wird. Diese entheben den Planer der weiteren Suche und legitimieren sein begrenztes Lösungsangebot.

Ein Chef des Stadtvermessungsamts, als solcher der Exaktheit geographischer Koordinaten verpflichtet, sieht sich an die Exaktheit geographischer Koordinaten zu halten als „Genauigkeitsfanatismus“ und lehnte einen präziseren Umgang mit Daten mit der Aussage ab, dass wegen des knapp fünfprozentigen Anteils der nötigen Geodaten in zentimetergenauer Qualität von vornherein auf die langwierige sowie teure zentimetergenaue Digitalisierung und Vektorisierung analoger Kartenwerke verzichtet würde [LANDSCAPE 1997]. Die Chance des Vermessungswesens, einen einflussreichen Beitrag zum heutigen Geodatenmarkt als Voraussetzung für die Entwicklung der innovativeren Applikationen im GIS-Umfeld zu leisten, wird auf solche Art leichtfertig vertan [Bartelme 1999].

All diese und weitere Probleme sind real und bedingen, dass innovative Technik nur äußerst bruchstückhaft eingesetzt wird, deshalb werden ihre Potenziale in der Verwaltungsarbeit bisher in nur sehr geringem Umfang genutzt und liegen somit brach; von einem effektiveren Einsatz der GIS-Technologie kann also kaum gesprochen werden.

4.1.3.2.2 Datenmanagement und Überforderung der Politik

Heute führt der Mensch zwar auf weit gelegenen Planeten Vermessungsaktionen durch, aber dass mitten in Europa hier kaum zeitgemäßer (technologietauglicher, innovationskonformer, qualitativ verwendbarer) Geodatenbestand vorhanden ist, damit Verwaltung, Wirtschaft und Industrie endlich von den bisherigen Milliarden-Investitionen in GIS-Umfeld profitieren können, würde kaum ein Politiker als wahr bezeichnen. Aber es ist leider so, und auch Frau Zypries[105], Vorsitzende einer staatlichen Institution im Geodatenumfeld „Interministerieller Ausschuss für das Geoinformationswesen", kurz „IMAGi" musste sich im Nachhinein davon überzeugen und wundern, dass man hier weiterhin z.B. noch über die einheitliche Farbgebung für Bundesautobahnen auf den topographischen Rasterkarten aller Bundesländer um rot oder gelb streitet.[106] Seitdem sie aber dies erklärt bekommen hat, weiß sie (hoffentlich), dass die Lösung des Problems nicht einfacher geworden ist. Schlimmer noch, keiner glaubt mehr an den Erfolg des seit ca. 10 Jahren laufenden Kontraktmanagements der Politik in der Sache Geoinformation. Wenn jemand ein evidentes Beispiel für die Politikverdrossenheit hinsichtlich der Vergeudung der Steuergelder sucht, kann er sich im Geodaten-Umfeld reichlich bedienen.

Dass durch die viel beschworene Kontraktmanagement-Aktion der Politik unter IMAGi kaum noch etwas zu retten ist, weiß man durchaus [Jork 2000], was auch durch die Studie evident wird (siehe Abb. 33 und 34).

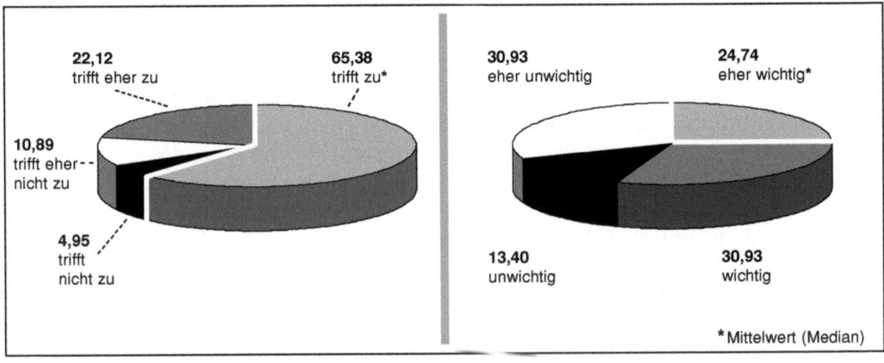

Abb. 33:
Die teuer erzeugten Datenbestände der öffentlichen Hand können aufgrund der fehlenden bzw. falschen Preispolitik nicht rechtzeitig die Anwender erreichen, bevor sie veraltet sind (z.B. ATKIS).

Abb. 34:
Als Aufgabe der Politik: Schaffung der Voraussetzungen für den Wandel in gesellschaftspolitischen Machtverhältnissen, der durch Einsatz der neuen Informationstechnologie (IT) ausgelöst wird.

---

105 Brigitte Zypries war seit November 1998 Staatssekretärin im Bundesinnenministerium und in dieser Funktion auch Vorsitzende des Interministeriellen Ausschusses für das Geoinformationswesen, kurz IMAGi.

106 Ob uneinheitliche Daten und ihr Austauschhandycap in Länder-Ebene existieren? Frau Zypries gesteht, dies zum ersten Mal gehört zu haben und möchte dem Problem nachgehen, denn so etwas sei mit gesundem Menschenverstand nicht nachvollziehbar [Brigitte Zypries 2002: 2].

GIS-Anwender brauchen Daten, die sie grundsätzlich nicht selbst erfassen können oder dürfen, aber sie tun das, oder haben es getan, weil sie nicht rechtzeitig bekommen haben, was sie brauchten, obwohl die Roh-Daten in den Datenbanken der öffentlich beauftragten Vermessungs- und Katasterämter brach lagen. Es herrscht hinsichtlich der Geodaten eine Art Ständedenken und oft die gegenseitige Beschuldigung seitens der Systemhäuser und der Praxis vor. Oder diese beiden machen die Politik (unter Föderalismus-Syndrom[107]) für die Misere verantwortlich, da sie hier als Versager ihre Rolle als Koordinator innerhalb der technologischen Entwicklungen und ihrer Komponenten einerseits und standardisierten Masseneinsatzes der Technik in der Praxis andererseits nicht rechtzeitig und sachgemäß wahr genommen hat.

Die heterogenen Datenformate und für den Austausch der Daten entwickelten Schnittstellen oder Applikationen sind zu individuell und bedeuten für GIS-Einsatz viel Aufwand. So steigen die Kosten für die Anpassung und Fehlerbeseitigung im Verlauf des Systemeinsatzes exponentiell an. Die Ergebnisse der Studie und weitere Erfahrungen aus der Praxis zeigen, dass Datenmanagement nicht allein der Fachebene überlassen werden darf und diese nun dringend nach politischem Handeln verlangt. Da die technologischen Strukturen zwar vorhanden sind, Ministerratsbeschlüsse seit geraumer Zeit existieren, der Durchbruch zur Integration der Fachinformationen und damit endlich zur ökonomischen Nutzung der GIS aber nach wie vor nicht gelungen ist [vgl. Buschhoff 1995: 56f.].

Eine offene Informationskultur für das Datenmanagement innerhalb der Gesellschaft zu gründen, kann jedoch nicht von dem insular atomistisch arbeitenden Fachmanagement erwartet werden, weil Datenmanagement einen interdisziplinären Entscheidungsprozess voraussetzt, damit das Resultat (Daten) für die gesamten gesellschaftlichen Anwender brauchbare Grundlagen liefert und jeder (Bund, Land, Kommunen, Gemeinden und auch Wirtschaft und Industrie) am Ende davon profitieren kann.

Obwohl die technischen Möglichkeiten heute sehr weitgehend sind, scheitert die Nutzung von Geodaten und Geoservices leider immer noch häufig an organisatorischen Hemmnissen. Viele Fachbehörden geben ihre Daten ungern preis. Die Zuständigkeiten für Geodaten sind im föderalen deutschen System sehr zersplittert, so dass flächendeckende Datenbestände über das gesamte Bundesgebiet bisher nur in wenigen Objekten bzw. Themenfeldern bezogen werden können. Die Kosten für Geodaten und Services sind noch sehr uneinheitlich und die Nutzungs- und Lizenzbedingungen sind teilweise restriktiv. Verbunden mit fehlenden Produktstandards hinsichtlich Genauigkeit, Struktur und inhaltlicher Qualität ist es den potentiellen Nutzern oft unmöglich zu erahnen, was sie für ihr Geld genau erhalten werden, bzw. von wem sie etwas erhalten können (siehe S. 67f.).

Ein GIS muss aber auch viele Sparten wie Vermessung, Ver- und Entsorgung, Verkehr, Raum- und Landschaftsplanungsämter abdecken, damit es für die Quer-

---

[107] Dies gilt oft sowohl bei den Datenlieferanten als auch Systemherstellern als parater Beispielsgrund, um die entstandenen Probleme zu erklären, obwohl Geodatenproblematik keines Falls in der Länderebene harmloser wird und die Kommunen wegen starken Bedarfs an Daten der Nachbarkommunen von den datalogischen, infologischen, systemaren sowie rechtlichen Problemen am meistens betroffen sind.

schnittaufgaben bedarfsgerecht eingesetzt werden kann. Verbesserungen in der Wissenslogistik im IgPa-Umfeld des GIS-Einsatzes erfordern beispielsweise nicht nur praktikable und bezahlbare Wege zur neuen Datenerfassung und Integration der bestehenden Bestände, vielmehr muss die abteilungsübergreifende Nutzung von Daten und Informationsbeständen erst einmal organisationskulturell zur Selbstverständlichkeit werden (siehe S. 81f.).

Die Datenproblematik und ihre politische Prägung kann kurz wie folgt aufgestellt werden:

- Föderale Zersplitterung der Datenerfassung durch die dezentrale Ersterfassung und Aufbereitung seitens der Landes- und Kommunalbehörden,
- zu wenig abgestimmtes Datenmanagement des Bundes,
- fehlende einheitliche Metadatenangaben über Daten, worauf sich der Verbraucher verlassen kann,
- rechtliche und wirtschaftliche Grenzen bei der Datenweitergabe und -bereitstellung an Dritte,
- fehlende Kooperation zwischen öffentlich Beauftragten und Privatsektor bei der Reproduktion von Daten und ihrer Vermarktung,
- Unentschlossenheit bei Alternativvorschlägen in Kooperation mit der Wissenschaft und unparteiischen Experten-Gutachtern,
- Handlungsbedarf bei der Schaffung von gesetzlichen Rahmenbedingungen,
- fehlendes qualifiziertes Personal für die Definition der Datengrundlagen, die neuen Herausforderungen gerecht werden können,
- Inkompetenz bei Steuerung, Controlling und Vollendung des Projektablaufs (z. B. Zeitmanagement) bei angestrebten bundesweiten Datenbeschaffungsmaßnahmen. Die Konkretisierung der Wunschvorstellung über die Schaffung der Voraussetzungen für bessere Entscheidungsgrundlagen, d. h. Basisdaten damals könnte heute den Einstieg in das neue IT-Zeitalter erleichtern. Diese würden nämlich die Bereitstellung einer qualitativ guten und flächendeckenden einheitlichen Datenbasis als Entscheidungsgrundlage von Gemeinde bis Bundesebene vorantreiben. Darüber fehlt es der Führung an einem EDV-tauglichen Konzept.
- Unfähigkeit bei der Entwicklung von langfristigen Lösungsalternativen: 1998 hat zwar die Politik unter dem Druck der Geoinformations-Lobbyisten zu zentralen Fragen der deutschen Geoinformation zur Positionierung eingeladen, aber leider strohfeuermäßig. Und heute wird deutlicher, dass weder Problemwahrnehmung noch Problemdefinition irgendjemanden überzeugt hat, wodurch man in diesem Lande die Verantwortlichen zur Rechenschaft zu zwingen in der Lage wäre, anstatt diese mit Goldener Nadel zu beschenken.

4.1.3.3 Empfehlungen zu Datensammlung, Aufbereitung und Verfügbarkeit

Die bisherigen Regelungen sind zu kompliziert für die reibungslose Erreichbarkeit der vorhandenen Datenbestände. Es besteht keine Hoffnung, die hier beschriebene datalogische Situation durch technische Lösungen zu verbessern. Hier bedarf es nicht nur neuer Regelungen im Sinne des Freedom of Information, sondern auch die einheitliche Vorgehensweise für ihre Reproduktion und Aufbereitung basierend auf gesetzlich geregelten Standards stellt nun eine Notwendigkeit dar:

1. Die Ämter sollen durch Gesetz zur Objektivität und Neutralität und zur freien Herausgabe amtlicher Daten verpflichtet werden. Politik soll persönliche, institutionelle und wirtschaftliche Verhaltensweisen, Technologien, Taktiken und gesetzliche Rahmenbedingungen erkennen und unterstützen, die die Entwicklung der Einheitlichen Geobasisdaten fördern.
2. Es sollen regulative und administrative Hindernisse der Geodatenproduktion beseitigt werden.
3. Es soll ein Netz von Organisationen aufgebaut werden, die durch gemeinsame Interessen an der Entstehung einheitlicher Geobasisdaten interessiert sind. Dazu sollen Prozesse entwickelt werden, die den Interessengruppen die Definition von logischen und ergänzenden Rollen zur Unterstützung der Einheitlichen Geobasisdaten erlauben [Wandinger u. Goller, 2002].
4. Die Prüfung der Datenqualität muss während und nach der Erfassung eine Daueraufgabe werden. In den meisten Verwaltungen existieren bereits große Datenbestände, die für bestehende Systeme und neue Anwendungen wie GIS über Data-Warehouses herangezogen werden. Die Verbesserung der Datenqualität ist für die Effizienz und Akzeptanz solcher Systeme entscheidend. Um das Problem der Datenqualität an der Wurzel zu packen, sollte eine Bereinigung des Datenmaterials möglichst direkt in den Beständen der Informationssysteme erfolgen, in denen die Daten anfallen. Zur Ermittlung der bestehenden Datenqualität ist es notwendig, relevante Datenbestände und ihre Metadaten zu identifizieren sowie typische Inhalte, Kodierungen und Problemfelder zu analysieren.
5. Für die Erzielung des benötigten Qualitätsgrads in der Sache Daten sollen im Rahmen der „Qualitätsanforderungen und Standards für Geodaten" ausgehend vom Bedarf in Zusammenarbeit zwischen Datenanbietern und Datennutzern Qualitätskriterien und Beiträge zur Standardisierung für verschiedene Anwendungsschwerpunkte erarbeitet werden [Schilcher et al. 2001].
6. Es sollen den Bürgern alle Arten von in der Verwaltung und Industrie benötigten Geodaten verfügbar gemacht werden.
7. Staatlich geförderte Problemlösungsanstrengungen im Geodatenumfeld führen heute oft zur Entstehung von mit öffentlichen Gelder finanzierten immer komplexeren werdenden Organisationen, die Geodatenprobleme eher konsolidieren, als ihre Lösung voranzutreiben. Hier sollen durch die Beteiligung aller zur Verfügung stehenden Kräfte der Gesellschaft von Forschung bis Sachbearbeiter in der Verwaltung gemeinsame Klassifizierungssysteme, Standards für den Dateninhalt und andere gemeinsame Modelle entwickelt werden, um ihren praxistauglichen und auch innovativen Einsatz zu ermöglichen.
8. Es sollen kommunal-bezogene Lösungswege zur Entwicklung und Wartung gemeinsamer Sammlungen von Geodaten für fundierte Entscheidungsfindung verwendet werden. Dabei sollen Beziehungen zwischen Organisationen aufgebaut werden, um die laufende Entwicklung der Einheitlichen Geobasisdaten zu unterstützen.

9. Um die notwendigen Daten bereitzustellen und über ein klassisches Berichtswesen hinaus eine konsistente Datenbasis zur Gewinnung vertiefender bereichsübergreifender Steuerungsinformationen vorzuhalten, sollen Statistische Ämter infrastrukturell vorbereitet werden, weil im Rahmen der operativen und Steuerungsaufgaben der Kommunalen Verwaltungen zu den Kommunalen Statistikämtern als Datenzentrale für den öffentlichen und privaten Sektor und ihrem Informationsmanagement und -verarbeitung eine entscheidende Rolle zukommt. Kommunale Statistikämter sollen als Informationslogistiker der Analyse-Zentrale der Verwaltung aufgebaut werden [Richter und Trutzel, 1999: 2f.]. Es gehört zu den neuen Herausforderungen dieser Statistikämter, die notwendigen Basisdaten durch die Kombination der verschiedenen Datenquellen zu erschließen und zuverlässige und vollständige Informationen über die herrschenden Verhältnisse und Entwicklungen sowie deren Ursachenzusammenhänge verfügbar zu machen [Steinborn 2000: 2]. Eine offenere Datenpolitik durch den öffentlichen Datenhalter kann hier zu der erwünschten Entstehung von neuen Arbeitsfeldern führen.
10. Datenerfassungsmethoden, Datenhaltung und ihre Modellierung entsprechen weiterhin nicht den multidisziplinären Einsetzbarkeitsvoraussetzungen, weil innovative Tools und Instrumente für die automatische Datenerfassung, desgleichen Data-Lifting Tools noch nicht ihre reifen Phasen erlangt haben. Erfassung und Aufbereitung von Geodaten soll zentral und unter direkten zeitgemäßen politischen Anweisungen und Kontrolle stattfinden. Es war früher in den Zeiten der zentralen staatlichen Planung nicht außergewöhnlich, dass die amtlichen Stellen, die Daten über die Gesellschaft und die Wirtschaft sammelten, gleichzeitig auch für Geodaten zuständig waren. Mit anderen Worten soll Politik eine unabhängige und nicht kommerzielle Institution schaffen, die sich zum Ziel setzt, die aktuellen Erkenntnisse und Methoden im Bereich des Datenmanagements zu fördern und flächendeckend zu realisieren. So soll auch bundesweit eine Plattform zum Austausch von Informationen und Erfahrungen gegründet werden. Nur so kann man für die heterogene Vorgehensweise bei der Erstellung der Geodatenbestände zur besseren Erzielung der Synergien ein Ordnungssystem schaffen [Westerhoff, 2000: 6].
11. Es soll ebenso eine staatlich regulierte Marktplattform für die Geodaten geschaffen werden. Geodaten gehören zusammen und haben einen globalen Kontext. Die Entwicklung einer globalen Geodateninfrastruktur soll die Richtung unserer Anstrengungen zur Erreichung einheitlicher Geobasisdaten bestimmen. Die Entwicklung einer einheitlichen Vorgehensweise für Geodaten muss unter globaler Regie (Bundesebene, europäische Ebene, internationale Ebene) zielorientiert initiiert und durchgeführt werden. Fehlende Transparenz auf dem Geodatenmarkt stellt für die Anwender ein großes Problem dar. Die Entstehung von parasitären Berufsfeldern unter Datenanbietern und ihr dominierender Einfluss in der jetzigen Zeit werden die Lösung des Problems verschieben und verhindern [Fornefeld, Oefinger 2001: 1]. Die Gründung eines Geodatenportals wäre aber, bis eine grundlegende Lösung für die konventionelle Vermarktung der Geodaten gefunden ist, vorübergehend zu empfehlen. Die Daten sollen so über Online Data

Warehouses für die Anwender aus öffentlichem und privatem Sektor zu unterschiedlichen Zwecken verfügbar gemacht werden. Die Experten unterstreichen, dass der Aufbau einer Infrastruktur für den Geodatenmarkt zu fördern ist, Standards für Datenzugriff und Datenerfassung zu schaffen sind und Forschungsschwerpunkte im Geo-Informatik-Bereich zu bilden sind, damit Deutschland in diesem Sektor international wettbewerbsfähig wird [Rainer 2000].

12. Datenqualität fängt mit der Datenerfassung an. Das Management der Datenqualität bleibt so ein kontinuierlicher Prozess, dem sich keine Verwaltung entziehen kann. Für die Einrichtung von z. B. Führungsinformationen ist es erforderlich, bereits bei der Erhebung und der Speicherung der Daten Vorkehrungen zu treffen, die gewährleisten, dass die Einzeldaten einheitlich und vergleichbar sind [Trutzel 1999b]. Datenmanagement als Schlüsselaktivität im Rahmen der computergestützten Datenverarbeitung ist noch nicht in der Verwaltung verbreitet. Die Zielvorgabe für Datenmanagement ist in einem Unternehmen nur dann integriert, wenn der überwiegende Teil der Mitarbeiter unter anderem auf folgende Fragen Auskünfte geben kann:
    - Was wird in der Gesamtverwaltung zur Verbesserung der Information unternommen?
    - Wie kann ich Information messen, in welchen Kennzahlen kann ich sie ausdrücken und wie sie verbessern?
    - Was ist Information in meinem Aufgaben- und Verantwortungsbereich?

Es wird hier deutlich, dass die Daten für die Anwender bereitzuhalten längst für die Zuständigen eine herausfordernde Aufgabe darstellt. Große Geodatenprojekte wie ATKIS und besonders ALKIS zeigen, dass AdV allein einer bundesweiten Datenmanagementaufgabe weiterhin nicht gewachsen ist. Hier werden neue Spezialisten benötigt, welche sich nicht nur mit Geodaten in Spagettistrukturen auskennen, sondern einerseits speziell mit der Methodologie und den Arbeitsmethoden von unterschiedlichen an GIS beteiligten Disziplinen vertraut sein müssen, andererseits die Bedürfnisse der Praxis kennen, damit Datenmodell und -objekte entsprechend strukturiert, modelliert und für das quantitative Arbeiten bereitgestellt werden können.

Kapitel 5

5 Zusammenfassung

Die Euphorie der siebziger Jahre, mit IT-Mitteln raumbezogene Planung nicht nur zu rationalisieren und zu automatisieren, sondern gleichfalls auch den Planungsprozess durch den nunmehr möglichen Bezug auf ausgedehnte Datenbestände zu objektivieren, gipfelte wohl in der Vision regelrechter „Planungsmaschinen“ [Wegener 1976 nach Kickner, Raumer 2004] oder etwa in der Utopie von elektronischen Frühwarnsystemen für etwaige Fehlplanungen [Fehl 1976 nach Kickner, Raumer 2004], die sich aber kaum so umsetzen ließen. Heute nach über vierzig Jahren Forschung, Entwicklung und Einsatz von GIS ist man in der Praxis ebenfalls z. B. von einem Führungsinformationssystem (FIS) in Form eines Management Cockpits, versehen mit bewährten Kennzahlen und Methoden, noch Meilensteine weit entfernt.

Und so ist die Bedeutung der bisher umgesetzten Effektivitätssteigerung im Sinne Informationsverarbeitender Systeme als eher gering einzustufen und in einer Bilanzanalyse über ihre Leistung in der Praxis müssen sich GIS mit einer Effizienzsteigerung in der Verwaltungsarbeit zufrieden geben, weil es ihnen z. B. gelungen ist, die klassischen Datenerfassungswerkzeuge und Zeichenbrett für Planerstellung, viele andere Werkzeuge der Routinetätigkeiten sowie große Archivräume für Karten- und Planwerke der Verwaltungsarbeit nun in einem Laptop zusammenzubringen und in Verbindung mit einigen in die Westentasche passenden Peripheriegeräten das althergebrachte Instrumentarium zu ersetzen, worüber in GIS-Medien und Veranstaltungen unter diversen Labels immer wieder groß berichtet wird.

Die Beschränkung des GIS-Einsatzes auf die Routineanwendungen, wie bei der Datenerfassung, Kartenerstellung, Katasterverwaltung, einfacheren Auskunftsabfragen, und dies alles ohne Querbezug entspricht heute weder den Potenzialen der technischen Entwicklungen unserer Zeit noch den über GIS-Einsatz formulierten Soll-Konzepten im Rahmen des neuen Steuerungsmodells (NSM), das durch „Integrierte Vorgangsbearbeitung“ (IVB) als Betriebsmittel der neuen leistungsorientierten Netzwerk-Administration eine optimale Aufgabenerledigung ermöglichen sollte. Wie aus dieser Studie zu entnehmen ist, richten sich die Wunschäußerungen an GIS-Einsatz eher an Effektivität aus als an Effizienz. Wenn man z. B. heute Verwaltungen fragt, welche Ziele sie mit GIS erreichen wollen, dann ist die häufigste Antwort: bessere Entscheidungen treffen. Allerdings zeigt die Studie, dass die meisten Verwaltungen keine besseren Entscheidungen treffen als vor dem GIS-Einsatz. Einsparungen und NSM-Anforderungen haben zwar GIS in den Fokus gerückt, aber die wenigsten Verwaltungen setzen es strategisch im IgPa-Umfeld ein, was im Falle des Einsatzes die Erreichung einer neuen Qualität der Verwaltungsarbeit ermöglichen könnte. Was einstmals so (bis Ende der 80er-Jahre) von der überwiegenden Zahl der IT-Investitionen erwartet und praktisch unter den Begriffen wie „Bürosysteme“, „Büroautomation“, „Mechanisierung im administrativen Bereich“ angestrebt wurde, gilt heute, gemessen an den technischen Möglichkeiten der Zeit, nicht als Errungenschaft, mit der sich die neuen IT-Einsatzkonzepte begnügen können.

Bisherige GIS-Einführungsprojekte im Öffentlichen und im Privatsektor zeigen oft eine partielle Realisierung des GIS-Konzepts in der Praxis, so dass beim GIS-Einsatz die Potentiale dieser Technologie häufig einfach mit ihren fachlichen Anwendungen im Behördenalltag gleichgesetzt werden. So werden kaum sachgerechte Erwartungen an GIS geweckt und so entsteht mit der damit verbundenen Zufriedenheit der Eindruck, dass beim GIS-Einsatz in der Praxis alles reibungslos abläuft und die gesetzten Ziele erreicht wurden. Erst aus der informationellen Betrachtung der GIS-Praxis wird deutlich, dass bei der GIS-Planung bisher vielerlei Fehler begangen wurden, die heute dessen sachgerechten Einsatz für weite Zukunft hinauszögern.

Die Probleme sind von technischer, konzeptioneller und vor allem organisatorischer Art, die sich heute bei der Inanspruchnahme von dessen impliziten Potenzialen durch den Wissensarbeiter ergeben. Die Explikationshürden, die für seine Bedienung vorausgesetzt sind und mit denen sich jeder, der quantitativ arbeiten möchte, zuerst auseinandersetzen soll (Datenbereitstellung, Bestimmung der Arbeitsmethoden, Entwicklung der Kennzahlen, etc.), bringen ihn oft in eine schier aussichtslose Lage. So ist eine Situation entstanden, die sich durch folgendes Zitat sehr ansprechend ausdrücken lässt:

> „Die Technologie bot nicht mehr die Lösung, sie war zum Problem geworden."
>
> L. Downer und C. MW 1999

Decision-Support für die Planung leisten sollten Geographische Informationssysteme (GIS) auf Anhieb durch die zeit- und ortsunabhängige systematische Datenverarbeitung und -Analyse der beliebigen Datenbestände in Information, die wiederum als Basiswissen für Entscheidungsfindungszwecke eingesetzt werden können. Der Einsatz von GIS in Verwaltung, Industrie und Wirtschaft konzentriert sich jedoch oft nur auf die Erledigung von Routine-Aufgaben mit insularem, partiellem und atomistischem Charakter und so lassen die ursprünglich formulierten Erwartungen an GIS als Werkzeug des Decision-Supports für die ämterübergreifende effektivere Erledigung der Querschnittaufgaben noch auf sich warten. Dies ist das Fazit der dieser Arbeit zugrunde liegenden empirischen Studie: „Zehnjahres-Bilanz für aktiven GIS-Einsatz".

Es ist nun nicht das von der neuen IT-gestützte zweckrationale und auf Zahlen und Fakten basierende Denken und Handeln, sondern die funktionsorientierte Technik, die den Anstoß für kultur- und naturräumliche Veränderungen in der Gesellschaft gibt. Der bisherige Beitrag der GIS-Technologie zur Erhöhung der geforderten Potentiale der Verwaltungen ist so klärungsbedürftig, der Zusammenhang von GIS-Einsatz und Leistungssteigerung der Verwaltungsarbeit im Kontext der GIS-Einführungskonzepte kaum nachweisbar.

Die Studie zeigt, dass nicht nur ein sachgerechter GIS-Einsatz problematisch ist, sondern auch diese Problematik ihre Wurzeln in fehlender entsprechender GIS-Planung hat und GIS unter den herrschenden Umständen der Herausforderung der Praxis kaum begegnen wird. Folgende Befunde lassen sich als Ursache eines noch auf sich warten lassenden Paradigmenwechsels in der Verwaltungsarbeit durch die Informations- bzw. Datenverarbeitung identifizieren:

Erstens liegt das schwerwiegende Problem der GIS-Technologie in den in ihr hypothetisch hinterlegten, aber in der Tat kaum vorhandenen methodologischen Ansätzen in Form eines Basismodells, wodurch GIS erst zu einem Capability Instrument in IgPa-Umfeld würde.

Zweitens fehlt es an interdisziplinär wissenschaftlich geprüften und intersubjektiven Arbeitsmethoden für die Erledigung der zahlreichen klassisch bekannten und innovativ noch zu initiierenden Aufgaben (quantitatives Arbeiten) der Praxis.

Drittens fehlt es GIS an qualitativ entsprechenden guten, flächendeckenden und Analysetauglichen Daten.

Jedes einzelne dieser grundlegenden Probleme der GIS-Technologie, das ihren informationellen Einsatz am Erfolg hindert, ist auf die fehlenden entsprechenden organisatorischen Hintergründe der GIS-Planung zurückzuführen, die aus heutiger Sicht zum größten Teil als Resultat der fehlenden rechtzeitigen und aktiven Beteiligung der Politik in dieser Mega-Planung zu betrachten sind, wodurch GIS-Entwicklung immer mehr in falsche Bahnen gelenkt wird. So bringt die bisherige GIS-Entwicklung weder für Querschnittplanungen die benötigten systemaren, methodologischen und datalogischen Voraussetzungen mit, noch sind die Anwender in der Lage, außerhalb der klassischen Aufgaben diese Technologie in Netzwerkumgebung innovativ und produktiv einzusetzen. Um GIS aus dem Schatten eines bloßen Arbeitsinstruments für die inselartige Erledigung von Fachaufgaben herauszubringen, liegt besonders die GIS-Forschung hinsichtlich des ihm zugrunde liegenden holistischintegralen Basismodells mit systemarem Charakter eher unter einem gänzlichen Modifikationszwang, als seine Anwendungen durch oberflächliche Applikationsintegration oft auf Kosten der Interoperabilität auf systemlose horizontale Erweiterung hinzunehmen.

Alles in allem leidet ein optimaler GIS-Einsatz an der Größe der Systemheterogenität und seiner insularen Implementierung in der Praxis. Es fehlen für diese sog. IS die innovativen Arbeitsmethoden, die Klassische Arbeitsweisen ersetzen bzw. weiterentwickeln können. Ohne fächerübergreifende GIS-Ausbildung wird sich diese Problemlage nicht ändern lassen, da ohne interdisziplinäre Betrachtungsweise der wichtige systematische Überblick über die Fragestellungen fehlt, wodurch eine partielle Vorgehensweise bei der Aufgabenerledigung als einzig mögliche legitimiert wird. So soll kurz gesagt hier noch vor allem mehr wissenschaftlich hochqualifizierte Arbeit geleistet werden.

Kapitel 6

6 Fazit und Ausblick

Unter der Funktion einer einfachen gewölbten Glaslinse, Lupe genannt, und einem Mikroskop kann sich fast jeder etwas Konkretes vorstellen. Darüber, dass einerseits zwar durch Hilfe beider Geräte ganz kleinen Dingen etwas größer auszusehen ermöglicht wird, aber die Lupe ein Mikroskop im normalen praktischen Umfeld (aufgrund seiner weit unterschiedlichen vertikalen Einsetzbarkeit) nicht ersetzen kann, besteht sicherlich Einigkeit, insofern bekannt ist, dass ein Mikroskop, bestehend aus einem System von Linsen, einen weit tieferen Einblick in Strukturen von noch kleineren Objekten ermöglicht, als dies durch eine Lupe jemals der Fall wäre.

Diese eindeutigen und selbstverständlichen allgemeinen Verständnisse in Bezug auf Hardware lassen sich jedoch noch nicht auf die Bestandteile der neuen Informationstechnologie bzw. auf geistbestimmte Software-Systeme übertragen.

Die kulturtechnische Vorstellung der Menschen scheint sich nach wie vor trotz der letzten zehnjährigen turbulenten Zeiten der Informationstechnologie nur auf die Produkte des Industriezeitalters zu fokussieren. Was ein Softwarestück (auch Programm genannt) von einem Informationssystem unterscheidet, ist selbst für die Experten der Branche, Informatiker und im Hause der sog. Systemhersteller nicht eindeutig definiert, so dass man einen Konsens darüber in der gesamten Software-Industrie vergeblich sucht.

Die Vorstellungen über GIS, das von einem Systemtheoretischen Ansatz ausgeht, sind oft eher auf einige selbständig operierende Softwarestücke beschränkt, als GIS im Zusammenhang mit einem Systemfunktionalen Basismodell mit entsprechendem Datenmodell sowie dazu gehörigen Arbeitsmethoden zu sehen. Auch wenn der Begriff „auf Knopfdruck" jedermann bekannt ist, wenn es darum geht, die Arbeitsweise eines GIS mit der berühmten Kristallkugel eines Magiers zu vergleichen, was in der Tat nicht selten mit falschen Vorstellungen verbunden ist. Dies nicht ganz ohne Grund, da dies oft auf den Hochglanzbroschüren der Systemhäuser so dargestellt wird. Man scheint allerdings GIS weder hinsichtlich seiner Entwicklungsstufe mit einem hochentwickelten Mikroskop zu vergleichen, noch bezogen auf seine Anwender, die vergleichbare Erfahrungen und Ideenkomplexe für den sachgerechten GIS-Einsatz mitbringen könnten. Dieses Gleichnis soll verdeutlichen, dass GIS von drei Vierteln der Umfrageteilnehmer eher wie eine Lupe behandelt wird, wenn man die vertikale Dimension seines Einsatzes mit einem elektronischen Mikroskop in einem Genforschungslabor vergleicht, und dies keinesfalls nur von den Anwendern, sondern auch von GIS-Herstellern, welche oft kein GIS im Sinne eines Mikroskops, sondern Lupen mit Mikroskop-Bezeichnung herstellen. Dass GIS der systemare An- und Einsatz fehlt, wird grundsätzlich bestätigt. Es wäre rein verbraucherrechtlich betrachtet Betrug und volkswirtschaftlich von immensem Schaden, die werdende Informationsgesellschaft mit Fragmenten systemloser Informationssysteme (IS) zu beliefern.

Die Krise der New Economy am Anfang dieses Jahrhunderts war aus der Perspektive dieser Arbeit heraus geradezu unvermeidbar. Für GIS wurde sie verursacht aufgrund der Diskrepanz zwischen den für selbstverständlich gehaltenen, vagen Erwartungen und deren Nichterfüllung in der Praxis, was aufgrund der fehlenden entsprechenden Controllingsmechanismen auf administrativer Ebene nun in Form eines wirtschaftlichen Syndroms in Erscheinung trat. Allerdings die Ursachen der gesamten Problematik und der daraus resultierenden Konsequenzen, die weit in die Zukunft reichen werden, interessieren noch immer kaum jemanden. Dies bildet einen Hauptgegenstand dieses Berichts, da der Schwerpunkt der Problematik die für diese Arbeit hinterlegte Hypothese betrifft, die von der organisatorischen Vernachlässigung der GIS-Planung ausgeht.

Das bedeutet konkret, dass die für GIS gemachten Versprechungen nicht eingelöst wurden und dies nicht nur deswegen, weil dazu noch Zeit nötig wäre, sondern wegen der schwachen, konzeptionellen Überzeugungsdimension bezüglich seiner Einsetzbarkeit außerhalb des gewohnten klassischen Umfelds. Vor allem in der Wirtschaft ist hierüber große Enttäuschung zu verspüren.

Welche Essenz hat nun das Gesagte?

Auf dem „Gipfel der übersteigerten Erwartungen" wurde GIS oft als grundlegend neue Disziplin „Geoinformatik", als neues oberstes Management-Prinzip (DSS) oder gar als Betriebsmittel oder treibende Kraft für die Effektivitätssteigerung der Verwaltungsarbeit (NSM) an sich dargestellt. Erst durch die Inanspruchnahme der informationellen Dimension von GIS lassen sich die lange Zeit angestauten Probleme ans Tageslicht bringen, die grundsätzlich die informationelle Effektgröße der GIS-Technologie als informationsverarbeitendes System verhindern.

Wenn man sich das Akronym GIS in Form von drei Säulen vorstellt, weisen nach der vorliegenden Studie diese drei Träger zu weiche Substanz auf, deren Erhöhung der Belastbarkeit ein Total-Quality-Management benötigt, wofür neu geforscht, geplant und entwickelt werden müsste. Was heute unter GIS vorgestellt wird, kann man eher als technologische Hüllen betrachten, die dazu dienen, die Systementwickler am Leben zu halten, ohne dass bisher der Ansatz eines GIS-Konzepts im Sinne der Informationsgestützten Planungsaufgaben, der „IgPa" von GIS, sichtbar wäre:

1. „systemological problem": Die Ist-Lage der Technik suggeriert, dass GIS als informationsverarbeitendes System nur noch sehr selten vorhanden ist. Das heißt, ein am Systemansatz entwickeltes GIS stellt keine Selbstverständlichkeit dar und auf dem GIS-Markt wird eher die Lupe anstelle des Mikroskops angeboten (Systemares Problem, das aus der fehlenden fächerübergreifenden Methodologie im Sinne z. B. der Geographie-Ansätze resultiert).

Was durch GIS wie eine Sternstunde der Quantitativen Revolution in den 60er-Jahren begann, ist nunmehr – geprägt durch unzureichende Weitsicht und vordergründige Partikularinteressen der beteiligten Institutionen – in weitgehend autonome Teilprojekte zerfallen.

Bezeichnend dafür ist der Umstand, dass es bisher trotz vieler Versuche (OGC, ISO, CEN, EUROGI, etc.) kaum gelungen ist, GIS-Anwender und -Systemhäuser zur Schaffung und Durchsetzung von Integrationskonzepten, weder auf systemarer noch auf Datenebene zusammen zu bringen. Dieser Umstand wiegt umso schwerer, als es sich dabei gewiss nicht nur um einen Sachverhalt handelt, der allein in Bezug auf die Interoperabilität zu beachten wäre, da der optimale Einsatz von GIS wesentlich davon abhängt, in wie weit es gelingt, sorgfältig entworfene und abgestimmte daten- und methodenspezifische Konventionen zu etablieren.

Die daraus resultierende These lautet: GIS-Entwicklung benötigt ein Top-Down-Umdenken der GIS-Gemeinde. Alle Wissenschaftsdisziplinen sind für diese Entwicklung ebenso herauszufordern.

2. „datalogical problem“: Informationssysteme unserer Zeit können nur die förmlich und inhaltlich entsprechend strukturierten und informationstechnisch beschriebenen Daten (Format) durch vorbestimmte Verfahren als sinnvolle Information verarbeiten. Diese (Basis-)Daten, die den eigentlichen Wert eines GIS bilden, müssen aber kompromisslos gemanagt werden, wenn durch Masseneinsatz dieser Daten Mehrwert generiert werden soll.

Den eigentlichen Wert eines GIS bildet so das Vorhandensein von qualitativ guten (Geo-)Daten, welche durch dauerhaften Einsatz zu Informationen werden, die für die Entscheidungsfindungsprozesse eingesetzt werden können.

GIS-Praxis beschäftigt sich zur Zeit mit Daten-Migrationsprojekten sowie nach Tagesbedarf eingerichteten Schnittstellen und Applikationsentwicklungen, die sich grundsätzlich partiell im operativen Umfeld bewegen. Eine funktionale Integration in das gesamte vorgangsbezogene Verwaltungshandeln findet im Allgemeinen nicht statt. Die hohen Investitionskosten für die Geodaten und ihre strategische Bedeutung zur interdisziplinären Entscheidungsfindung in der Sache komplexer raumbezogener Zusammenhänge rechtfertigen solche isolierten Vorgehensweisen nicht. So unterstützen die entwickelten Datenmodelle kaum eine fächerübergreifende Datenanbindung an andere Fachbereiche.

Die daraus resultierende These lautet: Für GIS benötigte Basisdaten sind nicht aus der Summe der bisherigen Datenbeständen zu erzielen, da ihr Management in Form von z. B. ALKIS nur zur Konsolidierung der Datenprobleme beitragen wird.

3. „infological problem“: Information ist als Produkt der theoretisch begründeten und methodisch angeordneten Daten zu bezeichnen, die durch bestimmte Algorithmen z. B. in Form statistischer Prozeduren analysiert, reproduziert und zur Interpretation freigegeben werden. So ist es leider nicht selten, dass die Ergebnisse durch die eingesetzte Methode determiniert werden und die Methode sich von vorhandener Datenstruktur, -modell und -qualität leiten lässt.

Obwohl GIS im Bewusstsein seiner Interessenten als methodisch arbeitendes Werkzeug Selbstverständlichkeit genießt, stellt aber die Methoden-Entwicklung in der GIS-Planung bisher zum Schaden des Analyse-Einsatzes zu Informationsgewinnungszwecken eine sehr vernachlässigte Aufgabe dar. Die Studie zeigt sogar, dass vor allem

Experten und qualifizierte GIS-Anwender im Umgang mit den Analysefunktionen von GIS, welche sich von den entwickelten Methoden ableiten lassen, noch unsicher sind. Oft fehlt die Bereitschaft, sich auf GIS in seiner gesamten, heute bestehenden Komplexität einzulassen, gilt doch das Anwenderinteresse vorrangig dem Analyseergebnis und nicht so sehr dem Analysewerkzeug [vgl. Riedl u. Kalasek 1998].

Die Ausführungen machen deutlich, dass durchaus großes Interesse für das quantitative Arbeiten durch Einsatz von GIS vorhanden ist, was aber grundsätzlich auf die deskriptive Art beschränkt bleibt.

> **Die These:** Die Grunderwartung der Verwaltung, Wirtschaft und Industrie bei der Aufgabenerledigung durch GIS ist eher von effektiverer Natur und darf nicht auf Effizienz beschränkt bleiben.

Die neue Informationstechnologie mit GIS im Mittelpunkt ist zweckorientiertes Instrumentarium und die Erweiterung seiner Einsatzgrenzen steht mit der Dimension des menschlichen Gedankenhorizonts in einem linearen Zusammenhang. Das bedeutet konkret, dass wir daraus viel oder wenig machen können.

Wenig, wenn große Hindernisse nicht beseitigt und Entwicklung und deren Steuerung auf die Softwareindustrie beschränkt bleibt. Viel, wenn wir wirklich wollen, dass etwas ganz Besonderes zustande gebracht wird. Einen Mittelweg gibt es in dieser Hinsicht nicht, da die Herausforderungen neuartig, vielseitig und interdisziplinär sowie eng miteinander verbunden sind. Diese Herausforderungen sollen aber zusammen bewältigt werden.

> **Die These hier lautet:** Der Praxisbezug des GIS-Einsatzes darf nicht auf die Zufriedenstellung von heutigen Bedürfnissen (hier der klassischen Aufgabenerledigung) der GIS-Anwender beschränkt und verstanden werden.

Das hier geforderte GIS-Planungs und -Einsatz-Strategieprogramm Informationsgestützte Planungsaufgaben von GIS, genannt „IgPa", bietet die Chance, durch Entwurf, Implementierung und praxisnahe Evaluation fortschrittlicher, weit verbreiteter Informationssysteme einen wichtigen Beitrag für die Gestaltung zukünftiger Formen kooperativen Arbeitens zu leisten. Angesichts der Komplexität technischer und organisatorischer Planungsprozesse bildet die Entwicklung und praktische Einführung und damit Effizienzsteigerung in der Verwaltungsarbeit bereits einen Erfolg. Auch sind die technischen Voraussetzungen zur Erreichung des eingangs erwähnten GIS-Konzepts noch heute vorhanden, aber die Organisationsfähigkeit des Menschen wird heute mehr denn je für die sachgerechte GIS-Planung und den effektiven Einsatz benötigt. Das ordo-liberale Denken, das die Hoffnungen auf die Kräfte der freien Marktwirtschaft setzt, hat bisher bei der Lösung des Problems eher dessen Konsolidierung gefördert.

GIS-Planung erfordert so kurz formuliert ein sorgfältig und auf Zukunftsbedarf bedachtes Steuern praxistauglicher und systematisch verzahnter Komponenten bzw. Teilsysteme und darf nicht durch die Blickverengung der GIS-Industrie und seiner Entwickler in der Praxis hinsichtlich der drei oben erwähnten Hauptprobleme sowie schnellerer Einlösung von Erwartungen seitens der Anwender noch weiter verdrängt und auf die leichte Schulter genommen werden.

Literaturverzeichnis

Achterberg Volker (2000): Marktplatz für Geodaten. Business Geomatics 2000, Ausgabe 1, S. 22, Ausgabe 1/2000 vom 31.01.00, Metainformation im Internet „Marktplatz für Geodaten“

AdV (2000): eine Bilanz zur Jahrtausendwende, Tätigkeitsbericht, Arbeitsgemeinschaft der Vermessungsverwaltungen der Länder

Altmann, Jörn (2000): Dezentralisierung, Demokratie und Verwaltung, Zu hohe Erwartungen an einen langfristigen Prozess. http://www.inwent.org/E+Z/1997-2002/ez1000-4.htm

Aschauer, Wolfgang (2001): Landeskunde als adressatenorientierte Form der Darstellung – ein Plädoyer mit Teilen einer Landeskunde des Landesteils Schleswig. (Forschungen zur deutschen Landeskunde, Band 249). Deutsche Akademie für Landeskunde, Flensburg.

Averdung Habil., Christoph (2000): Integration raumbezogener Daten über Schnittstellen. GIS, 2000, Ausgabe 1, S. 17–22

Ballauf, Helga (2001): Viel Zeit – wenig Geld, Informatiker im öffentliche Dienst, Computerwoche Ausgabe 9, S. 92

Bartelme, Norbert (1999): Normen und Open GIS. VGI, Graz 1/99, S. 21–28

Bauer, D., Espenlaub, J., Zakharko, E. (1998): Interoperable Schnittstellen, Chaos oder beherrschbares Problem. GeoBIT 6/98, S. 34

Bernhardt, Barbara (1999): Im Datenmeer, zwischen Flensburg und Rosenheim, in: Computerwoche (Young Professional) Ausgabe 1, S. 25

Bernhardt, U., Ruhmann I. (1995): Mit den Konzepten von gestern in die Gesellschaft von morgen. Frankfurter Rundschau Dokumentation, 15.11.95, S. 18

Bernhardt, Uwe (1996): Stand und Probleme des Einsatzes von GIS-basierten Betriebsmittelinformationssystemen in Versorgungsunternehmen. VDEW, Arbeitskreis „Geographische Informationssysteme“, Dresden

BG (1999a): Alle Initiativen scheitern am Föderalismus, Datenbeschaffung: Vermessungsverwaltungen wirtschaften am Markt vorbei. Business Geomatics Ausgabe 2, S. 5

BG (1999b): Intelligente Schaltzentrale, Informationsmanagement mit genesisWorld. Business Geomatics Ausgabe 7, S. 12

BG (1999c): Landvermessung aus dem Shuttle, Erde dreidimensional. Business Geomatics Ausgabe 2, S. 17

BG (1999d): Manager im Stress, Ohne Informationen bleibt nur Hoffen. Business Geomatics Ausgabe 8, S. 22

BG (1999e): Offenes GIS für Europa., Raus aus der Nische, Geoinformatik in Europa. Business Geomatics Ausgabe 2, S. 1–2

BG (1999f): Pfad im Datenschungel, Geodaten per Mausklick. Business Geomatics Ausgabe 2, S. 11

BG (1999g): Tele-Info gegen obersten Datenschützer, Gericht weist Jacob in Schranken. Business Geomatics Ausgabe 2, S. 11

BG (2000): GITA-Kongress. Business Geomatics Ausgabe 3, S. 18

BG (2001a): Bürgerbeteiligung mit System. Business Geomatics Ausgabe 5, S. 8

BG (2001b): „Mit CeGi werden wir keinen Euro mehr verdienen" NRW-Innenminister Fritz Behrens zum Center for Geoinformation, Business Geomatics Ausgabe 5, S. 2, Ausgabe 5/2001: GIS im Solinger Planungsamt Bürgerbeteiligung mit System, S. 8

BG (2001c): Datenqualität, Neues Netz mit GPS-Referenzstationen in Dänemark. Business Geomatics Ausgabe 8

BG (2001d): Kampf um Dezimeter, Neue Vorgaben für Leitungsdokumentation, Business Geomatics Ausgabe 5, S. 1 und 3

BG (2002a): Aggressiver Auftritt am Markt, US-Anbieter startet Preisoffensive bei Geoinformationssystemen, BG/Ausgabe 2/2002 März

BG (2003a): Frühjahrsputz in der IT-Landschaft, Baden-Württemberg startet umfassendes Migrationsprojekt. Business Geomatics Ausgabe 5, S. 6

BG (2003b):Benchmarking-Studie sorgt für juristischen Streit: „Ergebnisse nicht nachvollziehbar", Business Geomatics Ausgabe 3, S. 20 und Ausgabe 5 „Zweite Runde", Studie vergleicht Mapserver-Architekturen, S. 21

Biagosch, A., Dörr, N., Wunram, J. (2001): Die E-Transformation hat gerade erst begonnen; Computerwoche 2001, Ausgabe 4, S. 49

Bickenbach, Jörg (1994): Das neue Selbstverständnis kommunalen Handelns. Geo-Infonationssysteme und kommunale Infrastruktur, Stadt Duisburg 3w

Bierwirth, Christian (1998): Dezentralisierung. http://www.logistik.uni-bremen.de/alt/lehre/main/node24.html vom 1998-04-01

Bogumil, Jörg, Kißler, Leo (1998): Die Beschäftigten im Modernisierungsprozeß – Akteure oder Agierende? Industrielle Beziehungen, Heft 3, S. 298–321

Bökemann, Dieter (Hrsg.) (1994): Innovative EDV-Technologie in der Architektur und Raumplanung, Institut für Stadt und Regionalforschung der Technischen Universität Wien, Wien

Born, J. (1999): Freedom of Information aus der Sicht der Geoinformation, SPD-Workshop, Thesenpapier, 04.11.99 Deutscher Dachverband für Geoinformation (DDGI)

Born, Jürgen (2000): INTERGEO 2000 in Berlin: Geodatenforum 2000. born & partner, Darmstadt, Block II, Podiumsdiskussion: Quo Vadis Geodatenmarkt Deutschland?

Brinckmann, Hans, Kuhlmann, Stefan (1990): Computerbürokratie, Westdeutscher Verlag GmbH, Opladen.

Brinckmann, Hans, Wind, Martin (1999): Teleadministration. Online-Dienste im öffentlichen Sektor der Zukunft. Modernisierung des öffentlichen Sektors, 14, Berlin

Brunzel, Marco (1999):Kommunales Stadt- und Planungsmanagementim Kontext aktueller Steuerungsanforderungen In: http://www.stadtmanagement.de/diplom/Dipl_20_06_99.PDF 12. Januar 2006

BT-GIS (2005): Hindernisse und Hürden bei der Entwicklung von technischen Standards, Benndorf Technologie für Geoinformationssysteme. http://gk-lin.gfz-potsdam.de/media/de/v_gdikom_Benndorf.pdf vom Oktober 2006

Buschhoff, Klaus (1995): Strukturelle Anforderungen bei der Einführung Kommunaler f Staatlicher GIS. 4th. International User Forum: Geoinformationssysteme im Wandel, Duisburg, S. 55–57

Capurro, Rafael (1989): Hermeneutik der Fachinformation, Freiburg/München, Alber 1986. Venia legendi für Praktische Philosophie. Antrittsvorlesung: Ethik und Informatik. Auszüge aus der Habilitationsschrift an der Universität Stuttgart (1989)

Castells, Manuel (2001): Die informationelle Gesellschaft in: Steinbickern, Jochen, Zur Theorie der Informationsgesellschaft, Ein Vergleich der Ansätze von Peter Drucker, Daniel Bellund Manuel Castells. Leske + Budrich, Opladen

CDU/CSU (2000): Große Anfrage der CDU/CSU-Fraktion zur „Nutzung von Geoinformationen in der Bundesrepublik Deutschland". BT-Drs. 14/3214 /Antwort der Bundesregierung vom 27. September 2000 (wird unter BT-Drs. 14/4139 veröffentlicht)

CDU/CSU (2001): Große Anfrage der CDU/CSU-Fraktion zur „Nutzung von Geoinformationen in der Bundesrepublik Deutschland" Entschließungsantrag. Deutscher Bundestag, Drucksache 14/5323. http://www.imagi.de/de/textversion/info_service_0114.html, 2006

Computing (2003): Digitale Geoinformation per Mausklick. GOVERNMENT COMPUTING Ausgabe 4, S. 18

CW (1998a): Informationen werden zum wichtigen Produktionsfaktor, Herausforderung für das Management. Computerwoche Ausgabe 31, S. 54

CW (1998b): Wie entsteht ein virtuelles Unternehmen? Abschied von herkömlichen Berufsbildern. Computerwoche Ausgabe 12, S. 126–128

CW (2000): Konflikte lösen und Mobbing vermeiden. Computerwoche Ausgabe 1, S. 72

CW (2001a): Standard reicht nicht aus, Vorgefertigte Adapter und Connectoren müssen ergänzt werden. Computerwoche Extra 2, S. 15

CW (2001b): Was steckt hinter Enterprise Application Integration? CW und Universität Kassel starten Umfrage. Computerwoche Ausgabe 7, S. 14

CW (2001c): Was steckt hinter Enterprise Application Integration? CW und Universität Kassel starten Umfrage. Computerwoche Ausgabe 7, S. 14

DDGI (1998): Bundesregierung räumt Geoinformation hohe Priorität ein, Einrichtung des ständigen Interministeriellen Ausschusses für Geoinformation „IMAGI" auf Initiative des DDGI

Deloitte & Touche GmbH (2004): Mangelnder Wertbeitrag der IT am Erfolg deutscher Unternehmen, Aktuelle Studie von Deloitte über das Business-IT-Alignment, 2004/4/05 http://www.deloitte.com/dtt/press_release/0,1014,sid%253D6272%2526cid%253D79092, 00.html

Dieterle, Albrecht (2004): Groupware fürs All, In: CIO Ausgabe 10 2004 S. 34 und in: Austausch unter Konkurrenten http://www.cio.de/strategien/802565/index2.html 16.07.2005)

Dilger, Werner (2006): Einführung in die Künstliche Intelligenz, Vorlesung an der Technischen Universität Chemnitz

Dollenbacher, Emil (1995): Verwaltungskultur: Einheit in der Vielfalt, In: Neubau der Verwaltung: Informationstechnische Realitäten und Visionen, Band 11 der Schriftenreihe Verwaltungsinformatik, hrsg. von Heinrich Reinermann, Deckers Verlag, Hüthig GmbH

Eichhorn, Gerhard (1990): Land-Informationssysteme, In: Führung und Information Hrsg. Heinrich Reinermann, Schriftenreihe Verwaltungsinformatik 8, S. 212–230

Engelke, Dirk (2002): Neue Medien als Problemlösungsinstrument der räumlichen Planung. Schriftenreihe des Institut für Städtebau und Landesplanung Universität Fridericiana zu Karlsruhe (TH) Heft 31 Karlsruhe

Fehl, Gerhard (1971): Informationssysteme, Verwaltungsrationalisierung. Stadtbau-Verlag GmbH Bonn.

Feick, Jürgen (1975): Planungstheorien und demokratische Entscheidungsnorm. Frankfurt: Haag und Herchen 1980

Fornefeld M, Oefinger P (2001): Aktivierung des Geodatenmarktes in Nordrhein-Westfalen, MICUS Management Consulting GmbH www.micus.de, März 2001

Frerk, Greve, Kolb, Stahl (1999): Informationswertanalyse, Eine Methodik zur Ermittlung des Wertschöpfungspotenzials in raumbezogenen Informationssystemen, CSC PLOENZKE AG

Fünfer, H. (1995): SICAD-Strategie und Positionierung in der PC-Welt. In: 4. Internationales Anwenderforum 1995, S. 105–108

Fürst, D. (1999): Planung als politischer Prozess, Gesellschaftswissenschaftliche Grundlagen : Verwaltungswissenschaftliche Grundlagen. http://www.laum.uni-hannover.de

Fürst, D.; Roggendorf, W.; Scholles, F.; Stahl, R. (1996): Umweltinformationssysteme – Problemlösungskapazitäten für den vorsorgenden Umweltschutz und politische Funktion, Hannover (Beiträge zur räumlichen Planung, 46)

Fürst, Dietrich (2000): Begriff der Planung und Entwicklung der Planung in Deutschland: Gesellschaftswissenschaftliche Grundlagen. http://www.laum.uni-hannover.de

GDI-Berlin (2005): Soll-Konzept GDI-Berlin, Senatsverwaltung für Stadtentwicklung, Planen Bauen Wohnen Umwelt Verkehr. http://www.stadtentwicklung.berlin.de/geoinformation/projekt-gdi/download/gdi-berlin_soll-konzept.pdf

GDI-NRW (2001): Geodaten-Infrastruktur Nordrhein-Westfalen, Referenzmodell 3.0 GDI, media NRW: Band 26. http://www.cegi.de/de/download/files/2002/2.pdf

Gebhardt, Hans, Reuber, Paul, Wolkersdorfer, Günter (2005): Konzepte und Konstruktionsweisen regionaler Geographien im Wandel der Zeit. Auszug aus: Berichte zur Deutschen Landeskunde, H. 1, 2005

GeoBiT (2005): Millarden-Boom oder Seifenblase: Zukunftsmarkt RFID trifft Realität Ausgabe GeoBiT News Ausgabe Oktober 2005

Gerstlberger, Wolfgang/Grimmer, Klaus/Kneissler, Thomas (1998): Netzwerke als unbeabsichtigte Folgen des Kontraktmanagement? Erfahrungen mit Kontrakten in Großbritannien, den Niederlanden und Skandinavien. In: Verwaltung und Management Teil 1 (1998), 5, S. 282–287, und Teil 2 (1998), 6, S. 362–367

Gilgen K, Keller, S.F. (2002): Normierung von Raumplanungsdaten Mensuration, Photogrammétrie, Génie rural 6/2002.

GLOBUS-IS (1999): Kommunale Geo-Informationssysteme (GIS) – Software oder mehr – am Beispiel der GeoMedia-Fachkomponenten InfraGrün und InfraPlanF, GLOBUS-Informationssysteme, In: http://www.globus-informationssysteme.de/html/vortrag%20geobit%2099%20-%20gis%20als%20so.html Februar 2007

Goldebberg, Barton (2001): Die Mischung machts, CRM-Projekte: Technik, Prozesse und Menschen ausloten. Computerwoche extra, Ausgabe 1, S. 10

Goßmann und Saurer (Hrsg.) (1991): GIS in der Geographie, Ergebnisse des Arbeitskreises GIS 1989-1991 Freiburger Geographische Hefte 34, http://www.akgis.de/thema_5/akgis/texte/freiburg.htm

Gotthardt, Horst (2001): Ich werbe für Kooperationen. Business Geomatics Ausgabe 8, S. 2

Grotheer, Manfred (1995): Wie strategische und operative Planung erfolgreich verzahnen? Controller Magazin 3/95, S. 137 Und: http://www.my-controlling.de/aufsaetze/strategisch-operativ/strop.htm

Haghwerdi, Ghader (1997): Anwendungsmöglichkeiten für GIS in Kommunalverwaltungen, Universität Kassel

Hill, Hermann (1996): Reengineering hinterfragt bisherige Strukturen, Gestaltung der Prozeßorganisation, VOP, 10–11/1996, S. 10–14

Höring, Klaus (1990): Theoretische und konzeptionelle Grundlagen der Bürosystem-Planung, Köln, Eul Verlag GmbH

Informationen (1997): Geologisches Landesamt Baden-Württemberg, Ausg. 9

IT.Services (1998): Ein Bein im Markt gestellt, Vernachlässigte Innovation Ausgabe 3, S. 31

Jork, Rainer (2000): Potentialities in Geoinformation for Politics and Economy, Mittwoch, 10. Oktober 2000, MdB, Statement DDGI-Veranstaltung

Wetzel, Jork (2001): Debatte im Bundestag am 15. Februar 2001 über die Bedeutung von Geoinformationen, Auszug aus dem Protokoll der Plenarsitzung. In: http://ifgivor.uni-muenster.de/vorlesungen/Geoinformatik/kap/kap9/Bundestag_2001_1.html

Kassner, Uwe (1999): Integriertes Informationssystem für die dezentrale Stadtsteuerung Einführung: Informationsmanagement im Neuen Steuerungsmodell. KGSt, Köln, Stadtforschung und Statistik 2/99

KBSt (2007): Geoinformationssysteme (GIS), GIS und Geodaten im E-Government, Koordinierungs- und Beratungsstelle der Bundesregierung für Informationstechnik in der Bundesverwaltung. http://www.kbst.bund.de/cln_046/nn_836958/Content/Egov/Themen/Geo/geo.html nnn=true vom März 2007

Keller, S.F., Gilgen K. (2002): Normierung von Raumplanungsdaten Mensuration, Photogrammétrie. Génie rural 6/2002

Kemper, Hans-Georg, Lee, Phillip (2001): Integrierte Lösungen für erfolgreiche Unternehmenssteuerung: Business Intelligence- ein Wegweiser. In: Computerwoche 44/2001, S. 54

KGSt (1993): Das Neue Steuerungsmodell, Begründung, Konturen, Umsetzung 5/1993

KGSt (1995): Das Neue Steuerungsmodell, 10 /1995

KGSt (1997): Qualitätsmanagement II: Der Einstieg in die Praxis über Selbstbewertung. KGSt 8/1997

KGSt (2000): Rahmenregeln bei dezentraler Ressourcen- und Ergebnisverantwortung. KGSt-Bericht 04/2000 http://www.kgst.de/gutachten/berichte/2000/b04.html

Klemmer, W. u. Spranz, R. (1997): GIS-Projektplanung und Projektmanagement. Bonn

Konold, W. (Hrsg) (1996): Naturlandschaft – Kulturlandschaft. Die Veränderung der. Landschaften nach der Nutzbarmachung durch den Menschen. Landsberg/Lech.

Kopatz, Michael (2006): Nachhaltigkeit und Verwaltungsmodernisierung: Eine theoretische und empirische Analyse am Beispiel nordrhein-westfälischer Kommunalverwaltungen, Dissertation, Universität Oldenburg

Krcmar Helmut (2005): Der methodische CIO, sieben Methoden aus dem Bereich der IT-Steuerung und des IT-Controllings, CIO Spezial Ausgabe 1, 2005

Krems, Burkhardt (2004): Neues Steuerungsmodell (NSM) – New Public Management (NPM) – Wirkungsorientierte Verwaltungsführung (WoV) http://www.olev.de/n/nsm.htm 28.07.04

Kruckemeyer, Frauke (1999): Die Landschaft als Zeichensystem und ihre Modularisierungsmöglichkeiten in GIS. In: Über „Landschaften“ hinter der Landschaft. Hrsg.: Frauke Kruckemeyer; P. Jüngst; K. Pfromm; H.-J. Schulze-Göbel, GhK Kasseler Schriften zur Geographie und Planung

Küchler, Sven (1999): Der prozeßorientierte Ansatz zur Verwaltungsmodernisierung des kommunalen Sektors in Deutschland am Beispiel einer niedersächsischen Stadtverwaltung Sven Küchler Institut für Informationsmanagement und Unternehmensführung (IMU), In: http://wi99.iwi.uni-sb.de/de/DoktorandenSeminar_PDF/D_Kuechler.pdf

Kummer, Klaus (2007): Management im Öffentlichen Vermessungswesen: Eine Aufgabe für Geodäten in: http://209.85.129.104/search?q=cache:I433DPBiB60J:www.lvermgeo.sachsen-anhalt.de/de/veroeffentlichungen/news/files/management.pdf+Kontraktmanagement+GIS+%22&hl=de&ct=clnk&cd=5&gl=de&lr=lang_de

Kunz, Gunnar C. (1998): Wandel im Kopf., Unternehmensführung, management berater Ausgabe Juli 1998, S. 18

Kurzwernhart, Manfred (1999): GIS, was bringt es in der Praxis? VGI 1/99, S. 13-20

Landscape (1997): Datenqualität, LANDSCAPE GmbH

Leser, Hartmut (1980): Geographie. Westermann, Braunschweig 1. Auflage

Lessing Rolf, Falko Müller, Frank Iden, Peter A. Hecker (2003): Mögliche Maßnahmen zur infrastrukturellen Entwicklung des öffentlich-rechtlichen Geoinformationswesens im Land Brandenburg und der Region. GIB -Studie im Auftrag des Ministeriums des Innern des Landes Brandenburg Potsdam

Liikanen, Erkki (2003): Technologieeinsatz erfordert politische Führung. Computer Zeitung Ausgabe 44/27. Oktober 2003, S. 6

Meta Group (2001): Eine IT-Strategie zu entwickeln bedeutet, Risiken einzugehen, Die häufigsten Fehleinschätzungen. Computerwoche, Ausgabe 1, S. 35

Mevenkamp, Nils (1999): Geographie, Raum und Geographische Informationssysteme, http://elib.suub.uni-bremen.de/publications/dissertations/E-Diss324_mevenkamp.pdf

Meyer, Jan-Bernd (2001): Studie zur Softwareindustrie in Deutschland, „Es gibt viel zu tun, fördern wir es“ Computerwoche Ausgabe 7 2001, S. 19

Meyer, Uli (2004): Die Kontroverse um Neuronale Netze Zur sozialen Aushandlung der wissenschaftlichen Relevanz eines Forschungsansatzes

Minsky, Marvin (2006): http://www.mbohnen.de/?be=1165405893

Nagel, Kurt, Roland Erben, Frank Piller (Hrsg.) (2000): Produktionswirtschaft 2000, Perspektiven für die Fabrik der Zukunft, Informationsrevolution und Industrielle Produktion, Eine einführende Betrachtung in das Buch „Produktionswirtschaft 2000“. http://www.produktionswirtschaft.de/ein6.htm

NZZ / Neue Zürcher Zeitung (2007): In der Teergrube der Komplexität, Microsoft feiert ihr 30-jähriges Bestehen, 30. September 2005, Neue Zürcher Zeitung. In: http://www.nzz.ch/2005/09/30/em/articleD6Q1H.html

Oikos (2004): Planungstheorie und Abgrenzung Begriffe/Einordnung/Abgrenzung. http://www.guestrow21.de/kis/Oikos/html/Nachhaltige%20Entwicklung.htm, 28. Juli 2004

Peters, Wolfgang (1998): Zur Theorie der Modellierung von Natur und Umwelt, Ein Ansatz zur Rekonstruktion und Systematisierung der Grundperspektiven ökologischer Modellbildung für planungsbezogene Anwendungen

Pohl, J. (2005): „Erfahrungen mit und Erwartungen an die Physiographie aus der Sicht eines Humangeographen“ oder: Zur Frage der Einheit von Physio- und Humangeographie vor dem Hintergrund einiger wissenschaftstheoretischer Aspekte, in: Möglichkeiten und Grenzen integrativer Forschungsansätze in Physischer Geographie und Humangeographie, S. 37–53

Prange, M., Stickel, I., Paul., A. (1997): Dezentralisierung, http://ig.cs.tu-berlin.de/oldstatic/ld/551/referate/vreform-bln/s97/AlleTexte.html 28. Juli 2004

Pulusani, P., Guerrero, I., Spencer, A. (2003): „Offene Systeme nutzen allen“. In: Business Geomatics 2003, Ausgabe 5, S. 2

Ratter, Beate M.W. (2002): Die große Unbekannte, Die Geographen tagen in Potsdam, http://www.amleto.de/geogr/geo_02.htm

Raumer, Hans-Georg, Schwarz-v.; Kickner, Susanne (1994): Konzeption und Entwicklung eines Geographischen Informations- und Planungssystems für die Regional- und Flächennutzungsplanung Institut für Geographie der Universität Salzburg

Reinermann, Heinrich (1995): Anforderungen an die Informationstechnik: Gestaltung aus Sicht der Neuen Verwaltungskonzepte. In: Neubau der Verwaltung: Informationstechnische Realitäten und Visionen, Band 11 der Schriftenreihe Verwaltungsinformatik, hrsg. von Heinrich Reinermann, Deckers Verlag, Hüthig GmbH.

Richter, Ernst-Joachim, Trutzel, Klaus (1999): Vom Datensammler zum Informationslogistiker, in: Stadtforschung und Statistik Ausgabe 2/1999, S. 2f.

Riedl, L., Kalasek, R. (1998): MapModels – Programmieren mit Datenflußgraphen. In: J. Strobl und F. Dollinger (1998): Angewandte Geographische Informationsverarbeitung. Beiträge zum A-GIT-Symposium Salzburg 1998. H. Wichmann Verlag Heidelberg. http://srf.tuwien.ac.at/MapModels/Agit98/Paper.htm

Riempp, Gerold (2005): Integriertes Wissensmanagement – Strategie, Prozesse und Systeme wirkungsvoll verbinden. In: HMD-Praxis der Wirtschaftsinformatik, Heft 246, Dez. 2005, S. 6–19, http://www.competence-si te.de/wissensmanagement.nsf/99AC3A4FBBA73074C 1257186003AEBBE/$File/integriertes%20wissensmanagement_riempp.pdf vom 11.11.2006

Roggendorf, Wolfgang (2000): Planung und IuK-Technik, Gesellschaftswissenschaftliche Grundlagen, Planungsmethoden, in: Phttp://www.laum.uni-hannover.de/ilr/mitarbeiter/roggendorf.html

Ruppert/Schaffer (1969): „Zur Konzeption der Sozialgeographie“, in: Geographische Rundschau 1969, S. 205–214

SAP (2005): Verteilte Datenverarbeitung http://help.sap.com/saphelp_46c/helpdata/de/4c/420a 4e470a11d1894a0000e8323352/content.htm). 12.08.2006

Schilcher, Matthäus, Kaltenbach Hubert, Roschlaub Robert (2001): Geoinformationssysteme Zwischenbilanz einer stürmischen Entwicklung, München In: http://www.gis.bv.tum.de/public/schilcher/zfv-artikel/zfv.htm

Schill, Stefan (2000): Was ist Geographie? Universität Stuttgart, 8. September 1999 bis 8. März 2000, http://www.raumerkenntnis.de/text.html

Schmidt-Eichstaedt, Gerd (2000): Informations- und Kommunikationssysteme in Raumplanung und Gesetzestext, Institut für Stadt- und Regionalplanung, http://www.tu-berlin.de/fb7/isr/web/studenten/st_arbeiten/Gis_recht/default.htm

Schwap, Alexander (1999): GIS und Entscheidungsfindung in der Politik, Einsatz Geographischer Informationssysteme zur Unterstützung politischer Entscheidungsprozesse in der Regionalplanung. www.sbg.ac.at/geo/idrisi/idrgis96/schwap/kap4.htm vom 2.12.99

Smallworld (2000): Smallworld gibt Gas. Business Geomatics Ausgabe 4, S. 5

Stahl, Roland (2000): Begriffsdefinitionen im GIS-Umfeld http://www.laum.uni-hannover.de/umwelt/gis/gisdef.html 15. Juli 2005

Steinbickern, Jochen (2001): Zur Theorie der Informationsgesellschaft, Ein Vergleich der Ansätze von Peter Drucker, Daniel Bellund Manuel Castells. Leske + Budrich, Opladen

Steinborn, W. (2000): Geoinformation, from Jailhouse to Warehouse, GIS 1/ 2000

Steinert, Marion (2004): „Das lebt vom Geben und Nehmen" Im Gespräch: Dr. Marion Steinert, KGSt. BG Ausgabe 4/04 Juni 2004, S. 2

Stempfle, Hugo (1996): Der Einsatz Offener Systeme in der Praxis – Technologien, Standards, Probleme In: http://www.fh-augsburg.de/informatik/diplomarbeiten/langfassungen/stempfle-stork-1996/OpenSystems/migra.htm vom 28. Juli 2004

Szyperski, Norbert (2000): Was ist wirklich neu an der New Economy?, Zeitschrift für Wirtschaftspolitik, 3/2000, http://www.uni-koeln.de/wiso-fak/szyperski/veroeffentlichungen/schriften_szyperski.htm

Thomas Klaus (1998): Rezentralisierung – nur eine Kostenfrage? Computerwoche Extra, Ausgabe 4, S. 17–19

TLC (2000): Die Bahn (DB) TLC -Markt & Medien, Presseveröffentlichungen 2000

Trutzel, Klaus (1994a): Vortrag im Statistischen Ausschuß des Deutschen Städtetags am 4./5. Mai 1994 in Freiburg im Breisgau, http://www.nuernberg.de/ver/sta/vrsta.htm 25. 01. 00

Trutzel, Klaus (1999b): Information und ihr Normierungseffekt und -wirkung in der Verwaltung, Genormte Datenhaltung zur flexiblen Auswahl und Verknüpfung, Beispiel Rechnungswesen und Produkte, Amt für Stadtforschung und Statistik der Stadt Nürnberg, Stadtforschung und Statistik 2/99

Vogel, M., Blaschke, T. (1996): GIS in Naturschutz und Landschaftspflege: Überblick über Wissensstand, Anwendungen und Defizite. In: Dollinger, F., Strobl, J. (1996): Angewandte Geographische Informationsverarbeitung VIII = Salzburger Geographische Materialien, Heft 24, http://www.sbg.ac.at/geo/agit/papers-96/vogbla.htm

Vollhardt Hans (2001): Rahmenregelungen bei dezentraler Ressourcen- und Ergebnisverantwortung, Dienstliche Anordnung, Dezentrale Ressourcenverantwortung, Landratsamt Ebersberg. http://www.dhv-eyer.de/qualitaetswettbewerb/CAF/Materialien/Dokumente%20der%20Netzwerkmitglieder/Rahmenregelungen%20bei%20dezentraler%20Ressourcen-%20und%20Ergebnisverantwortung.doc vom Januar 2007

Wandinger, M., Goller, K (2002): Strategie für die Nationale Geodaten-Infrastruktur(National Spatial Data Infrastructure, NSDI). In: http://130.11.63.121/docs2002/Uebersetzung/Uebersetzung.PDF. (20. 03. 2003)

Weichhart, P. (2005): Auf der Suche nach der „dritten Säule". Gibt es Wege von der Rhetorik zur Pragmatik? In: Möglichkeiten und Grenzen integrativer Forschungsansätze in Physischer Geographie und Humangeographie, S. 109–136

Weidner, Ingrid (2001): Ohne motivierte Beschäftigte geht es nicht. Klassische Personalarbeit wieder gefragt. In: Computerwoche, Ausgabe 7, S. 88

Weninger, Leopold (2004): Strategische Planung der IT, http://www.wsop.at/index.php?id=27801 vom 15. Juli 2005

Wenzel, Joachim (2006): Die Systemtheorie In http://www.systemische-beratung.de/systemtheorie.htm vom 13. 11. 2006

Werlen, Benno (1997): Gesellschaft, Handlung und Raum: Grundlagen handlungstheoretischer Sozialgeographie/Benno Werlen. Franz Steiner Verlag Stuttgart

Westerhoff, Horst Dieter (2000): Geoinformation Staatliche Rahmenbedingungen für einen neuen Wirtschaftszweig (1), GIS Ausgabe 1, 2000, S. 6–10

Wieser, Erich (2004): ALKIS in eGovernment, in: http://www.dvw.de/UserFiles/File/ak2/vortraege/wieser.pdf

Woell, Peter (2001): Transparente Kostenwirtschaftliche IT, Vier Schritte zur verursachergerechten IT-Leistungsverrechnung, Computerwoche 2001 Ausgabe 27, S. 39

WOV (1995): Wirkungsorientierte Verwaltung Willkommen bei der Wirkungsorientierten Verwaltung (WOV), Interview, Ausgabe 2/95, http://www.wov.ch

Zypries, Brigitte (2002): „Geodaten sind ein politisches Thema“ Business Geomatics, Ausgabe März 2002 Ausgabe 2, S. 2

MIX
Papier aus verantwortungsvollen Quellen
Paper from responsible sources
FSC® C105338

If you have any concerns about our products,
you can contact us on
ProductSafety@springernature.com

In case Publisher is established outside the EU,
the EU authorized representative is:
Springer Nature Customer Service Center GmbH
Europaplatz 3, 69115 Heidelberg, Germany

Printed by Libri Plureos GmbH
in Hamburg, Germany